概率论与数理统计

第2版

蔡高玉 沈仙华 主编

人民邮电出版社

北京

图书在版编目（CIP）数据

概率论与数理统计 / 蔡高玉，沈仙华主编. -- 2版
. -- 北京 : 人民邮电出版社，2021.9（2024.1重印）
高等院校通识教育系列教材
ISBN 978-7-115-56819-9

Ⅰ. ①概… Ⅱ. ①蔡… ②沈… Ⅲ. ①概率论－高等学校－教材②数理统计－高等学校－教材 Ⅳ. ①O21

中国版本图书馆CIP数据核字(2021)第128629号

内 容 提 要

本书系统地讲解概率论与数理统计的相关知识，全书共9章，包括随机事件与概率、随机变量及其分布、多维随机变量及其概率分布、随机变量的数字特征、大数定律与中心极限定理、样本及抽样分布、参数估计、假设检验、MATLAB在概率论与数理统计中的应用. 为了让读者能够及时地检查自己的学习效果，把握自己的学习进度并进行系统的复习，章后附有小结和丰富的习题，并在书后附有部分习题答案.

本书适合作为应用型本科院校工科类、经济管理类专业“概率论与数理统计”课程教材，也可以作为其他高等院校的教学参考书，并可供考研学生参考.

◆ 主　　编　蔡高玉　沈仙华
责任编辑　李　召
责任印制　王　郁　马振武

◆ 人民邮电出版社出版发行　北京市丰台区成寿寺路11号
邮编　100164　电子邮件　315@ptpress.com.cn
网址　https://www.ptpress.com.cn
固安县铭成印刷有限公司印刷

◆ 开本：787×1092　1/16
印张：13.75　　2021年9月第2版
字数：357千字　　2024年1月河北第7次印刷

定价：49.80元

读者服务热线：(010)81055256　印装质量热线：(010)81055316
反盗版热线：(010)81055315
广告经营许可证：京东市监广登字20170147号

前言 Preface

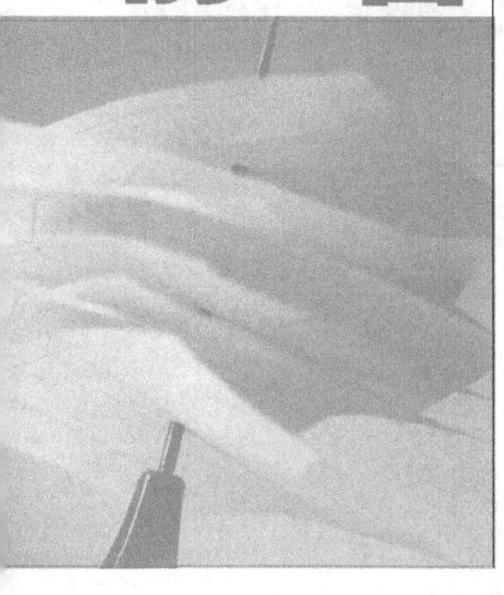

“概率论与数理统计”是高等院校各学科（尤其是工学、经济学及管理学等学科）的大学生必修的数学课程之一. 该课程不仅是学习后续课程及在各个学科领域中进行理论研究和实践探索的必要基础，而且对培养学生的综合能力，提高学生的数学素养、科研能力和创新能力都具有重要的作用.

当前，应用型本科院校大多定位于培养创新应用型人才，但在教学时往往照搬传统成熟的概率论与数理统计的教学方法，导致这类基础课教育偏离了应用型人才的培养目标. 因此，应通过基础课程改革加强对学生实践能力与创新能力的培养，提升办学质量，逐步形成应用型本科的办学特色. 我们在总结多年本科概率论与数理统计教学经验，探索此类本科院校概率论与数理统计教学发展动向、分析同类教材发展趋势的基础上，编写了这套适合应用型本科院校本科生层次各专业使用的概率论与数理统计教材.

本书依据教育部《工科类本科数学基础课程教学基本要求》编写而成，遵循“重视基本概念、培养基本能力、力求贴近实际应用”的原则，注重理论联系实际，注重案例的引入，注重详细的分析和讲解.

本书强调概率论与数理统计的基本思想和基本方法，语言通俗易懂，内容阐述循序渐进，富有启发性. 除第 6 章和第 9 章外，书中其他章节设置有应用案例及分析，用以加强对学生基本能力的培养，提高学生运用数学知识分析问题和解决问题的能力，为学生学习后续专业课程和从事专业研究奠定必要的基础；章后附有小结，帮助学生更准确地了解本章基本内容和基本要求；章后配有习题，书后有答案或提示，帮助学生通过练习巩固和更好地掌握所学的知识.

本书由蔡高玉、沈仙华编写，全书由蔡高玉统稿.

编者在编写本书时参阅了不少文献，学校的领导及同事为本书的出版也做了不少具体的工作，谨此表示衷心感谢！

由于编者水平和经验有限，书中难免有欠妥和不足之处，恳请同行和广大读者批评指正.

编者

2021 年 6 月

目 录 Contents

第1章 随机事件与概率

概率论与数理统计是研究和揭示随机现象统计规律性的一门数学分支学科. 本章将介绍概率论中的基本概念——随机事件与概率，并讨论随机事件的关系与运算以及概率的性质及计算方法. 掌握这些内容是进一步学习概率论的基础.

1.1 排列与组合

在古典概型中计算事件的概率时，我们会经常用到排列组合及其总数计算公式. 为了方便读者学习，在这里我们给出排列组合的定义及相关公式.

1.1.1 两个基本原理

1. 乘法原理

如果完成一个事件有 k 个步骤，第 1 步有 n_1 种方法，第 2 步有 n_2 种方法，……，第 k 步有 n_k 种方法，而且完成这件事情必须经过每一步，那么完成这件事共有

$$n = n_1 \times n_2 \times \cdots \times n_k$$

种方法.

例如，从一楼到二楼有 3 个楼梯可以走，从二楼到三楼有 2 个楼梯可以走，那么某人从 1 楼到 3 楼共有 $3 \times 2 = 6$ 种走法.

2. 加法原理

如果完成一个事件有 k 类方法，第一类有 n_1 种完成方法，第二类有 n_2 种完成方法，……，第 k 类有 n_k 种完成方法，任何 2 种方法都不相同，那么完成这件事共有

$$n = n_1 + n_2 + \cdots + n_k$$

种方法.

例如，由甲城到乙城去旅游有 3 类交通工具：汽车、火车、飞机. 汽车有 5 个班次，火车有 3 个班次，飞机有 2 个班次，那么从甲城到乙城去旅游共有 $5+3+2=10$ 个班次可供选择.

1.1.2 排列

1. 选排列和全排列

从 n 个不同的元素 $a_1, a_2, \cdots, a_n$ 中，任取 k（$k \leqslant n$）个元素 $a_{i_1}, a_{i_2}, \cdots, a_{i_k}$ 按照一定顺序排成一列 $(a_{i_1} a_{i_2} \cdots a_{i_k})$，称为从 n 个元素中选 k 个元素的**选排列**，特别地，当 $k = n$ 时，称 $(a_{i_1} a_{i_2} \cdots a_{i_k})$ 为**全排列**.

下面我们来看选排列和全排列的总数计算方法.

排在第 1 个位置上的元素 a_{i_1} 可以是 $a_1, a_2, \cdots, a_n$ 这 n 个元素中的某一个，有 n 种选法，因为是不

放回选取，排在第 2 个位置上的元素 a_{i_2} 只能是 $a_1,a_2,\cdots,a_n$ 中除去 a_{i_1} 的 $n-1$ 个元素中的某一个，从而 a_{i_2} 有 $n-1$ 种选法，……，排在第 k 个位置上的元素 a_{i_k} 只能是 $a_1,a_2,\cdots,a_n$ 中除去 $a_{i_1},a_{i_2},\cdots,a_{i_{k-1}}$ 的 $n-k+1$ 个元素中的某一个，从而 a_{i_k} 有 $n-k+1$ 种选法. 按照乘法原理，从 n 个不同的元素 $a_1,a_2,\cdots,a_n$ 中，任取 k（$k\leqslant n$）个元素可以构成

$$A_n^k=n(n-1)\cdots(n-k+1)=\frac{n!}{(n-k)!}$$

种不同的选排列. 特别地，n 个不同的元素 $a_1,a_2,\cdots,a_n$ 可以构成

$$A_n^k=n(n-1)\cdots1=\frac{n!}{0!}=n!$$

种不同的全排列（规定).

【例 1.1】 用 1,2,3,4,5 这 5 个数字可以组成多少个没有重复数字的三位数？

解 组成三位数时首位数有 5 种取法，由于不允许有重复数字，则十位数有 4 种取法，同理，个位数有 3 种取法，故可以组成没有重复数字的三位数个数为

$$A_5^3=5\times4\times3=60\ .$$

【例 1.2】 有 10 本不同的书，5 个人去借，每人借 1 本，问：有多少种不同的借法？

解 这个问题相当于问从 10 本不同的书（10 个不同的元素）里选 5 本书（5 个元素）构成的不同选排列的种数，故有

$$A_{10}^5=\frac{10!}{5!}=30240$$

种借法.

2. 有重复的排列

从 n 个不同的元素 $a_1,a_2,\cdots,a_n$ 中，每次取 1 个，放回后再取下一个，如此连续取 k 次所得的排列 $a_{i_1},a_{i_2},\cdots,a_{i_k}$ 按照一定顺序排成一列 $(a_{i_1}a_{i_2}\cdots a_{i_k})$，称为从 n 个元素中选 k（$k\geqslant1$）个元素的**有重复排列**. 这里的 k 允许大于 n.

下面我们来看有重复排列的总数计算方法.

排在第 1 个位置上的元素 a_{i_1} 可以是 $a_1,a_2,\cdots,a_n$ 这 n 个元素中的某一个，有 n 种选法；排在第 2 个位置上的元素 a_{i_2} 也可以是 $a_1,a_2,\cdots,a_n$ 这 n 个元素中的某一个，故也有 n 种选法；同样，排在第 k 个位置上的元素 a_{i_k} 也可以是 $a_1,a_2,\cdots,a_n$ 这 n 个元素中的某一个，故也有 n 种选法. 按照乘法原理，从 n 个不同的元素 $a_1,a_2,\cdots,a_n$ 中有放回抽取 k（$k\geqslant1$）个元素可以构成

$$n\times n\times\cdots\times n=n^k$$

种不同的有重复排列.

【例 1.3】 用 1,2,3,4,5 这 5 个数字可以组成多少个三位数？

解 此例和例 1.1 的区别在于组成三位数的数字可以重复，是可重复排列问题，可组成的三位数个数为 $5^3=125$.

【例 1.4】 手机号码为 11 位数，问：以 139 开头可以组成多少个不重复的手机号码？

解 从第 4 位到第 11 位每一位都可以是 0,1,2,⋯,9 这 10 个数字中的任意一个，是可重复排列问题，故答案为 10^8.

1.1.3 组合

1. 组合的定义

从n个不同的元素$a_1,a_2,\cdots,a_n$中，任取k（$k\leqslant n$）个元素$a_{i_1},a_{i_2},\cdots,a_{i_k}$而不考虑其顺序组成一组$(a_{i_1}a_{i_2}\cdots a_{i_k})$，称为从$n$个元素中选$k$个元素的组合，此种组合的总数为$C_n^k$或$\begin{pmatrix}n\\k\end{pmatrix}$.

可以把选排列分解成下面两个步骤来完成.

第 1 步，从n个不同的元素$a_1,a_2,\cdots,a_n$中任意抽取k（$k\leqslant n$）个元素组成一组（这是一个组合）.

第 2 步，将这一组k个元素进行排列（这是一个全排列），从而有

$$A_n^k=C_n^k k!\,.$$

由此得到组合计算公式，对$1\leqslant k\leqslant n$有

$$C_n^k=\begin{pmatrix}n\\k\end{pmatrix}=\frac{A_n^k}{k!}=\frac{n!}{k!(n-k)!}=\frac{n(n-1)\cdots(n-k+1)}{k!},$$

且规定$C_n^0=1$．若$k>n$，规定$C_n^k=0$．

排列公式与组合公式都是计算“从n个元素中任取k个元素”的取法总数的公式，其主要区别在于：如果不考虑取出元素的次序，则用组合公式，否则用排列公式. 而是否考虑元素间的次序，取决于问题本身.

【例 1.5】 有 10 个球队进行单循环比赛，问：需安排多少场比赛？

解 这是从 10 个球队中任选 2 个进行组合的问题，故选法总数

$$C_{10}^2=\frac{10\times 9}{2!}=45,$$

即需要安排 45 场比赛.

【例 1.6】 一个盒子中有 20 只球，其中红球 15 只，白球 5 只，从中任取 3 只球，其中恰有 1 只白球，问：有多少种不同的取法？

解 取出的 3 只球中恰有 1 只白球，这只白球必须从 5 只白球中抽取，有C_5^1种取法；而取出的 3 只球中另外 2 只是红球，必须从 15 只红球中抽取，有C_{15}^2种取法，因此选法总数为

$$C_5^1C_{15}^2=5\times\frac{15\times 14}{2!}=525\,.$$

2. 关于组合的一些常用等式

（1）$C_n^k=C_n^{n-k}$．事实上，

$$C_n^k=\frac{n!}{k!(n-k)!}=\frac{n!}{(n-k)!(n-(n-k))!}=C_n^{n-k}.$$

特别地，

$$C_n^0=C_n^n=1\,.$$

（2）$(a+b)^n=\sum\limits_{k=0}^{n}C_n^k a^k b^{n-k}$. 此式称为二项展开式，$C_n^k(k=0,1,2,\cdots,n)$称为二项系数.

显然，$C_n^0+C_n^1+\cdots C_n^k+\cdots C_n^n=2^n$.

1.2 随机事件

在自然界和社会活动中常常会出现各种各样的现象．有一类现象，在一定条件下必然发生，例如，向上抛一颗石子后石子必然会落地，同性电荷必然相互排斥，等等．这类现象的共同特点是，在确定的试验条件下它们必然会发生，称这类现象为**确定性现象**．另一类现象则不然．在相同的条件下，向上抛一枚质地均匀的硬币，其结果可能是正面朝上，也可能是反面朝上，不论如何控制抛掷条件，在每次抛掷之前都无法肯定抛掷的结果是什么．这个试验多于一种可能结果，在试验之前不能肯定会出现哪一个结果．自动车床加工出来的机械零件，可能是合格品，也可能是次品.同样地，同一门大炮对同一目标进行多次射击（同一型号的炮弹），各次弹着点可能不尽相同，并且每次射击之前无法肯定弹着点的确切位置．以上所举的现象都具有随机性，即在一定条件下进行试验或观察会出现不同的结果（多于一种可能的试验结果），而且在每次试验之前都无法预言会出现哪一个结果（不能肯定试验会出现哪一个结果），这种现象称为**随机现象**．这种现象在大量重复试验中其结果又具有统计规律性，所以说概率论与数理统计正是研究和揭示随机现象统计规律性的一门数学分支学科．

1.2.1 随机试验与样本空间

1. 随机试验

在现实中我们会遇到各种各样的试验，包括各种各样的科学试验，以及对某事物的观察等．在随机现象的研究中，我们需要做大量的观测或试验．下面举一些试验的例子．

E_1：抛 1 枚硬币，观察正面 H、反面 T 出现的情况．

E_2：抛 1 颗骰子，观察出现的点数．

E_3：抛 1 枚硬币 3 次，观察正面 H、反面 T 出现的情况．

E_4：抛 1 枚硬币 3 次，观察出现正面的次数．

E_5：记录公交站某时刻的等车人数．

E_6：从某厂生产的相同型号的灯泡中抽取 1 只，测试它的寿命．

E_7：记录某地区 10 月份的最高气温和最低气温．

在实际生活中还存在许多随机试验的例子，如彩票的开奖、质检部门对产品的质量检查等．这些试验具有共同特点：对于每个试验，可以预先知道可能出现的所有结果，但是做试验之前不能知道试验将会出现什么结果，此外，试验可以在相同条件下重复进行．

定义 1.1 假设一个试验满足下列条件：

（1）试验可以在相同的条件下重复进行；

（2）试验的所有可能结果是明确的，可知道的（在试验之前就可以知道），并且结果不止一个；

（3）每次试验总是恰好出现这些可能结果中的一个，但在每次试验之前却不能肯定这次试验出现哪一个结果．

我们称这样的试验是一个**随机试验**，常用 E 表示为方便起见，也简称为试验．本书今后讨论的试验都是指随机试验．

我们是通过随机试验来研究随机现象的.

2. 样本空间

对于随机试验来说，我们感兴趣的往往是随机试验的所有可能结果. 例如，掷 1 枚硬币，我们关心的是出现正面还是出现反面这两个可能结果. 若我们观察的是掷 2 枚硬币的试验，则可能出现的结果有(正,正)、(正,反)、(反,正)、(反,反) 4 种. 如果掷 3 枚硬币，其结果更复杂，但还是可以将它们描述出来的. 总之，为了研究随机试验，必须知道随机试验的所有可能结果.

定义 1.2 试验 E 所有可能结果组成的集合称为**样本空间**，记为S. 样本空间中的元素，即 E 的每个可能结果称为一个**样本点**，常用e表示.

下面写出前面试验 $E_k(k=1,2,\cdots,7)$ 的样本空间 $S_k(k=1,2,\cdots,7)$：

$S_1=\{H,T\}$；

$S_2=\{1,2,3,4,5,6\}$；

$S_3=\{HHH,HHT,HTH,THH,HTT,THT,TTH,TTT\}$；

$S_4=\{0,1,2,3\}$；

$S_5=\{0,1,2,3,\cdots\}$；

$S_6=\{t\mid t\geqslant 0\}$；

$S_7=\{(x,y)\mid T_0\leqslant x\leqslant y\leqslant T_1\}$，这里$x$表示最低温度（℃），$y$表示最高温度（℃），并设这一地区 10 月的温度不会小于T_0，也不会大于T_1.

从这些例子可以看出，由于问题不同，样本空间可以相当简单，也可以相当复杂，在本书今后的讨论中，都认为样本空间是预先给定的，当然对于一个实际问题或一个随机现象，考虑问题的角度不同，样本空间也可能选择不同.

在实际问题中，选择恰当的样本空间来研究随机现象是概率中值得研究的问题.

1.2.2 随机事件

在现实中，进行随机试验时，人们常常关心满足某种条件的那些样本点所组成的集合.

定义 1.3 试验E的样本空间S的子集为E的**随机事件**，简称**事件**. 一般用字母$A,B,C,\cdots$或$A_1,A_2,A_3,\cdots$表示. 特别地，由一个样本点组成的单点集，称为**基本事件**.

定义 1.4 在每次试验中，当且仅当这个子集中的一个样本点出现时，称为这一**事件发生**.

定义 1.5 样本空间S包含所有的样本点，它是S自身的子集，在每次试验中它总是发生，S称为**必然事件**. 空集$\varnothing$不包含任何样本点，它也作为样本空间的子集，在每次试验中它总是不发生，$\varnothing$称为**不可能事件**.

实质上必然事件就是在每次试验中都发生的事件，不可能事件就是在每次试验中都不发生的事件.

下面举几个事件的例子.

【例 1.7】 试验E_1有 2 个基本事件$\{H\}$，$\{T\}$；试验E_2有 6 个基本事件$\{1\}$，$\{2\}$，…，$\{6\}$.

【例 1.8】 在试验E_3中事件A：“3 次出现同一面”，即

$$A=\{HHH,TTT\}.$$

【例 1.9】 在试验E_6中事件B：“寿命小于 500 小时”，即

$$B=\{t\mid 0\leqslant t<500\}.$$

【例 1.10】 一批产品共 10 件，其中有 2 件次品，其余为正品，任取 3 件，则

$A=\{$恰有 1 件正品$\}$，

$B=\{$恰有 2 件正品$\}$，

$C=\{$至少有 2 件正品$\}$，

这些都是随机事件，而 $D=\{$3 件中有正品$\}$ 为必然事件，$E=\{$3 件都是次品$\}$为不可能事件.

随机事件可有不同的表达方式：一种是直接用语言描述，同一事件可有不同的描述；另一种是用样本空间子集的形式表示.

1.2.3 随机事件间的关系与运算

对于随机试验而言，它的样本空间 S 可以包含很多随机事件，分析事件之间的关系，可以帮助我们更深刻地认识随机事件. 因此，给出事件之间的关系与运算规律，有助于我们讨论复杂事件.

随机事件是样本空间的子集，从而事件的关系与运算和集合的关系与运算类似. 下面给出这些关系和运算在概率论中的提法，并根据“事件发生”的含义给出它们的概率意义.

1. 事件的包含关系与相等关系

设事件 A 发生必然导致事件 B 发生，则称**事件 B 包含事件 A**，或称**事件 A 包含于事件 B**，记作 $A\subset B$，$B\supset A$.

显然有 $\varnothing\subset A\subset S$.

例如，在试验 E_2 中，令 A 表示“出现 1 点”，B 表示“出现奇数点”，则 $A\subset B$，事件 A 导致了事件 B 的发生，因为出现 1 点意味着奇数点出现了，所以 $A\subset B$ 可以给上述含义一个几何解释，设样本空间是一个正方体，A,B 是两个事件，也就是说，它们是 S 的子集，“A 发生必然导致 B 发生”意味着属于 A 的样本点在 B 中，由此可见，事件 $A\subset B$ 的含义与集合论是一致的.

若 $A\subset B$ 同时有 $B\subset A$，称 **A 与 B 相等**，记为 $A=B$. 易知相等的两个事件 A 与 B 总是同时发生或同时不发生，在同一样本空间中两个事件相等意味着它们含有相同的样本点.

2. 并（和）事件

称事件“A 与 B 中至少有一个发生”为 A 与 B 的**和事件**，也称为 A 与 B 的**并事件**，记作 $A\cup B$. $A\cup B$ 意味着或事件 A 发生，或事件 B 发生，或事件 A 和 B 都发生.

显然有 $A\cup\varnothing=A$，$A\cup S=S$，$A\cup A=A$，$A\subset A\cup B$，$B\subset A\cup B$.

若 $A\subset B$，则 $A\cup B=B$.

【例 1.11】 设有某种圆柱形产品，若底面直径和高都合格，则该产品合格.

令 $A=\{$直径不合格$\}$，$B=\{$高度不合格$\}$，则 $A\cup B=\{$产品不合格$\}$.

【例 1.12】 甲乙 2 人向同一目标射击，令 A 表示“甲命中目标”，B 表示“乙命中目标”，C 表示“目标被命中”，则 $C=A\cup B$.

类似地，设 n 个事件 $A_1,A_2,\cdots,A_n$，称“$A_1,A_2,\cdots,A_n$ 中至少有一个发生”这一事件为 $A_1,A_2,\cdots,A_n$ 的并，记作 $A_1\cup A_2\cup\cdots\cup A_n$ 或 $\bigcup\limits_{i=1}^{n}A_i$.

3. 积（交）事件

称事件“A与B同时发生”为A与B的**积事件**，也称为A与B的**交事件**，记作$A\cap B$或AB．AB意味着事件A发生且事件B也发生，也就是说，事件A和B都发生.

显然有$A\cap\varnothing=\varnothing$，$A\cap S=A$，$A\cap A=A$，$A\cap B\subset A$，$A\cap B\subset B$.

若$A\subset B$，则$AB=A$.

例1.11中若$C=$\{直径合格\}，$D=$\{高度合格\}，则$CD=$\{产品合格\}.

设n个事件$A_1,A_2,\cdots,A_n$，称“$A_1,A_2,\cdots,A_n$同时发生”这一事件为$A_1,A_2,\cdots,A_n$的交，记作$A_1\cap A_2\cap\cdots\cap A_n$或$\bigcap\limits_{i=1}^{n}A_i$.

4. 差事件

称“事件A发生而B不发生”为事件A与B的**差事件**，记作$A-B$.

显然有$A-B\subset A$，$A-\varnothing=A$，$A-B=A-AB$.

若$A\subset B$，则$A-B=\varnothing$.

例如，在试验E_2中，令A表示“出现偶数点”，B表示“出现的点数小于5”，则$A-B$表示“出现6点”.

在定义事件的差运算时，并未要求一定有$B\subset A$，也就是说，没有包含关系$B\subset A$照样可做差运算$A-B$.

5. 互不相容事件（互斥事件）

若两个事件A与B不能同时发生，即$AB=\varnothing$，称A与B为**互不相容事件**（或互斥事件），简称A与B互不相容.

任意两个基本事件都是互不相容的.

例如，在试验E_2中，令A表示“出现奇数点”，B表示“出现4点”，显然A与B不能同时发生，即A与B是互不相容的.

设n个事件$A_1,A_2,\cdots,A_n$两两互不相容，即$A_iA_j=\varnothing(i\neq j;i,j=1,2,\cdots,n)$，称$A_1,A_2,\cdots,A_n$互不相容.

6. 对立事件

称“事件A不发生”为A的**对立事件**或A的**逆事件**，记作$\overline{A}$，即$\overline{A}=S-A$，也就意味着在一次试验中A与$\overline{A}$有且仅有一个发生，不是A发生就是$\overline{A}$发生．即$A\cup\overline{A}=S$，$A\overline{A}=\varnothing$.

显然有$\overline{\overline{A}}=A$，$\overline{S}=\varnothing$，$\overline{\varnothing}=S$，$A-B=A\overline{B}=A-AB$.

【例1.13】 设有100件产品，其中5件产品为次品，从中任取50件产品．记$A=$\{50件产品中至少有1件次品\}，则$\overline{A}=$\{50件产品中没有次品\}=\{50件产品全是正品\}.

由此说明，若事件A比较复杂，则往往它的对立事件比较简单，因此，求复杂事件的概率往往可以转化为先求它的对立事件的概率.

若A与B为互不相容事件，则A与B不一定为对立事件. 但若A与B为对立事件，则A与B互不相容.

图 1.1～图 1.6 直观地表示了以上事件之间的关系与运算．例如，图 1.1 中，矩形区域表示样本空间S，圆域A与圆域B分别表示事件A与事件B．又如，图 1.3 中，阴影部分表示积事件AB．

在进行事件运算时，经常要用到下述运算规律（设A,B,C为 3 个事件）.

交换律：$A\cup B=B\cup A$，$A\cap B=B\cap A$.

结合律：$(A\cup B)\cup C=A\cup(B\cup C)$，$(A\cap B)\cap C=A\cap(B\cap C)$.

分配律：$A\cup(B\cap C)=(A\cup B)\cap(A\cup C)$，　$A\cap(B\cup C)=(A\cap B)\cup(A\cap C)$.

德摩根律：$\overline{A\cup B}=\overline{A}\cap\overline{B}$，$\overline{A\cap B}=\overline{A}\cup\overline{B}$.

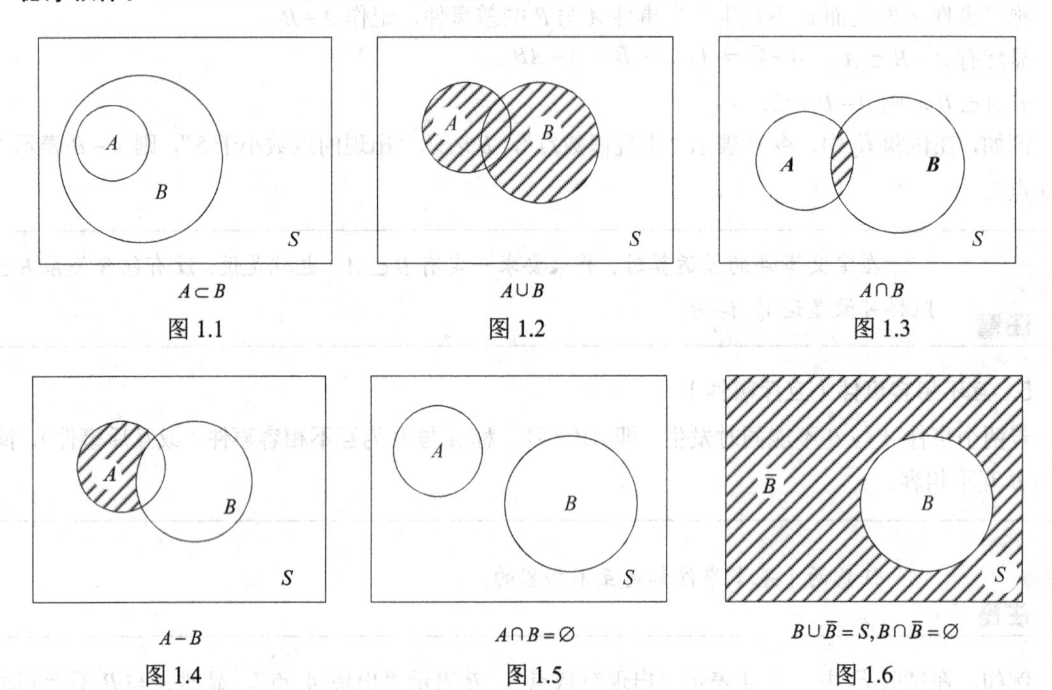

$A\subset B$　图 1.1　　$A\cup B$　图 1.2　　$A\cap B$　图 1.3

$A-B$　图 1.4　　$A\cap B=\varnothing$　图 1.5　　$B\cup\overline{B}=S,B\cap\overline{B}=\varnothing$　图 1.6

德摩根律也叫对偶律，对于n个事件，德摩根律也成立，即

$$\overline{\bigcup_{i=1}^{n}A_i}=\bigcap_{i=1}^{n}\overline{A_i}，\overline{\bigcap_{i=1}^{n}A_i}=\bigcup_{i=1}^{n}\overline{A_i}；$$

$$\overline{\bigcup_{i=1}^{\infty}A_i}=\bigcap_{i=1}^{\infty}\overline{A_i}，\overline{\bigcap_{i=1}^{\infty}A_i}=\bigcup_{i=1}^{\infty}\overline{A_i}.$$

【例 1.14】 设A,B,C为S中的随机事件，试用A,B,C表示下列事件.

（1）仅A发生；

（2）A,B,C都不发生；

（3）A,B,C至少有一个事件发生；

（4）A,B,C不全发生；

（5）A,B,C恰有一个事件发生；

（6）A，B，C 中不多于一个事件发生.

解　（1）$AB\overline{C}$；

（2）$\overline{A}\overline{B}\overline{C}$；

（3）$A\cup B\cup C$；

（4）$\overline{ABC}$；

（5）$A\overline{B}\overline{C}\cup\overline{A}B\overline{C}\cup\overline{A}\overline{B}C$；

（6）$\overline{A}\overline{B}\overline{C}\cup A\overline{B}\overline{C}\cup\overline{A}B\overline{C}\cup\overline{A}\overline{B}C$.

【例 1.15】 某射手向同一目标射击 3 次，A_i 表示“第 i 次射击命中目标”，$i=1,2,3$，B_j 表示“3 次射击中恰命中目标 j 次”，$j=0,1,2,3$，试用 $A_i\,(i=1,2,3)$ 表示 $B_j\,(j=0,1,2,3)$.

解　（1）$B_0=\overline{A_1 A_2 A_3}$；

（2）$B_1=A_1\overline{A_2}\,\overline{A_3}\cup\overline{A_1}A_2\overline{A_3}\cup\overline{A_1}\,\overline{A_2}A_3$；

（3）$B_2=A_1A_2\overline{A_3}\cup A_1\overline{A_2}A_3\cup\overline{A_1}A_2A_3$；

（4）$B_3=A_1A_2A_3$.

【例 1.16】 在自动化学院的学生中任选一名学生．设事件 A 表示被选学生是男生，事件 B 表示该生是三年级学生，事件 C 表示该生是运动员.

（1）叙述 $AB\overline{C}$ 的意义.

（2）在什么条件下 $ABC=C$ 成立？

（3）在什么条件下 $\overline{A}\subset B$ 成立？

解　（1）该生是三年级男生，但不是运动员.

（2）全院运动员都是三年级男生.

（3）全院女生都在三年级.

【例 1.17】 某城市的供水系统由甲、乙两个水源与三部分管道 1，2，3 组成，如图 1.7 所示．每个水源都足以供应城市用水.

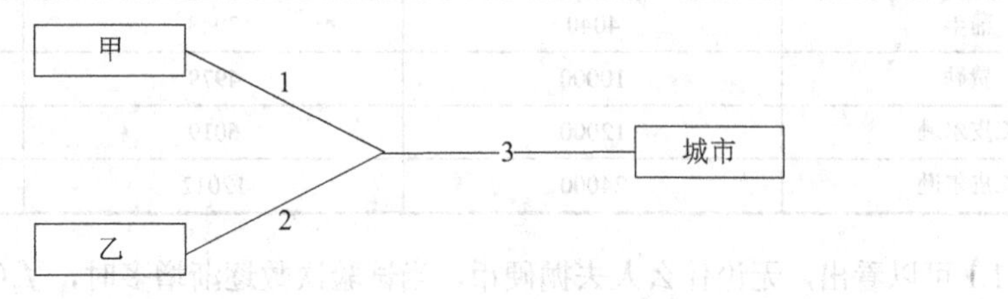

图 1.7

设事件 A_i 表示“第 i 个管道正常工作”，$i=1,2,3$．于是，“城市能正常供水”可表示为 $(A_1\cup A_2)\cap A_3$，由德摩根律可知，“城市断水”可表示为

$$\overline{(A_1\cup A_2)\cap A_3}=\overline{(A_1\cup A_2)}\cup\overline{A_3}=(\overline{A_1}\cap\overline{A_2})\cup\overline{A_3}.$$

1.3 频率与概率

一个随机事件在一次试验中可能发生，也可能不发生．我们常常希望知道随机事件在一次试验

中发生的可能性究竟有多大，并希望寻求一个合适的数来表示这种可能性的大小. 例如，只知道“明天可能会下雨”并没有多少意义，关键是要知道“明天下雨的可能性有多大”. 若有 90%的把握明天会下雨，那么明天出门时要带上防雨的装备. 一般地，任何一个随机事件都可以找到一个数值与之对应，该数值即为事件发生的可能性大小的度量. 为此，首先引入频率，它描述了事件发生的频繁程度，进而引出表征事件在一次试验中发生的可能性大小的数——概率.

1.3.1 频率

定义 1.6 在相同的条件下，进行 n 次试验，在这 n 次试验中，事件 A 发生的次数 n_A 称为事件 A 发生的**频数**. 比值 n_A/n 称为事件 A 发生的**频率**，记作 $f_n(A)$.

由定义，易见频率具有下述基本性质：

（1）$0 \leqslant f_n(A) \leqslant 1$；

（2）$f_n(S)=1$；

（3）若 $A_1, A_2, \cdots, A_k$ 是两两互不相容的事件，即 $A_iA_j=\varnothing(i \neq j; i,j=1,2,\cdots,k)$，则

$$f_n(A_1 \cup A_2 \cup \cdots \cup A_k)=f_n(A_1)+f_n(A_2)+\cdots+f_n(A_k). \tag{1.1}$$

由于事件 A 发生的频率表示 A 发生的频繁程度，频率大，事件 A 发生就频繁，即事件 A 在一次试验中发生的可能性大. 反之亦然. 因而，直观的想法是用频率来表示事件 A 在一次试验中发生的可能性的大小. 但是否可行？先看下面的例子.

【例 1.18】 历史上曾有许多著名科学家对投掷硬币结果为正面的随机事件 A 发生的频率做了试验观测，其结果如表 1.1 所示.

表 1.1 随机事件 A 发生频率试验观测结果

试验者	投掷次数 n	出现正面次数 n_A	频率 $f_n(A)$
德摩根	2048	1061	0.5181
蒲丰	4040	2048	0.5069
费勒	10000	4979	0.4979
K.皮尔逊	12000	6019	0.5016
K.皮尔逊	24000	12012	0.5005

从表 1.1 可以看出，无论什么人去抛硬币，当试验次数逐渐增多时，$f_n(A)$ 总是在 0.5 附近摆动而逐渐稳定于 0.5.

【例 1.19】 研究英语文章中字母及空格（含各种标点符号）出现的频率. 通过大量重复试验，可以发现 26 个字母及空格被使用的频率相当稳定. 表 1.2 是经过大量试验得出的结果.

表 1.2 英文字母被使用频率试验观测结果

字母	空格	E	T	O	A	N	I	R	S
频率	0.2	0.105	0.072	0.0654	0.063	0.059	0.055	0.054	0.052
字母	H	D	L	C	F	U	M	P	Y
频率	0.047	0.035	0.029	0.023	0.0225	0.0225	0.021	0.0175	0.012
字母	W	G	B	V	K	X	J	Q	Z
频率	0.012	0.011	0.0105	0.008	0.003	0.002	0.001	0.001	0.001

表 1.2 所示结果在打字机键盘的设计、印刷铅字的铸造、信息的编码及密码的破译等方面都有着十分广泛的应用.

从例 1.19 可以看出，一个随机试验的随机事件 A 在 n 次试验中出现的频率为 $f_n(A)$，当试验的次数 n 逐渐增大时 $f_n(A)$ 将在一个常数附近摆动，而逐渐稳定于这个常数. 这个常数是客观存在的，“频率稳定性”不断地为人类的实践活动所证实，它揭示了隐藏在随机现象中的规律性. 在具体问题中，按统计定义来求出概率是不现实的，因此，往往简单地把频率当作概率来使用. 同时，为了满足研究的需要，我们从频率稳定性和频率的其他性质中得到启发，给出了表征事件发生可能性大小的概率的定义.

1.3.2 概率

对于一个随机事件来说，它发生的可能性大小的度量是由它自身决定的，并且是客观存在的. 概率就像木棒的长度、杯子的容积一样，是事件的固有属性. 一根木棒的长度可以利用测量工具来测量，而事件的概率也可以通过频率来“测量”，或者说频率是概率的一个近似. 于是频率的一些性质也应该是概率所具有的，由此引出概率的公理化定义.

定义 1.7（概率的公理化定义） **设 E 是一个随机试验，S 是它的样本空间，对任意一个事件 A，赋予一个实数，记作 $P(A)$，称为事件 A 的概率. 假设集合函数 $P(\bullet)$ 满足下列条件.**

（1）**非负性**：$\forall A,\ P(A)\geqslant 0$.

（2）**规范性**：$P(S)=1$.

（3）**可列可加性**：若 $A_1,A_2,\cdots$ 是两两互不相容的事件，即 $A_iA_j=\varnothing$，$i\neq j,\ i,j=1,2,\cdots$，则有

$$P(A_1\cup A_2\cup\cdots)=P(A_1)+P(A_2)+\cdots. \qquad (1.2)$$

在第 5 章中将证明，当 $n\to\infty$ 时频率 $f_n(A)$ 在一定意义下接近于概率 $P(A)$. 基于这一事实，我们就有理由将概率 $P(A)$ 用来表征事件 A 在一次试验中发生的可能性的大小.

由概率的公理化定义可以推得概率的一些重要性质.

性质 1 $P(\varnothing)=0$.

证 令 $A_i=\varnothing(n=1,2,\cdots)$，则 $\bigcup\limits_{n=1}^{\infty}A_n=\varnothing$，且 $A_iA_j=\varnothing$，$i\neq j,\ i,j=1,2,\cdots$. 由概率的可列可加性式（1.2）得

$$P(\varnothing)=P\left(\bigcup_{n=1}^{\infty}A_n\right)=\sum_{n=1}^{\infty}P(A_n)=\sum_{n=1}^{\infty}P(\varnothing).$$

由概率的非负性知，$P(\varnothing)\geqslant 0$，故由上式知 $P(\varnothing)=0$.

性质 2（有限可加性） 若 $A_1,A_2,\cdots,A_n$ 是两两互不相容的事件，即 $A_iA_j=\varnothing$，$i\neq j$，$i,j=1,2,\cdots,n$，有

$$P(A_1\cup A_2\cup\cdots\cup A_n)=P(A_1)+P(A_2)+\cdots+P(A_n). \qquad (1.3)$$

证 令 $A_{n+1}=A_{n+2}=\cdots=\varnothing$，即有 $A_iA_j=\varnothing$，$i\neq j,\ i,j=1,2,\cdots$. 由概率的可列可加性式（1.2）得

$$\begin{aligned}&P(A_1\cup A_2\cup\cdots\cup A_n)\\&=P\left(\bigcup_{k=1}^{\infty}A_k\right)=\sum_{k=1}^{\infty}P(A_k)\\&=\sum_{k=1}^{n}P(A_k)+0=P(A_1)+P(A_2)+\cdots+P(A_n).\end{aligned}$$

式（1.3）得证.

性质 3（减法公式） 设 A,B 是两个事件，则有

$$P(B-A)=P(B)-P(AB). \tag{1.4}$$

特别地，若 $A\subset B$，则有 $P(B-A)=P(B)-P(A)$ 且 $P(B)\geqslant P(A)$.

证 由 $B=(B-A)\cup AB$（参见图 1.4）且 $(B-A)\cap AB=\varnothing$，再由概率的有限可加性式（1.3），得

$$P(B)=P(B-A)+P(AB),$$

式（1.4）得证.

若 $A\subset B$，则 $AB=A$，从而，$P(B-A)=P(B)-P(A)$；又由概率的非负性知 $P(B-A)\geqslant 0$，故 $P(B)\geqslant P(A)$.

性质 4 对于任意一事件 A 有

$$P(A)\leqslant 1.$$

证 因为 $A\subset S$，所以由性质 3 得 $P(A)\leqslant P(S)=1$.

性质 5 对于任意一事件 A 有

$$P(\overline{A})=1-P(A). \tag{1.5}$$

证 因为 $A\cup\overline{A}=S$，且 $A\overline{A}=\varnothing$，由性质 2，得

$$1=P(S)=P(A\cup\overline{A})=P(A)+P(\overline{A}),$$

式（1.5）得证.

性质 6（加法公式） 设 A,B 是两个事件，则有

$$P(A\cup B)=P(A)+P(B)-P(AB). \tag{1.6}$$

特别地，若 A,B 互不相容，则 $P(A\cup B)=P(A)+P(B)$.

证 由 $A\cup B=A\cup(B-AB)$（参见图 1.2）且 $A\cap(B-AB)=\varnothing$，$AB\subset B$，故由式（1.3）及式（1.4），得

$$\begin{aligned}P(A\cup B)&=P(A)+P(B-AB)\\&=P(A)+P(B)-P(AB),\end{aligned}$$

式（1.6）得证.

性质 6 可推广：设 A,B,C 是三个事件，则有

$$P(A\cup B\cup C)=P(A)+P(B)+P(C)-P(AB)-P(AC)-P(BC)+P(ABC). \tag{1.7}$$

一般地，对于任意 n 个事件 $A_1,A_2,\cdots,A_n$，可以用归纳法证得

$$\begin{aligned}P(A_1\cup A_2\cup\cdots\cup A_n)=&\sum_{i=1}^{n}P(A_i)-\sum_{1\leqslant i<j\leqslant n}P(A_iA_j)\\&+\sum_{1\leqslant i<j<k\leqslant n}P(A_iA_jA_k)+\cdots+(-1)^{n-1}P(A_1A_2\cdots A_n).\end{aligned} \tag{1.8}$$

【例 1.20】 设 A,B 为两个随机事件，$P(A)=0.5$，$P(A\cup B)=0.8$，$P(AB)=0.3$，求 $P(B)$，$P(\overline{A}B)$.

解 由 $P(A\cup B)=P(A)+P(B)-P(AB)$，得

$$P(B)=P(A\cup B)-P(A)+P(AB)=0.8-0.5+0.3=0.6,$$

$$P(\overline{A}B)=P(B)-P(AB)=0.6-0.3=0.3.$$

【例 1.21】 设 A,B 为两个事件，$P(A)=0.5$，$P(B)=0.3$，$P(AB)=0.1$，求：

（1）A 发生但 B 不发生的概率；

（2）A不发生但B发生的概率；

（3）至少有一个事件发生的概率；

（4）A,B都不发生的概率；

（5）至少有一个事件不发生的概率.

解 （1）$P(A\overline{B})=P(A)-P(AB)=0.4$；

（2）$P(\overline{A}B)=P(B)-P(AB)=0.2$；

（3）$P(A\cup B)=P(A)+P(B)-P(AB)=0.5+0.3-0.1=0.7$；

（4）$P(\overline{A}\overline{B})=P(\overline{A\cup B})=1-P(A\cup B)=1-0.7=0.3$；

（5）$P(\overline{A}\cup\overline{B})=P(\overline{AB})=1-P(AB)=1-0.1=0.9$.

【例 1.22】 设A,B,C为三个事件，且$AB\subset C$. 证明$P(A)+P(B)-P(C)\leqslant 1$.

证 因为$P(A\cup B)=P(A)+P(B)-P(AB)$，又$AB\subset C$，所以$P(AB)\leqslant P(C)$，故

$$P(A)+P(B)-P(C)\leqslant P(A)+P(B)-P(AB)=P(A\cup B)\leqslant 1,$$

即$P(A)+P(B)-P(C)\leqslant 1$.

1.4 古典概型

古典概型是概率论发展历史上首先被人们研究的一类概率模型，它出现在较简单的一类随机试验中，既直观，又容易理解，同时有很广泛的应用.

这类随机试验中总共只有有限个不同的结果出现，并且各种不同的结果出现的机会相等. 例如，抛一枚均匀硬币，只有2种结果，而且2种结果等可能. 同样，抛一枚质地均匀的骰子，只有6种不同的结果，而且出现6种结果的可能性相同.

定义 1.8 假设一些随机试验具有两个共同的特点：

（1）试验的样本空间中的样本点只有有限个，也就是说基本事件的总数是有限的；

（2）试验中每个基本事件发生的可能性相同.

具有以上两个特点的试验是大量存在的. 这种试验称为**古典概型**，也叫**等可能概型**.

下面介绍古典概型事件概率（简称古典概率）的计算公式.

设S为随机试验E的样本空间，所含样本点总数为n，A为一随机事件，所含样本点数为r，则有

$$P(A)=\frac{r}{n}=\frac{A\text{中样本点数}}{S\text{中样本点总数}}, \tag{1.9}$$

即

$$P(A)=\frac{r}{n}=\frac{A\text{所包含的基本事件数}}{\text{基本事件总数}}. \tag{1.10}$$

【例 1.23】 把一枚均匀硬币连抛两次，设事件A表示“出现两个正面”，事件B表示“出现两个相同的面”，试求$P(A)$与$P(B)$.

解 把一枚硬币连抛两次看作一次试验，依次出现的向上的面看作一个样本点. 样本空间$S=\{HH,HT,TH,TT\}$，这是一个古典概型.

$$A=\{HH\}, \quad B=\{HH,TT\}.$$

因此，

$$P(A)=\frac{1}{4}, \quad P(B)=\frac{2}{4}=\frac{1}{2}.$$

【例 1.24】 一个盒子装有 10 只晶体管，其中 3 只是不合格品．从这个盒子中依次随机地取 2 只晶体管．在下列两种情形下分别求出 2 只晶体管中恰有 1 只是不合格品的概率．

（1）**有放回抽样** 第一次取出 1 只晶体管，做测试后放回盒子中，第二次再从盒子中取出 1 只晶体管．

（2）**无放回抽样** 第一次取出 1 只晶体管，做测试后不放回盒子中，第二次再从盒子中取出 1 只晶体管．

解 设事件 A 表示“两只晶体管中恰有 1 只是不合格品”．从盒子中依次取 2 只晶体管，每一种取法视作一个基本事件，易见，样本空间仅含有有限个元素．由于是随机地取，因此每个基本事件发生的概率都相等．

（1）有放回抽样

$$P(A)=\frac{7\times3+3\times7}{10\times10}=0.42.$$

（2）无放回抽样

$$P(A)=\frac{7\times3+3\times7}{10\times9}=0.47$$

或

$$P(A)=\frac{C_7^1\cdot C_3^1}{C_{10}^2}=0.47.$$

【例 1.25】 把甲、乙、丙 3 名学生依次随机地分配到 5 间宿舍，假定每间宿舍最多可住 8 人．试求这 3 名学生住在不同宿舍的概率．

解 设事件 A 表示“这 3 名学生住在不同的宿舍里”，则

$$P(A)=\frac{5\times4\times3}{5^3}=\frac{12}{25}=0.48.$$

在【例1.25】中，如果改成求这3名学生中至少有2名住在同一宿舍中的概率，那么，由于这个事件是事件A的对立事件$\overline{A}$，因此，从直观上知道，这个概率为

$$P(\overline{A})=1-P(A)=1-0.48=0.52.$$

【例 1.26】 一条公交车线路，中途设有 9 个站点，最后到达终点站．已知在起点站上有 20 位乘客上车，求在第 1 站恰有 4 位乘客下车的概率（假设每位乘客在各车站下车是等可能的）．

解 设事件 A 表示“第 1 站恰有 4 位乘客下车”，他们可以是 20 位乘客中的任意 4 位，有 C_{20}^4 种可能方式，其余 16 人将在第 1 站以后的 9 个站（含终点站）下车，有 9^{16} 种可能方式，所含的基本事件数为 $C_{20}^4\cdot9^{16}$，而基本事件总数为 10^{20}．因此

$$P(A)=\frac{C_{20}^{4}\cdot 9^{16}}{10^{20}}=0.0898.$$

【例 1.27】设一批产品共有N件，内有M件次品，现从中任取n件产品，求恰有m件次品的概率.

解 设事件A表示“取出的n件产品中恰有m件次品”，则它所含的基本事件数为$C_{M}^{m}\cdot C_{N-M}^{n-m}$，而基本事件总数为$C_{N}^{n}$．因此

$$P(A)=\frac{C_{M}^{m}\cdot C_{N-M}^{n-m}}{C_{N}^{n}}.$$

【例 1.28】 设有五卷文集，将它们按任意次序放到书架上，试求下列事件的概率：

（1）第一卷出现在旁边；

（2）第三卷恰好在中央；

（3）各卷自左向右或自右向左恰成一、二、三、四、五的顺序；

（4）某三卷放在一起.

解 （1）设A表示“第一卷出现在旁边”，则$P(A)=\frac{2A_{4}^{4}}{A_{5}^{5}}=\frac{2}{5}$；

（2）设B表示“第三卷恰好在中央”，则$P(B)=\frac{A_{4}^{4}}{A_{5}^{5}}=\frac{1}{5}$；

（3）设C表示“各卷自左向右或自右向左恰成一、二、三、四、五的顺序”，则

$$P(C)=\frac{2}{A_{5}^{5}}=\frac{1}{60};$$

（4）设D表示“某三卷放在一起”，则$P(D)=\frac{A_{3}^{3}A_{3}^{3}}{A_{5}^{5}}=\frac{3}{10}$.

【例 1.29】 一个正方体木块，6面均涂有红色，将其锯为125个大小相同的正方体小木块，从中任取一个小木块，求：

（1）小木块上至少有两面涂有红色的概率；

（2）小木块上最多有两面涂有红色的概率.

解 处于原正方体角上的8个小木块上三面涂有红色，处于原正方体12个棱上的3×12个小木块上（去掉8个角上的小木块）两面涂有红色．其余小木块至多有一面涂有红色．样本空间所包含的基本事件总数为125，设事件A_i表示“小木块上有i面涂有红色”，$i=0,1,2,3$，则A_2、A_3所含的基本事件数分别为36、8，因此

（1）$P(A_2\cup A_3)=\frac{36+8}{125}=\frac{44}{125}$；

（2）$P(A_0\cup A_1\cup A_2)=1-P(A_3)=1-\frac{8}{125}=\frac{117}{125}$.

【例 1.30】 从5双不同鞋号的鞋子中任意取4只，4只鞋子中至少有2只鞋子配成1双的概率是多少？

解 5双鞋子共10只，任意取4只，所有可能的基本事件总数为C_{10}^{4}，设A表示“4只鞋子中至少有2只鞋子配成1双”.

解法一 A可以分成两种不同的情形.

（1）恰有 2 只配成 1 双．由于配成 1 双有 C_5^1 种取法，剩下的 2 只可以是其余 4 双中任 2 双各取 1 只，2 双的取法共有 C_4^2 种，2 双各取 1 只的取法共有 2^2 种，以上搭配共有 $C_5^1C_4^2\cdot 2^2$ 种取法．

（2）4 只可配成 2 双，共有 C_5^2 种取法．故

$$P(A)=\frac{C_5^1C_4^2\cdot 2^2+C_5^2}{C_{10}^4}=\frac{13}{21}.$$

解法二　$\overline{A}$ 表示“4 只中没有 2 只鞋子配成 1 双”，共有 $C_5^4\cdot 2^4$ 种取法，故

$$P(A)=1-P\left(\overline{A}\right)=1-\frac{C_5^2\cdot 2^4}{C_{10}^4}=\frac{13}{21}.$$

解法三　设想鞋子是一只一只取出的，即鞋子取出时有先后顺序，则需用排列，这时 $n=A_{10}^4=5040$；$\overline{A}$ 表示“4 只中没有 2 只鞋子配成 1 双”，$\overline{A}$ 的样本点可这样来定：第 1 只有 10 种取法，第 2 只有 8 种取法（除去已取出的第 1 只及与第 1 只配成 1 双的另 1 只），第 3 只、第 4 只各有 6 种、4 种取法.

$$P(A)=1-P\left(\overline{A}\right)=1-\frac{10\times 8\times 6\times 4}{5040}=\frac{13}{21}.$$

【例 1.31】 在 1～3500 中随机地取一整数，问：取到的整数不能被 6 或 8 整除的概率是多少？

解　A 表示“取到的整数能被 6 整除”，B 表示“取到的整数能被 8 整除”，C 表示“取到的整数不能被 6 或 8 整除”，则

$$C=\overline{A\cup B},$$

$$P(C)=P\left(\overline{A\cup B}\right)=1-P(A\cup B)=1-\left[P(A)+P(B)-P(AB)\right].$$

因为 $583<\frac{3500}{6}<584$，$437<\frac{3500}{8}<438$，$145<\frac{3500}{24}<146$，所以

$$P(A)=\frac{583}{3500},\ P(B)=\frac{437}{3500},\ P(AB)=\frac{145}{3500}.$$

故

$$P(C)=1-\left[\frac{583}{3500}+\frac{437}{3500}-\frac{145}{3500}\right]=\frac{3}{4}.$$

从【例 1.25】到【例 1.31】我们可以看到，古典概率的计算既有问题的多样性，又有方法与技巧的灵活性，在概率论的长期发展与实践中，人们发现现实中许多具体问题可以大致归纳为以下三类问题，它们具有典型的意义.

1. 抽球问题（摸球问题）

【例 1.32】 箱中装有 10 个白球，8 个黑球.

（1）从中任取 6 个球，试求所取的球恰含 4 个白球和 2 个黑球的概率；

（2）从中任意地接连取出 6 个球，如果球每次被取出后不返回，试求最后取出的球是白球的概率.

解　（1）A 表示“所取的球恰含 4 个白球和 2 个黑球”，则

$$P(A)=\frac{C_{10}^4C_8^2}{C_{18}^6};$$

（2）设 B 表示“最后取出的球是白球”，则

$$P(B)=\frac{A_{17}^5\cdot 10}{A_{18}^6}.$$

注意

如果我们将“白球、黑球”换成“正品、次品”或“甲物、乙物”等，则得到各种各样的抽球问题. 因此抽球问题是一种典型问题.

2. 取数问题

【例 1.33】 从 1,2,3,…,10 这 10 个数中任取 1 个，假定各个数都以同样的概率被取中，取后放回，先后取 7 个数字，求下列事件的概率：

（1）$A_1=\{7$ 个数全不相同$\}$；

（2）$A_2=\{$不含 10 与 1$\}$；

（3）$A_3=\{5$ 恰好出现两次$\}$；

（4）$A_4=\{5$ 至少出现两次$\}$.

解 （1）$P(A_1)=\dfrac{A_{10}^7}{10^7}\approx 0.06048$；

（2）$P(A_2)=\dfrac{8^7}{10^7}\approx 0.2097$；

（3）$P(A_3)=\dfrac{C_7^2\cdot 9^5}{10^7}\approx 0.124$；

（4）$P(A_4)=1-P(\overline{A}_4)=1-\dfrac{C_7^1\cdot 9^6+9^7}{10^7}\approx 0.1497$.

3. 分房问题

【例 1.34】 设有 n 个人，每个人等可能地被分配到 N 个房间中的任意一间去住（$n\leqslant N$），求下列事件的概率：

（1）$A=\{$指定的 n 个房间各有 1 个人住$\}$；

（2）$B=\{$恰好有 n 个房间，其中各住 1 个人$\}$.

解 （1）$P(A)=\dfrac{n!}{N^n}$；

（2）$P(B)=\dfrac{C_N^n\cdot n!}{N^n}=\dfrac{N!}{N^n(N-n)!}$.

注意

许多直观背景与此很不相同的实际问题，都可归结到这一类. 例如，旅客下车问题，一列火车上有 n 名旅客，它在 N 个站上都停，旅客下车的各种可能情形；生日问题，n 个人的生日的可能情形，这时 $N=365$ 天；入格问题，n 个质点落入 N 个格子；错误问题，n 个印刷错误在一本有 N 页的书中；放球问题，把 n 个球放入 N 个盒子；意外事故问题，把 n 个意外事故按其发生在星期几来分类，$N=7$.

这三类问题属于比较典型的问题，除了这三类问题外还有很多问题，要靠大家去体会和解决.

在讨论古典概型问题时，要注意不能忽视每一个基本事件都是等可能的这一基本条件. 如果忽视了这一点，就会出错.

【例 1.35】 某接待站在某一周曾接待过 12 次来访，已知所有 12 次接待都是在周二和周四进行的，问：是否可以推断接待时间是有规定的？

解 假设接待站的接待时间是没有规定的，而各来访者在一周的任一天去找接待站是等可能的，

那么 12 次接待来访者都在周二和周四的概率为

$$\frac{2^{12}}{7^{12}} \approx 0.0000003.$$

人们在长期的实践中总结得到“**概率很小的事件在一次试验中实际上几乎是不发生的**”，称之为**实际推断原理**．现在概率很小的事件在一次试验中竟然发生了，因此有理由怀疑假设的正确性，从而推断接待站不是每天都接待来访者，即认为接待时间是有规定的．

1.5 条件概率

在客观世界中，事物是互相联系、互相影响的，随机事件也不例外．在同一试验中，一个事件发生与否对其他事件发生的可能性的大小究竟是如何影响的？有时我们需要考察在某些附加条件下的试验结果，这些附加条件通常以“某个事件已经发生”的形式给出，即在某事件发生的条件下，求另一事件的概率.这便是本节将要讨论的内容．

1.5.1 条件概率

首先我们来考察一个简单的例子．

【例 1.36】 某家电商店库存有甲、乙两厂联营生产的、相同牌号的冰箱 100 台．甲厂生产的 40 台中有 5 台次品；乙厂生产的 60 台中有 10 台次品．今工商质检部门随机地从库存的冰箱中抽检 1 台．试求抽捡到的 1 台是次品（记为事件 A）的概率．

解 显然事件 A 的概率是 $P(A)=\frac{15}{100}$．

如果商店有意让质检部门从甲厂生产的冰箱中抽检 1 台，那么，这 1 台是次品的概率有多大？

由于样本不再是全部的库存冰箱，而是缩小到甲厂生产的冰箱，因此这个概率为 $\frac{5}{40}$．这两个概率不相同是容易理解的，因为在第二个问题中所抽到的次品必是甲厂生产的，这比第一个问题多了一个“附加条件”．设事件 B 表示“抽到的产品是甲厂生产的”．第二个问题可以看作是在“已知事件 B 发生”的附加条件下，求事件 A 的概率．这个概率便是下面将要研究的条件概率，记作 $P(A|B)$，它表示“在已知事件 B 发生的条件下，事件 A 的概率”．前面已经算得 $P(A|B)=\frac{5}{40}$，仔细观察后发现，$P(A|B)$ 与 $P(B)$、$P(AB)$ 之间有如下关系

$$P(A|B)=\frac{5}{40}=\frac{\frac{5}{100}}{\frac{40}{100}}=\frac{P(AB)}{P(B)}.$$

上述关系式虽然是在特殊情形下得到的，但它对一般的古典概率、几何概率与频率都成立．

我们给出一般的定义．

定义 1.9 给定一个随机试验，S 是它的样本空间．对于任意两个事件 A,B，其中 $P(B)>0$，称

$$P(A|B)=\frac{P(AB)}{P(B)} \tag{1.11}$$

为在已知事件 B 发生的条件下事件 A 发生的**条件概率**．

我们可以验证条件概率 $P(A|B)$ 符合概率定义的 3 个条件.

（1）非负性：$\forall A$，$P(A|B)\geqslant 0$.

（2）规范性：$P(S|B)=1$.

（3）可列可加性：若 $A_1,A_2,\cdots$ 是两两互不相容的事件，即 $A_iA_j=\varnothing$，$i\neq j,\ i,j=1,2,\cdots$，有

$$P\left(\bigcup_{i=1}^{\infty}A_i\middle|B\right)=\sum_{i=1}^{\infty}P\left(A_i\middle|B\right).$$

于是，本章第 3 节中证明的所有性质对条件概率依然适用．但要注意，使用计算公式必须在同一条件下进行.

计算条件概率有两个基本的方法：其一，用定义计算；其二，在古典概型中利用古典概率的计算方法直接计算.

【例 1.37】 设全部产品中有 4%是废品，有 72%为一等品．现从中任取 1 件合格品，求它是一等品的概率.

解 设事件 A 表示“任取 1 件为合格品”，事件 B 表示“任取 1 件为一等品”．按题意，$P(A)=0.96$，$P(B)=0.72$，由于 $B\subset A$，因此 $P(AB)=P(B)=0.72$，故所求条件概率为

$$P(B|A)=\frac{P(AB)}{P(A)}=\frac{0.72}{0.96}=0.75.$$

【例 1.38】 盒中有黄、白两种颜色的乒乓球．黄色球 7 个，其中 3 个是新球；白色球 5 个，其中 4 个是新球．现从中任取一球是新球，求它是白球的概率.

解 设事件 A 表示“任取一球为新球”，事件 B 表示“任取一球为白球”．由古典概型的等可能性知所求概率为

$$P(B|A)=\frac{4}{7}.$$

【例 1.39】 某建筑物按设计要求使用寿命超过 50 年的概率为 0.8，超过 60 年的概率为 0.6．该建筑物经历 50 年之后，将在 10 年内倒塌的概率有多大？

解 设事件 A 表示“该建筑物使用寿命超过 50 年”，事件 B 表示“该建筑物使用寿命超过 60 年”．按题意，$P(A)=0.8$，$P(B)=0.6$，由于 $B\subset A$，因此 $P(AB)=P(B)=0.6$，故所求条件概率为

$$P(\overline{B}|A)=1-P(B|A)=1-\frac{P(AB)}{P(A)}=1-\frac{0.6}{0.8}=0.25.$$

1.5.2 乘法定理

由条件概率的定义（定义 1.9）可以得到概率的乘法公式.

定理 1.1（乘法定理） 当 $P(A)>0$ 时，有

$$P(AB)=P(A)P(B|A). \tag{1.12}$$

当 $P(B)>0$ 时，有

$$P(AB)=P(B)P(A|B). \tag{1.13}$$

这就是概率的**乘法公式**.

乘法公式可以推广到更多事件上去.

（1）当 $P(AB)>0$ 时，有

$$P(ABC)=P(A)P(B\mid A)P(C\mid AB). \tag{1.14}$$

（2）当$P(A_1A_2\cdots A_{n-1})>0$时，有

$$P(A_1A_2\cdots A_n)=P(A_1)P(A_2\mid A_1)P(A_3\mid A_1A_2)\cdots P(A_n\mid A_1A_2\cdots A_{n-1}). \tag{1.15}$$

乘法公式的作用在于利用条件概率计算积事件的概率，它在概率计算中有着广泛的应用.

【例 1.40】 某商店出售晶体管，每盒装 100 只，且已知每盒混有 4 只不合格品．商店采用“缺一赔十”的销售方式：顾客买一盒晶体管，如果随机地取 1 只发现是不合格品，商店要立刻把 10 只合格的晶体管放在盒子中，不合格的那只晶体管不再放回．顾客在一个盒子中随机地先后取 3 只进行测试，试求发现全是不合格品的概率.

解 设事件A_i表示“顾客在第i次测试时发现晶体管不合格”，于是有

$$P(A_1)=\frac{4}{100},$$

$$P(A_2\mid A_1)=\frac{3}{99+10}=\frac{3}{109},$$

$$P(A_3\mid A_1A_2)=\frac{2}{98+10+10}=\frac{2}{118}.$$

由乘法公式推得，所求概率为

$$\begin{aligned}P(A_1A_2A_3)&=P(A_1)P(A_2\mid A_1)P(A_3\mid A_2A_1)\\&=\frac{4\times3\times2}{100\times109\times118}\approx0.00002.\end{aligned}$$

在【例1.40】中．计算条件概率时，我们没有使用条件概率的定义，而是用古典概率公式直接计算，只是把样本空间分别取作A_1与A_1A_2.

【例 1.41】 一批零件共 100 个，次品率为 10%，接连两次从这批零件中任取一个零件，第 1 次取出的零件不再放回去．求第 2 次才取得正品的概率.

解 设事件A表示“第 1 次取出的零件是次品”，事件B表示“第 2 次取出的零件是正品”，因为

$$P(A)=\frac{1}{10},\quad P(B\mid A)=\frac{90}{99},$$

则由乘法定理，所求的概率为

$$P(AB)=P(A)P(B\mid A)=\frac{10}{100}\cdot\frac{90}{99}=\frac{1}{11}.$$

【例 1.42】 甲、乙两市都位于长江下游，据一百多年来的气象记录，知道一年中雨天的比例甲市为 20%，乙市为 18%，两地同时下雨为 12%．设事件A表示“甲市出现雨天”，事件B表示“乙市出现雨天”．求：

（1）两市至少有一市是雨天的概率；

（2）乙市出现雨天的条件下，甲市也出现雨天的概率；

（3）甲市出现雨天的条件下，乙市也出现雨天的概率.

解 （1）$P(A\cup B)=P(A)+P(B)-P(AB)=0.2+0.18-0.12=0.26$；

（2）$P(A|B)=\dfrac{P(AB)}{P(B)}=\dfrac{0.12}{0.18}=\dfrac{2}{3}$；

（3）$P(B|A)=\dfrac{P(AB)}{P(A)}=\dfrac{0.12}{0.20}=0.60$．

【例 1.43】 已知 $P(A)=0.5,\ P(B)=0.6,\ P(B|A)=0.8$，求 $P(A\cup B)$ 和 $P(B|\overline{A})$.

解 由乘法公式得

$$P(AB)=P(A)P(B|A)=0.5\times 0.8=0.4\,,$$

于是

$$P(A\cup B)=P(A)+P(B)-P(AB)=0.5+0.6-0.4=0.7\,.$$

又 $P(\overline{A})=0.5$，$P(\overline{A}B)=P(B)-P(AB)=0.6-0.4=0.2$，因此

$$P(B|\overline{A})=\frac{P(\overline{A}B)}{P(\overline{A})}=0.4\,.$$

【例 1.44】 今有一张大型演唱会门票，5 个人进行抓阄，求每个人获得门票的概率.

解 设第 i 次抓阄的人为第 i 个人，事件 A_i 表示“第 i 个人抓到演唱会门票”，$i=1,2,3,4,5$，则

$$P(A_1)=\frac{1}{5}\,,$$

$$P(A_2)=P(\overline{A_1}A_2)=P(\overline{A_1})P(A_2|\overline{A_1})=\frac{4}{5}\cdot\frac{1}{4}=\frac{1}{5}\,,$$

$$P(A_3)=P(\overline{A_1}\,\overline{A_2}A_3)=P(\overline{A_1})P(\overline{A_2}|\overline{A_1})P(A_3|\overline{A_1}\,\overline{A_2})=\frac{4}{5}\cdot\frac{3}{4}\cdot\frac{1}{3}=\frac{1}{5}\,.$$

同理可得

$$P(A_4)=P(A_5)=\frac{1}{5}\,.$$

可见，每个人获得门票的概率都是一样的，即抓阄与次序无关. 因此对于抽签（抓阄）问题，不必争先恐后.

1.5.3 全概率公式与贝叶斯公式

首先来考察一个例子.

【例 1.45】 某商店有 100 台相同型号的冰箱待售，其中 60 台是甲厂生产的，25 台是乙厂生产的，15 台是丙厂生产的. 已知这 3 个厂生产的冰箱质量不同，它们的不合格率依次为 0.1、0.4、0.2. 一位顾客从这批冰箱中随机地取了 1 台.

（1）试求顾客取到不合格冰箱的概率.

（2）顾客开箱测试后发现冰箱不合格，但这台冰箱的厂标已经脱落，问：这台冰箱由甲厂、乙厂、丙厂生产的概率各为多少?

从题目给出的条件中，虽然无法确定取出的 1 台冰箱是哪个工厂生产的，但这台冰箱必定是 3 个工厂中的 1 个工厂生产的. 基于这个简单事实，便可引出解决这类问题最方便的方法，这就是下面将要介绍的两个公式——全概率公式与贝叶斯公式.

定义 1.10 试验 E 的样本空间为 S，假设 E 中的 n 个事件 $A_1,A_2,\cdots,A_n$ 满足下列两个条件:

（1）$A_1,A_2,\cdots,A_n$ 两两互不相容，即 $A_iA_j=\varnothing$，$i\neq j,\ i,j=1,2,\cdots,n$；

（2）$A_1\cup A_2\cup\cdots\cup A_n=S$．

那么，我们称这 n 个事件 $A_1,A_2,\cdots,A_n$ 构成样本空间 S 一个**划分**（**或完备事件组**）．

定理 1.2 设试验 E 的样本空间为 S，B 为 E 的一个事件，n 个事件 $A_1,A_2,\cdots,A_n$ 构成样本空间 S 一个划分，且 $P(A_i)>0(i=1,\cdots,n)$ 时，有

$$P(B)=\sum_{i=1}^{n}P(A_i)P(B|A_i). \tag{1.16}$$

式（1.16）称为**全概率公式**．

证 由于 $B=B\cap S=B\cap(\bigcup_{i=1}^{n}A_i)=\bigcup_{i=1}^{n}(A_iB)$，且 $A_1B,A_2B,\cdots,A_nB$ 两两互不相容，因此

$$P(B)=P(\bigcup_{i=1}^{n}(A_iB))=\sum_{i=1}^{n}P(A_iB)$$
$$=\sum_{i=1}^{n}P(A_i)P(B\mid A_i).$$

在很多实际问题中 $P(A)$ 不容易直接求得，但却容易找到 S 的一个划分 $B_1,B_2,\cdots,B_n$，且 $P(B_i)$ 和 $P(A|B_i)$ 或为已知，或容易求得，那么就可以根据式（1.16）求出 $P(A)$．

另一个重要的公式是贝叶斯公式．

定理 1.3 设试验 E 的样本空间为 S，B 为 E 的一个事件，n 个事件 $A_1,A_2,\cdots,A_n$ 构成样本空间 S 一个划分，且 $P(B)>0$ 时，有

$$P(A_i|B)=\frac{P(A_i)P(B\mid A_i)}{\sum_{i=1}^{n}P(A_i)P(B\mid A_i)},\quad i=1,\cdots,n. \tag{1.17}$$

式（1.17）称为**贝叶斯公式**．

证 由条件概率的定义及全概率公式，立刻得到

$$P(A_i\mid B)=\frac{P(A_iB)}{P(B)}=\frac{P(A_i)P(B\mid A_i)}{\sum_{i=1}^{n}P(A_i)P(B\mid A_i)}.$$

下面求【例 1.45】的解，设事件 A_1,A_2,A_3 分别表示“顾客取到的冰箱由甲厂生产”“顾客取到的冰箱由乙厂生产”“顾客取到的冰箱由丙厂生产”．易见，A_1,A_2,A_3 构成样本空间的一个划分，且

$$P(A_1)=0.6,\quad P(A_2)=0.25,\quad P(A_3)=0.15.$$

（1）设事件 B 表示“顾客取到的冰箱不合格”．按题意有

$$P(B\mid A_1)=0.1,\quad P(B\mid A_2)=0.4,\quad P(B\mid A_3)=0.2,$$

于是，由全概率公式知道

$$P(B)=\sum_{i=1}^{3}P(A_i)P(B\mid A)$$
$$=0.6\times0.1+0.25\times0.4+0.15\times0.2=0.19.$$

（2）据题意，由贝叶斯公式，知

$$P(A_1\mid B)=\frac{P(A_1)P(B\mid A_1)}{\sum_{i=1}^{3}P(A_i)P(B\mid A_i)}=\frac{0.6\times0.1}{0.6\times0.1+0.25\times0.4+0.15\times0.2}=\frac{6}{19}=0.316,$$

$$P(A_2 \mid B)=\frac{P(A_2)P(B \mid A_2)}{\sum_{i=1}^{3}P(A_i)P(B \mid A_i)}=\frac{0.25\times 0.4}{0.6\times 0.1+0.25\times 0.4+0.15\times 0.2}=\frac{10}{19}=0.516,$$

$$P(A_3 \mid B)=\frac{P(A_3)P(B \mid A_3)}{\sum_{i=1}^{3}P(A_i)P(B \mid A_i)}=\frac{0.15\times 0.2}{0.6\times 0.1+0.25\times 0.4+0.15\times 0.2}=\frac{3}{19}=0.158.$$

进一步，顾客还可以得出结论，这台无厂标的不合格冰箱很可能是乙厂生产的，因为在三个条件概率中 $P(A_2|B)$ 最大.

【例 1.46】 某工厂有四条流水线生产同一种产品，该四条流水线的产量分别占总产量的 15%、20%、30%、35%，又这四条流水线的不合格品率为 5%、4%、3%、2%，现在从出厂的产品中任取一件，问：

（1）恰好抽到不合格品的概率为多少？

（2）取到的不合格品由第一条流水线生产的概率为多少？

解 令事件 A 表示“任取一件，恰好抽到不合格品”，事件 B_i 表示“任取一件，恰好抽到第 i 条流水线的产品”（$i=1,2,3,4$）.

（1）由全概率公式得

$$\begin{aligned}P(A)&=\sum_{i=1}^{4}P(B_i)P(A \mid B_i)\\&=0.15\times 0.05+0.2\times 0.04+0.3\times 0.03+0.35\times 0.02=0.0315.\end{aligned}$$

（2）由贝叶斯公式得

$$P(B_1|A)=\frac{P(B_1)P(A \mid B_1)}{\sum_{j=1}^{4}P(B_j)P(A \mid B_j)}=\frac{0.15\times 0.05}{0.0315}\approx 0.238.$$

当一个较复杂的事件由多种“原因”产生的样本点构成时，往往可以考虑用全概率公式计算它的概率，当已知试验结果而要追查“原因”时，使用贝叶斯公式常常是有效的.

【例 1.47】 某厂生产的产品不合格率为 0.1%，但是没有适当的仪器进行检验. 有人声称发明了一种仪器可以用来检验，误判的概率仅 5%，即把合格品判为不合格品的概率为 0.05，且把不合格品判为合格品的概率也是 0.05. 问：厂长能否采用该人发明的仪器？

解 设事件 A 表示“随机地取 1 件产品为不合格品”，事件 B 表示“随机地取 1 件产品被仪器判为不合格”，按题意，有

$$P(A)=0.001,\ P(\bar{A})=0.999,$$
$$P(B \mid A)=0.95,\ P(B \mid \bar{A})=0.05.$$

根据贝叶斯公式，被仪器判为不合格的产品实际上也确是不合格品的概率为

$$\begin{aligned}P(A \mid B)&=\frac{P(A)P(B \mid A)}{P(A)P(B \mid A)+P(\bar{A})P(B \mid \bar{A})}\\&=\frac{0.001\times 0.95}{0.001\times 0.95+0.999\times 0.05}\approx 0.02.\end{aligned}$$

故厂长考虑到产品的成本较高，不敢采用这台新发明的仪器，因为被仪器判为不合格的产品实际上有 98%是合格的.

【例 1.48】 根据以往的临床记录，某种诊断癌症的试验具有如下效果：若事件 A 表示“试验结

果为阳性”，事件 C 表示“被诊断者患有癌症”，则 $P(A|C)=0.95$，$P(\overline{A}|\overline{C})=0.96$．现对自然人群进行普查，设被检查的人患有癌症的概率为0.004，即 $P(C)=0.004$．求：

（1）$P(A)$；

（2）$P(C|A)$．

解 已知 $P(A|C)=0.95$，$P(A|\overline{C})=1-P(\overline{A}|\overline{C})=1-0.96=0.04$，$P(C)=0.004$，$P(\overline{C})=0.996$．从而有

$$P(A)=P(C)P(A|C)+P(\overline{C})P(A|\overline{C})$$
$$=0.004\times0.95+0.996\times0.04=0.0436;$$

$$P(C|A)=\frac{P(C)P(A|C)}{P(C)P(A|C)+P(\overline{C})P(A|\overline{C})}$$
$$=\frac{0.004\times0.95}{0.004\times0.95+0.996\times0.04}=0.0871.$$

这表明试验结果呈阳性而被检查者确实患有癌症的可能性并不大，还需要通过进一步检查来确诊．

在【例1.48】中 $P(C)$ 是由以往的数据分析得到的，叫作**先验概率**．而在得到信息（检验结果呈阳性）后重新加以修正的概率 $P(C|A)$ 叫作**后验概率**．

贝叶斯公式在概率论与数理统计中有着多方面的应用，假定 $B_1,B_2,\cdots$ 是导致试验结果的“原因”，$P(B_i)$ 为先验概率，它反映了各种“原因”发生的可能性的大小，一般是以往经验的总结，在这次试验前已经知道，现在若试验产生了事件 A，这个信息将有助于探讨事件发生的“原因”，条件概率为后验概率，它反映了试验之后对各种“原因”发生的可能性大小的新知识．例如，在医疗诊断中，有人为了诊断病人到底是患了 $B_1,B_2,\cdots$ 中的那一种病，对病人进行观察与检查，确定了某个指标（如体温、脉搏、转氨酶含量等），他想用这类指标来帮助诊断，这时可以用贝叶斯公式来计算有关概率．首先必须确定先验概率 $P(B_i)$，这实际上是患各种疾病的概率，以往的资料可以给出一些初步数据（称为发病率）．其次要确定 $P(A|B_i)$，这当然要依靠医学知识．一般地，有经验的医生对 $P(A|B_i)$ 掌握得比较准，从概率论的角度，$P(B_i|A)$ 较大，则病人患 B_i 的可能性较大，应多加考虑．在实际工作中检查指标 A 一般有多个，综合所有的后验概率，会对诊断有很大的帮助．在计算机自动诊断或辅助诊断中，这种方法是有实用价值的．

1.6 独立性

在1.5节引进条件概率的概念时，我们了解到，一般情况下条件概率 $P(A|B)$ 不等于无条件概率 $P(A)$，但是也不排除有相等的情况．本节将引进随机事件独立性的概念，先从两个事件的独立性开始，然后讨论多个事件的独立性．

1.6.1 独立性的概念

首先我们来考察一个简单的例子．

【例 1.49】 设袋中有 5 个球（3 白 2 黑），每次从中取 1 个，有放回地取两次，记事件 $A=\{$第一次取得白球$\}$，事件 $B=\{$第二次取得白球$\}$. 求 $P(A)$、$P(B)$、$P(B|A)$.

解 显然 $P(A)=\frac{3}{5}$，$P(B)=\frac{3}{5}$，$P(B|A)=\frac{3}{5}$，$P(B|A)=P(B)$，于是有

$$P(AB)=P(A)P(B|A)=\frac{3\times3}{5\times5}.$$

由此可得 $P(AB)=P(A)P(B)$.

定义 1.11 若

$$P(AB)=P(A)P(B), \tag{1.18}$$

则称事件 A 和 B 是**相互独立**的，简称为事件 A 和 B 独立.

依这个定义，必然事件 S 和不可能事件 $\varnothing$ 与任何事件都相互独立的，因为必然事件与不可能事件的发生与否，的确不受任何事件的影响，也不影响其他事件是否发生.

我们也很容易知道，若 $P(A)>0$，$P(B)>0$，则 A 和 B 相互独立与 A 和 B 互不相容不能同时成立.

【例 1.50】 分别掷 2 枚均匀的硬币，令事件 $A=\{$第 1 枚硬币出现正面$\}$，事件 $B=\{$第 2 枚硬币出现正面$\}$，验证事件 A 和 B 是相互独立的.

证 因为 $S=\{HH,HT,TH,TT\}$，$A=\{HH,HT\}$，$B=\{HH,TH\}$，$AB=\{HH\}$，所以

$$P(A)=P(B)=\frac{1}{2},\quad P(AB)=\frac{1}{4}=P(A)P(B).$$

故 A 和 B 是相互独立的.

在实际问题中，人们常用直觉来判断事件间的“相互独立”性，例如，分别掷 2 枚硬币，硬币甲出现正面与否和硬币乙出现正面与否，相互之间没有影响，因而它们是相互独立的. 当然有时直觉并不可靠.

事件的独立性有下面的性质.

定理 1.4 如果 $P(A)>0$，那么事件 A 与 B 相互独立的充分必要条件是 $P(B|A)=P(B)$；如果 $P(B)>0$，那么事件 A 与 B 相互独立的充分必要条件是 $P(A|B)=P(A)$.

定理的正确性是显然的.

【例 1.51】 证明：若 $P(A|B)=P(A|\overline{B})$，则事件 A 与 B 独立.

证
$$\begin{aligned}P(A)&=P(B)P(A|B)+P(\overline{B})P(A|\overline{B})\\&=P(B)P(A|B)+P(\overline{B})P(A|B)\\&=[P(B)+P(\overline{B})]P(A|B)=P(A|B).\end{aligned}$$

定理 1.5 下列四个命题是等价的：

（1）事件 A 与 B 相互独立；

（2）事件 A 与 $\overline{B}$ 相互独立；

（3）事件 $\overline{A}$ 与 B 相互独立；

（4）事件 $\overline{A}$ 与 $\overline{B}$ 相互独立.

证 这里仅证明（1）与（2）的等价性，当（1）成立时，$P(AB)=P(A)P(B)$，由概率的性质知道：

$$\begin{aligned}P(A\overline{B}) &= P(A)-P(AB)\\ &= P(A)-P(A)P(B)\\ &= P(A)[1-P(B)]\\ &= P(A)P(\overline{B}),\end{aligned}$$

即 A 与 $\overline{B}$ 相立独立．利用 $\overline{\overline{B}}=B$ 可以由（2）推得（1）成立．

【例 1.52】 设 A 与 B 相互独立，A 发生 B 不发生的概率与 B 发生 A 不发生的概率相等，且 $P(A)=\dfrac{1}{3}$，求 $P(B)$．

解 由题意，$P(A\overline{B})=P(\overline{A}B)$，因为 A 与 B 相互独立，所以 A 与 $\overline{B}$ 、$\overline{A}$ 与 B 也相互独立，故

$$P(A)P(\overline{B})=P(\overline{A})P(B),$$

$$\frac{1}{3}P(\overline{B})=\frac{2}{3}P(B),$$

$$1-P(B)=2P(B),$$

故 $P(B)=\dfrac{1}{3}$.

事件的相互独立性可以推广到更多个事件．

定义 1.12 对于任意三个事件 A 、B 、C ，如果满足

$$\left.\begin{aligned}P(AB)&=P(A)P(B),\\ P(BC)&=P(B)P(C),\\ P(AC)&=P(A)P(C),\\ P(ABC)&=P(A)P(B)P(C),\end{aligned}\right\}\tag{1.19}$$

则称事件 A 、B 、C **相互独立**．

定义 1.13 对于任意三个事件 A ，B ，C ，如果满足

$$P(AB)=P(A)P(B),$$

$$P(BC)=P(B)P(C),$$

$$P(AC)=P(A)P(C),$$

则称事件 A 、B 、C **两两相互独立**．

事件 A 、B 、C 相互独立必有事件 A 、B 、C 两两独立，但反之不然．

【例 1.53】 一个均匀的正四面体，其第一面染成红色，第二面染成白色，第三面染成黑色，第四面同时染上红、黑、白三色，以 A 、B 、C 分别记投一次四面体出现红、白、黑颜色的事件，则

$$P(A)=P(B)=P(C)=\frac{2}{4}=\frac{1}{2},$$

$$P(AB)=P(BC)=P(AC)=\frac{1}{4},$$

$$P(ABC)=\frac{1}{4},$$

故 A、B、C 两两相互独立，但不能推出 $P(ABC)=P(A)P(B)P(C)$．

定义 1.14 对 n 个事件 $A_1,A_2,\cdots,A_n$ ，若对于所有可能的组合 $1\leqslant i<j<k<\cdots\leqslant n$，有

$$P(A_iA_j)=P(A_i)P(A_j),$$

$$P(A_iA_jA_k)=P(A_i)P(A_j)P(A_k),$$

$$\cdots$$

$$P(A_1A_2\cdots A_n)=P(A_1)P(A_2)\cdots P(A_n),$$

则称 $A_1,A_2\cdots A_n$ 相互独立.

由定义知：

（1）n 个事件 $A_1,A_2\cdots A_n$ 相互独立，则必须满足 2^n-n-1 个等式.

（2）n 个事件 $A_1,A_2\cdots A_n$ 相互独立，则它们中的任意 m（$2\leqslant m\leqslant n$）个事件也相互独立.

（3）n 个事件 $A_1,A_2\cdots A_n$ 相互独立，则将 $A_1,A_2\cdots A_n$ 中任意多个事件换成它们各自的对立事件，所得的 n 个事件仍相互独立.

1.6.2 独立性的应用

1. 相互独立事件至少有一个发生的概率计算

设 $A_1,A_2\cdots A_n$ 相互独立，则

$$\begin{aligned}P(A_1\cup A_2\cup\cdots\cup A_n)&=1-P(\overline{A_1\cup A_2\cup\cdots\cup A_n})\\&=1-P(\overline{A_1}\,\overline{A_2}\cdots\overline{A_n})\\&=1-P(\overline{A_1})P(\overline{A_2})\cdots P(\overline{A_n}).\end{aligned}$$

【例 1.54】 两射手彼此独立地向同一目标射击，设甲射中目标的概率为 0.9，乙射中目标的概率为 0.8，求目标被击中的概率.

解 设 A 表示“甲射中目标”，B 表示“乙射中目标”，C 表示“目标被击中”，则

$$\begin{aligned}P(C)&=P(A\cup B)\\&=P(A)+P(B)-P(AB)\\&=0.9+0.8-0.9\times0.8=0.98,\end{aligned}$$

或

$$\begin{aligned}P(C)&=P(A\cup B)\\&=1-P(\overline{A})P(\overline{B})\\&=1-0.1\times0.2=0.98.\end{aligned}$$

【例 1.55】 假设一个人血清中含有肝炎病毒的概率为 0.4%，混合 100 个人的血清，求此血清中含有肝炎病毒的概率.

解 设 $A_i=\{$第 i 个人血清中含有肝炎病毒$\}$，$i=1,2,\cdots,100$，可以认为 $A_1,A_2\cdots A_{100}$ 相互独立，所求的概率为

$$P(A_1\cup A_2\cup\cdots\cup A_{100})=1-P(\overline{A_1})P(\overline{A_2})\cdots P(\overline{A_{100}})=1-0.996^{100}=0.33.$$

虽然每个人有病毒的概率都很小，但是混合后，则有很大的概率，在实际工作中，这类效应值得充分重视.

【例 1.56】 设某型号的高射炮每门炮发射一发炮弹击中飞机的概率为 0.6. 现有若干门炮同时发射（每门炮射一发），若要求有 99%的把握击中来犯的一架敌机，至少需配置几门高射炮？

解 设至少需配置 n 门高射炮. 以事件 A_i 表示“第 i 门炮击中敌机”$(i=1,2,\cdots,n)$，事件 A 表示“敌机被击中”，则 $A=A_1\cup A_2\cup\cdots\cup A_n$. 依题意得

$$P(A)=P(A_1\cup A_2\cup\cdots\cup A_n)\geqslant99\%.$$

由于$\overline{A_1 \cup A_2 \cup \cdots \cup A_n} = \overline{A_1}\,\overline{A_2} \cdots \overline{A_n}$，而$\overline{A_1}, \overline{A_2}, \cdots, \overline{A_n}$是相互独立的，故

$$P(A) = 1 - P(\overline{A}) = 1 - P(\overline{A_1}\,\overline{A_2} \cdots \overline{A_n}) = 1 - P(\overline{A_1})P(\overline{A_2}) \cdots P(\overline{A_n}) = 1 - (0.4)^n .$$

因此$1-(0.4)^n \geqslant 0.99$，即$(0.4)^n \leqslant 0.01$，或

$$n \geqslant \frac{\lg 0.01}{\lg 0.4} = 5.026 .$$

2. 独立在可靠性理论中的应用

对于一个电子元件，它能正常工作的概率p称为它的可靠性．元件组成系统，系统正常工作的概率称为该系统的可靠性．随着近代电子技术迅猛发展，关于元件和系统可靠性的研究已发展成为一门新的学科——可靠性理论．概率论是研究可靠性理论的重要工具．

【例 1.57】（串联系统） 设一个系统由n个相互独立的元件串联而成，如图 1.8 所示，第i个元件的可靠性为p_i，$i=1,\cdots,n$，试求这个串联系统的可靠性．

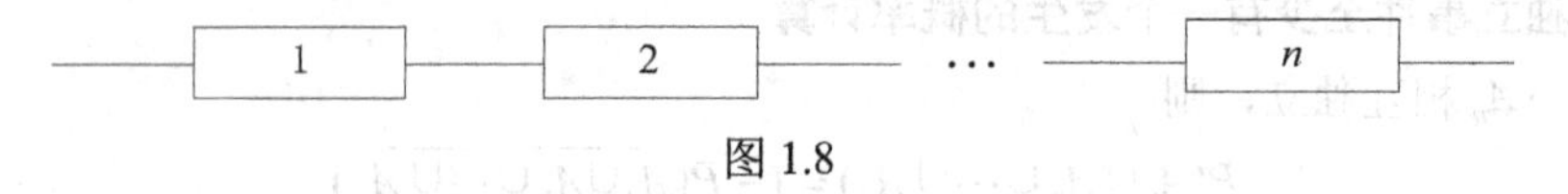

图 1.8

解 设事件A_i表示“第i个元件正常工作”，$i=1,\cdots,n$．由于“串联系统能正常工作”等价于“这n个元件都正常工作”，因此，所求的可靠度为

$$P(A_1A_2\cdots A_n) = \prod_{i=1}^{n} P(A_i) = \prod_{i=1}^{n} p_i .$$

【例 1.58】（并联系统） 设一个系统由n个相互独立的元件并联而成，如图 1.9 所示，第i个元件的可靠性为p_i，$i=1,\cdots,n$，试求这个并联系统的可靠度．

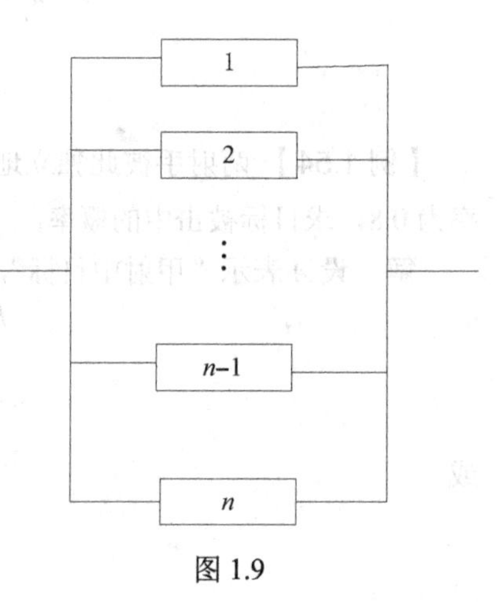

图 1.9

解 设事件A_i表示“第i个元件正常工作”，$i=1,\cdots,n$．由于“并联系统能正常工作”等价于“这n个元件中至少有 1 个元件正常工作”，因此，所求的可靠性为

$$P(A_1 \cup A_2 \cup \cdots \cup A_n) = 1 - P(\overline{A_1}\,\overline{A_2} \cdots \overline{A_n}) = 1 - \prod_{i=1}^{n} P(\overline{A_i}) = 1 - \prod_{i=1}^{n}(1-p_i) .$$

【例 1.59】（混联系统） 设一个系统由 4 个元件组成，连接的方式如图 1.10 所示，每个元件的可靠度都是$p_i = p$．试求这个混联系统的可靠度．

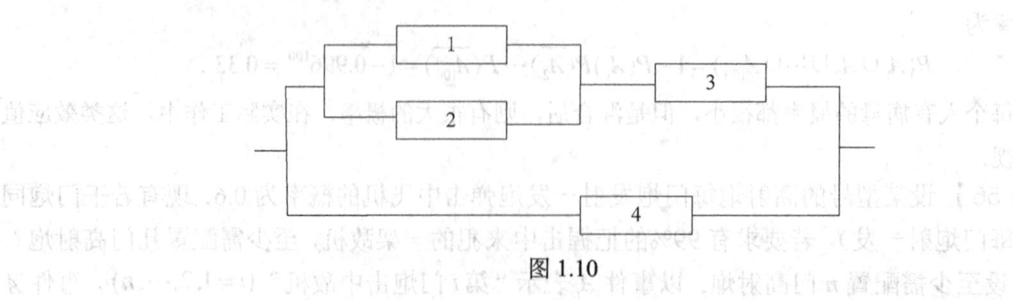

图 1.10

解 元件 1 与元件 2 组成一个并联的子系统甲，由【例 1.58】可知这个子系统甲的可靠度为$1-(1-p)^2 = 2p - p^2$．把子系统甲视作一个新的元件，它与元件 3 组成一个串联的子系统乙，整个

系统由子系统乙（把它视作一个新的元件）与元件4并联而成，从而，整个混联系统的可靠度为

$$1-[1-(2p-p^2)p](1-p)=p+2p^2-3p^3+p^4.$$

1.7 应用案例及分析

【例1.60】 伊索寓言“孩子与狼”讲的是一个孩子每天到山上放羊，山里有狼出没. 第一天，他在山上喊：“狼来了！狼来了！”山下的村民闻声便去打狼，可到山上，发现狼没有来；第二天仍是如此；第三天，狼真的来了，可无论孩子怎么喊叫，也没有人来救他，因为前两次他说了谎，人们再也不相信他了.

现在用贝叶斯公式来分析此寓言中村民对这个孩子的相信度是如何下降的.

首先记事件A为“孩子说谎”，记事件B为“孩子可信”. 不妨设村民过去对这个孩子的印象为

$$P(B)=0.8，\ P(\overline{B})=0.2.$$

我们现在用贝叶斯公式来求$P(B\mid A)$，也就是这个孩子说了一次谎后，村民对他相信度的改变.

在贝叶斯公式中要用到概率$P(A\mid B)$和$P(A\mid \overline{B})$，前者为“可信”（B）的孩子“说谎”（A）的可能性，后者为“不可信”（$\overline{B}$）的孩子“说谎”（A）的可能性. 在此不妨设

$$P(A\mid B)=0.1，\ P(A\mid \overline{B})=0.5.$$

第一次村民上山打狼，发现狼没有来，即孩子“说谎”（A）. 村民根据这个信息，对这个孩子的相信度改变为

$$P(B\mid A)=\frac{P(B)P(A\mid B)}{P(B)P(A\mid B)+P(\overline{B})P(A\mid \overline{B})}=\frac{0.8\times0.1}{0.8\times0.1+0.2\times0.5}=0.444.$$

这表明村民上了一次当后，对这个孩子的相信度由原来的0.8调整为0.444，也就是说，

$$P(B)=0.444，\ P(\overline{B})=0.556.$$

在此基础上，我们再一次用贝叶斯公式来求$P(B\mid A)$，也就是这个孩子说了第二次谎后，村民对他相信度的改变为

$$P(B\mid A)=\frac{0.444\times0.1}{0.444\times0.1+0.556\times0.5}=0.138.$$

这表明村民们经过两次上当，对这个孩子的相信度已经从0.8下降到了0.138，如此低的相信度，村民听到第三次呼叫时怎么会再上山打狼呢？

同样道理，如果某人向银行贷款，连续两次未还，银行还会第三次贷款给他吗？

【例1.61】 某彩票每周开奖一次，每次提供十万分之一的中奖机会，且各周开奖是相互独立的. 若你每周买一张彩票，坚持十年（每年52周）之久，你从未中奖的可能性是多少？

解 按假设，每次中奖的可能性是10^{-5}，于是每次不中奖的可能性是$1-10^{-5}$. 另外，十年中你共购买彩票520次，每次开奖都是相互独立的，记A_i为“第i次开奖不中奖”，$i=1,2,\cdots520$，则$A_1,A_2,\cdots,A_{520}$相互独立，由此得十年中你从未中奖的可能性是

$$P(A_1A_2\cdots A_{520})=(1-10^{-5})^{520}=0.9948.$$

如果将【例1.61】中每次中奖机会改成万分之一，那么十年中从未中奖的可能性还是很大的，

为 0.9493.

由此可知，想靠买彩票中大奖，就好比盼着“天上掉馅饼”.

思考

在本章中，频率与概率体现了偶然性与必然性的对立统一．频率是个试验值，具有偶然性，可能取多个不同值．概率是客观存在的，具有必然性，只能取唯一值．当试验次数较小时，频率与概率偏差较大，体现为对立性．当试验次数很大时，频率稳定在某一常数附近，这个常数就是事件的概率，反映出统一性．例如，虽然具体的某人经常抽烟也不一定得肺癌，体现出偶然性，但是以大量的人作为研究对象，经常抽烟的人比不抽烟的人得肺癌的概率高出很多倍就是必然的了，吸烟有害健康，所以我们要养成良好的生活习惯，有好的身体才能多做贡献.

【例 1.60】用贝叶斯公式来分析伊索寓言“孩子与狼”中村民对这个孩子的相信度是如何下降的．村民过去对这个孩子的相信度为 0.8，这是先验概率，在获得新的信息（第一次村民上山打狼，发现狼没有来，即孩子说谎）后，村民对这个孩子的相信度发生了变化，由贝叶斯公式计算得 0.444．孩子第二次说谎后，在相信度为 0.444 的基础上，再一次用贝叶斯公式计算得村民对孩子的相信度变成了 0.138．经过两次上当，村民对这个孩子的相信度已经从 0.8 下降到 0.138，如此低的相信度，村民听到第三次呼叫时怎么会再上山打狼呢？从这个案例我们可以看到，贝叶斯公式与人类的认知心理是相符合的．我们做人做事要讲诚信，只有具备诚实守信的道德品质，才能适应社会，有所作为.

小　结

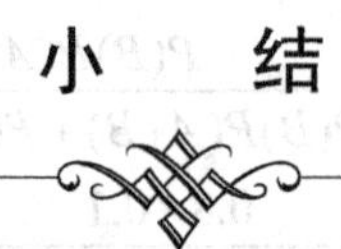

本章是概率论的基础部分，所有内容围绕随机事件和概率两个概念展开．本章的重点内容包括随机事件的关系和运算、概率的基本性质、条件概率和乘法公式、事件的独立性.

本章的基本要求如下.

1．理解随机现象、随机试验和随机事件的概念；掌握事件的运算方法，包括并事件、交事件、差事件等；掌握事件的运算法则，包括交换律、结合律、分配律和德摩根律；理解事件的各种关系，包括包含关系、相等关系、对立关系和互不相容的关系.

2．了解古典概型的定义，会计算古典概型中的相关概率.

3．理解概率的定义，理解概率与频率的关系，掌握概率的基本性质：

（1）$0\leqslant P(A)\leqslant 1, P(S)=1, P(\varnothing)=0$；

（2）$P(A\cup B)=P(A)+P(B)-P(AB)$；

（3）$P(A-B)=P(A\bar{B})=P(A)-P(AB)$；

（4）$P(A)=1-P(\bar{A})$.

会用概率的性质进行概率的计算.

4．理解条件概率的概念：$P(A|B)=\dfrac{P(AB)}{P(B)}$，其中 $P(B)>0$.

掌握乘法公式：$P(AB)=P(A)P(B|A)=P(B)P(A|B)$.

会用条件概率公式和乘法公式进行概率计算.

5. 掌握全概率公式和贝叶斯公式.

设试验E的样本空间为S，B为E的一个事件，n个事件$A_1,A_2,\cdots,A_n$构成样本空间S一个划分，且$P(A_i)>0(i=1,\cdots,n)$时，有

$$P(B)=\sum_{i=1}^{n}P(A_i)P(B\mid A_i),$$

$$P(A_i\mid B)=\frac{P(A_i)P(B\mid A_i)}{\sum_{i=1}^{n}P(A_i)P(B\mid A_i)},\quad i=1,\cdots,n.$$

会用它们计算相关问题.

6. 理解事件独立性的定义及充要条件. 理解事件间关系——相互对立、互不相容与相互独立三者的联系与区别.

利用概率的基本性质、条件概率、乘法公式以及事件独立性计算概率，它们的综合使用略显复杂，但其间有一个重要的关联角色$P(AB)$，$P(AB)$是概率求解的关键.

习 题 一

1. 写出下列随机试验的样本空间：

（1）同时抛两枚硬币，观察正反面朝上的情况；

（2）同时掷两枚骰子，观察两枚骰子出现的点数之和；

（3）生产产品直到得到10件正品为止，记录生产产品的总件数；

（4）在某十字路口，1小时内通过的机动车辆数；

（5）在单位圆内任意取一点，记录它的坐标；

（6）某城市一天的用电量.

2. 设A,B,C为3个事件，试用A,B,C的运算关系表示下列各事件：

（1）A,B都发生而C不发生；

（2）A,B,C中至少有一个发生；

（3）A,B至少有一个发生而C不发生；

（4）A,B,C都发生；

（5）A,B,C都不发生；

（6）A,B,C不多于一个发生；

（7）A,B,C不多于两个发生；

（8）A,B,C恰有两个发生；

（9）A,B,C至少有两个发生；

（10）A,B,C不都发生.

3. 设A,B为两个事件，试利用A,B的运算关系证明：

（1）$B=AB\cup\overline{A}B$，且AB与$\overline{A}B$互不相容；

（2）$A\cup B=A\cup\overline{A}B$，且$A$与$\overline{A}B$互不相容.

4．某射手向一目标射击 3 次，A_i 表示“第 i 次射击命中目标”，$i=1,2,3$，B_j 表示“3 次射击恰命中目标 j 次”，$j=0,1,2,3$，试用 A_1,A_2,A_3 的运算表示 B_j．

5．已知 $P(A)=\frac{1}{2}$．

（1）若 A,B 为两个互不相容事件，求 $P(A\overline{B})$；

（2）$P(AB)=\frac{1}{8}$，求 $P(A\overline{B})$．

6．设 A,B 为两个互不相容事件，$P(A)=0.5$，$P(B)=0.3$，求 $P(\overline{A}\overline{B})$．

7．设 A,B,C 是三个事件，且 $P(A)=P(B)=P(C)=\frac{1}{4}$，$P(AB)=P(BC)=0$，$P(AC)=\frac{1}{8}$，求：

（1）A,B,C 中至少有一个发生的概率；

（2）A,B,C 全不发生的概率．

8．已知 $P(A)=\frac{1}{2}$，$P(B)=\frac{1}{3}$，$P(C)=\frac{1}{5}$，$P(AB)=\frac{1}{10}$，$P(AC)=\frac{1}{15}$，$P(BC)=\frac{1}{20}$，$P(ABC)=\frac{1}{30}$，求 $P(A\cup B)$、$P(\overline{A}\overline{B})$、$P(A\cup B\cup C)$、$P(\overline{A}\overline{B}\overline{C})$、$P(\overline{A}\overline{B}C)$、$P(\overline{A}\overline{B}\cup C)$．

9．50 件产品中有 5 件次品，现从中任取 2 件，求 2 件中有不合格品的概率．

10．一袋中装有 $n-1$ 只黑球和 1 只白球，每次从袋中随机摸出 1 只球，并换入 1 只黑球，这样继续下去，问：第 k 次摸到黑球的概率是多少？

11．一袋中有 4 只白球和 2 只黑球，现从袋中取球 2 次，在下列两种情形下分别求出取得 2 只白球的概率．

（1）第 1 次取出 1 只球，观察它的颜色后放回袋中，第 2 次再取出 1 只球；

（2）从袋中任取 2 只球．

12．设有 40 件产品，其中有 3 件次品，现从中抽取 3 件，求下列概率．

（1）3 件中恰有 1 件次品；

（2）3 件中恰有 2 件次品；

（3）3 件全是次品；

（4）3 件全是正品；

（5）3 件中至少 1 件次品．

13．从 1,2,3,4,5 五个数码中，任取三个不同数码排成一个三位数，求：

（1）所得三位数为偶数的概率；

（2）所得三位数为奇数的概率．

14．口袋中有 10 个球，分别标有号码 1 到 10．现从中任选 3 个，记下取出球的号码，求：

（1）最小号码为 5 的概率；

（2）最大号码为 5 的概率．

15.在 11 张卡片上分别写上 probability 的 11 个字母，从中任意连抽 7 张，求其排列结果为 ability 的概率．

16．将 3 个球放入 4 个杯子，求：

（1）3 个球在不同杯子的概率；

（2）3 个球在同一个杯子的概率．

17．罐中有 12 粒围棋子，其中 8 粒白子 4 粒黑子，从中任取 3 粒，求：

（1）取到的都是白子的概率；

（2）取到 2 粒白子 1 粒黑子的概率；

（3）至少取到 1 粒黑子的概率；

（4）取到的 3 粒棋子颜色相同的概率．

18．设 $P(A)=0.5$，$P(A\bar{B})=0.3$，求 $P(B|A)$．

19．设 $P(A)=\dfrac{1}{4}$，$P(B|A)=\dfrac{1}{3}$，$P(A|B)=\dfrac{1}{2}$，求 $P(A\cup B)$．

20．设 $P(\bar{A})=0.3$，$P(B)=0.4$ $P(A\bar{B})=0.5$，求 $P(B|A\cup\bar{B})$．

21．设某种动物活到 20 岁的概率为 0.9，活到 25 岁的概率为 0.6．问：年龄为 20 岁的这种动物活到 25 岁的概率为多少？

22．10 个产品中有 2 件次品，不放回地抽取 2 个产品，每次取 1 个，求取到的 2 件产品都是次品的概率．

23．设某光学仪器厂制造的透镜，第一次落下时打破的概率为 $\dfrac{1}{2}$，若第一次落下未打破，第二次落下时打破的概率为 $\dfrac{7}{10}$，若前两次落下未打破，第三次落下时打破的概率为 $\dfrac{9}{10}$．试求透镜落下三次而未打破的概率．

24．已知 10 件产品中有 2 件次品，在其中取两次，每次任取 1 件，做不放回抽样．求下列事件的概率．

（1）2 件都是正品；

（2）2 件都是次品；

（3）1 件是正品，1 件是次品；

（4）第二次取出的是次品．

25．某人忘记了电话号码的最后一个数字，因而他随意地拨号．求他拨号不超过 3 次而接通所需电话的概率．若已知最后一个数字是奇数，那么此概率是多少？

26．设 n 张彩票中有 1 张奖券，有 3 个人参加抽奖．求第 3 个人抽到奖券的概率．

27．两台车床加工同样的零件，第一台出现废品的概率为 0.03，第二台出现废品的概率为 0.02，加工出来的零件放在一起，并且已知第一台加工的零件比第二台加工的零件多一倍．求任取一零件是合格品的概率．

28．在甲、乙、丙三个袋中，甲袋中有白球 2 个黑球 1 个，乙袋中有白球 1 个黑球 2 个，丙袋中有白球 2 个黑球 2 个．现随机地选出一个袋子再从袋中取一球，问取出的球是白球的概率．

29．钥匙掉了，掉在宿舍里、掉在教室里、掉在路上的概率分别为 40%、30%、30%，而钥匙在上述三处被找到的概率分别为 0.8、0.3 和 0.1．试求找到钥匙的概率．

30．已知男性中有 5%是色盲患者，女性中有 0.25%是色盲患者．现从男女人数相当的人群中随机地挑选一人，此人恰是色盲患者，问此人是男性的概率是多少？

31．一学生接连参加同一课程的两次考试．第一次及格的概率为 p，若第一次及格则第二次及格的概率也为 p；若第一次不及格则第二次及格的概率为 $\dfrac{p}{2}$．

（1）若至少有一次及格则他能取得某种资格，求他取得该资格的概率；

（2）已知他第二次及格，求他第一次及格的概率．

32．有两箱同种类的零件．第一箱装50只，其中10只是一等品；第二箱装30只，其中18只是一等品．今从两箱中任挑一箱，然后从该箱中取零件两次，每次取1只，做不放回抽样．求：

（1）第一次取到的零件是一等品的概率；

（2）在第一次取到的零件是一等品的条件下，第二次取到的也是一等品的概率．

33．病树的主人外出，委托邻居浇水，设已知如果不浇水，树死去的概率为0.8，若浇水，树死去的概率为0.15，有0.9的把握邻居会记得浇水．

（1）求主人回来树还活着的概率；

（2）若主人回来树已死去，求邻居忘记浇水的概率．

34．3人独立地破译一个密码，他们能单独译出的概率分别为$\frac{1}{5}$、$\frac{1}{3}$、$\frac{1}{4}$．求此密码被译出的概率．

35．3门高射炮彼此独立地同时对一架敌机各发一炮，它们的命中率分别为0.1、0.2、0.3，求敌机恰中一弹的概率．

36．有甲、乙2批种子，发芽率分别为0.8、0.9，在2批种子中各取1粒，设各种子是否发芽相互独立．求：

（1）2粒种子都能发芽的概率；

（2）至少有1粒种子能发芽的概率；

（3）恰好有1粒种子能发芽的概率．

37．设$0<P(B)<1$，证明事件A与B相互独立的充要条件是$P(A\mid B)=P(A\mid \overline{B})$．

38．甲、乙两人进行乒乓球比赛，每局甲胜的概率为p，$p\geqslant\frac{1}{2}$．问对甲而言，采用三局二胜制有利，还是五局三胜制有利．设各局胜负相互独立．

39．甲、乙、丙三人同时对飞机进行射击，三人击中的概率分别为0.4、0.5、0.7．飞机被一人击中而被击落的概率为0.2，飞机被两人击中而被击落的概率为0.6，若三人都击中，飞机必定被击落．

（1）求飞机被击落的概率；

（2）若飞机被击落，求它是由两人击中的概率．

40．设一个系统（桥式系统）由5个元件组成，连接的方式如图1.11所示，每个元件的可靠度都是p_i，每个元件是否正常工作是相互独立的．试求这个桥式系统的可靠度．

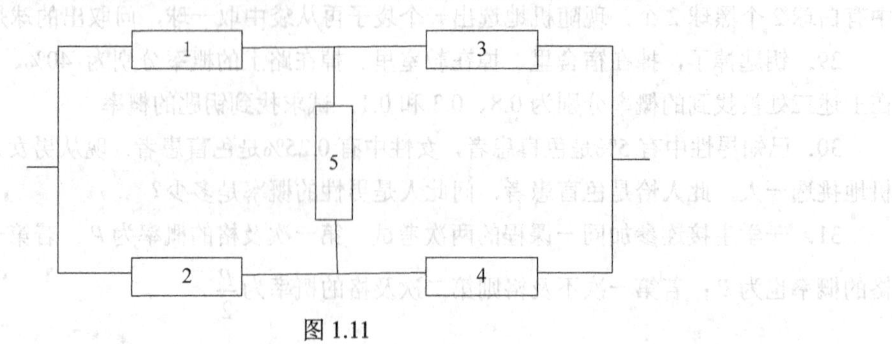

图1.11

第2章 随机变量及其分布

概率论是从数量上来研究随机现象内在规律性的一门数学分支学科．为了更方便有力地研究随机现象，就要用到高等数学的方法，因此，为便于数学上的推导和计算，需将任意的随机事件数量化．当把一些非数量表示的随机事件用数字来表示时，就建立起了随机变量的概念．

2.1 随机变量

在第 1 章我们看到一些随机试验，它们的结果可以用数字来表示．例如，抛一颗骰子出现的点数，抽样检查产品时发现的不合格产品个数，建筑物的寿命，等等．在这类随机试验中，样本空间是一个数集．但是，还存在许多随机试验，它们的试验结果从表面上看并不与实数相联系．例如，向上抛起一枚硬币，观察它落地时向上的面，在这种情形下，样本空间 S 是一个一般的集合，而不是一个数集．尽管如此，我们还是可以人为地建立试验结果与实数的对应关系．

例如，约定在硬币反面标上数字“0”，在硬币正面标上数字“1”．这样，样本空间{反面,正面}便转化成一个数集{0,1}．当然，我们也可以任意指定另外两个不同的实数来建立对应关系．这里取数字“0”和“1”仅仅是因为它们比较简单因而数学上比较容易处理的缘故．

从数学上看，上述对应关系犹如一个函数，把它记作 $X(e)$，即对于样本空间中的任意一个元素 e，它对应的“函数值”为 $X(e)$．在上例中，

$$X(e)=\begin{cases}0, & e=\text{反面},\\ 1, & e=\text{正面}.\end{cases}$$

样本空间 S 本身就是一个数集的试验，可以理解成这样一个“函数”：$X(e)=e$，$e\in S$，$S\subset(-\infty,+\infty)$．

定义 2.1 给定一个随机试验 E，S 是它的样本空间．如果对 S 中的每一个样本点 e，都有一个实数 $X(e)$ 与它对应，那么我们就把这样一个定义在样本空间 S 上的单值实值函数 $X=X(e)$ 称为**随机变量**．常用大写字母 $X,Y,Z,\cdots$ 或 $X_1,X_2,X_3,\cdots$ 来表示随机变量．

注意 这个函数与我们以前在高等数学中遇到的函数是有区别的，普通函数的自变量取实数值，而随机变量这个函数的自变量是样本点，它可以是一个实数（当样本空间为数集时），也可以不是实数（当样本空间不是数集时）．但是，随机变量取的值是实数，它的值域（即随机变量的取值范围）是一个数集，且这个值域与样本空间构成了一一对应关系．随机变量 X 的值域记作 S_X．

图 2.1 所示为样本点 e 与实数 $X=X(e)$ 对应的示意图．

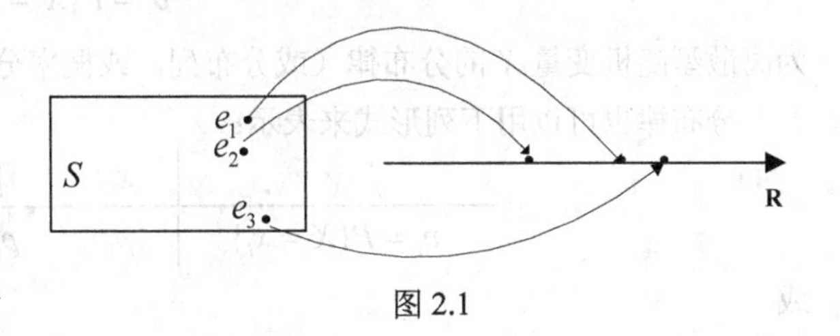

图 2.1

引进随机变量之后，随机事件及其概率都可以通过随机变量来表达．例如，某厂生产的灯泡按国家标准合格品的使用寿命应不小于

1000 小时．设事件 A 表示“从该厂产品中随机地取出一只灯泡，发现它是不合格品”．由于 $S=[0,+\infty)$，因此可用随机变量 X 表示“随机地取出一只灯泡的寿命”，这时 $S_X=S=[0,+\infty)$．随机事件 A 可以表示成

$$\{0\leqslant X<1000\} \text{ 或 } X\in[0,1000),$$

相应的概率 $P(A)$ 可以表示成

$$P\{0\leqslant X<1000\} \text{ 或 } P\{X\in[0,1000)\}.$$

前面已对上抛一枚硬币的试验引进了随机变量 X．设事件 A 表示“出现正面”，那么

$$A=\{X=1\},\quad P(A)=P\{X=1\}=\frac{1}{2}.$$

一般地，对实数轴上任意一个集合 S，如果 S 对应的样本点构成一个事件 A，即

$$\{e:X(e)\in S\}=A,$$

那么，我们便用 $\{X\in S\}$ 来表示事件 A，用 $P\{X\in S\}$ 来表示概率 $P(A)$．

从随机变量的取值情况来看，若随机变量的可能取值只有有限个或可列个，则该随机变量为离散型随机变量，不是离散型随机变量的统称为非离散型随机变量，若随机变量的取值是连续的，称为连续型随机变量，它是非离散型随机变量的特殊情形．

从随机变量的个数来分，随机变量可分为一维随机变量和多维随机变量．

随机变量的引入，使我们能用随机变量来描述各种随机现象，并能利用高等数学的方法对随机试验的结果进行深入广泛的研究和讨论．

2.2 离散型随机变量

有些随机变量，它的全部可能取值是有限个或可列无限多个．例如，抛一颗骰子出现的点数 X，取值范围为 $\{1,2,3,4,5,6\}$；某 120 急救中心一昼夜接到的电话次数 Y，取值范围为 $\{0,1,2,\cdots\}$ 等．

2.2.1 离散型随机变量及其分布律

定义 2.2 定义在样本空间 S 上，取值于实数域 $\mathbf{R}$，且只取有限个或可列无限多个的随机变量 $X=X(e)$ 称为**一维离散型随机变量**，简称**离散型随机变量**．

离散型随机变量是一类特殊的随机变量．讨论离散型随机变量 X 只知道它的全部可能取值是不够的，要掌握随机变量 X 的统计规律，还需要知道随机变量取这些可能值的概率．

定义 2.3 如果离散型随机变量 X 可能取值为 $x_i\ (i=1,2,\cdots)$，相应的取值的概率为 $p_i\ (i=1,2,\cdots)$，则称

$$p_i=P\{X=x_i\},\quad i=1,2,\cdots \tag{2.1}$$

为离散型随机变量 X 的**分布律**（或分布列，或概率分布）．

分布律也可以用下列形式来表示：

X	x_1	x_2	$\cdots$	x_i	$\cdots$
$p_i=P\{X=x_i\}$	p_1	p_2	$\cdots$	p_i	$\cdots$

或

$$\begin{pmatrix} x_1 & x_2 & \cdots & x_i & \cdots \\ p_1 & p_2 & \cdots & p_i & \cdots \end{pmatrix}.$$

由概率的性质可知，任一离散型随机变量 X 的分布律 $\{p_i\}$ 都具有下述性质．

（1）非负性：$p_i \geqslant 0$，$i=1,2,3\cdots$．

（2）规范性：$\sum\limits_{i=1}^{\infty} p_i = 1$．

反过来，任意一个具有以上性质的数列 $\{p_i\}$ 都可以看成某一个离散型随机变量的分布律．

性质（2）是因为随机事件 $\{X=x_i\}$ $(i=1,2,3,\cdots)$是两两互不相容的事件列，且 $\bigcup\limits_{i=1}^{\infty}\{X=x_i\}=S$，从而

$$\sum_{i=1}^{\infty} p_i = \sum_{i=1}^{\infty} P\{X=x_i\} = P\left(\bigcup_{i=1}^{\infty}\{X=x_i\}\right) = P(S) = 1.$$

【例 2.1】 设离散型随机变量 X 的分布律为

X	0	1	2
p_k	0.1	a	0.6

求常数 a．

解 由分布律的性质知

$$1 = 0.1 + a + 0.6,$$

解得 $a = 0.3$．

【例 2.2】 设袋中有 5 个球（3 个白球 2 个黑球），从中任取 2 个球，设取到的黑球数为随机变量 X，求随机变量 X 的分布律．

解 随机变量 X 的可能取值为 0、1、2，则

$$P\{X=0\} = \frac{C_3^2 C_2^0}{C_5^2} = \frac{3}{10}，\quad P\{X=1\} = \frac{C_3^1 C_2^1}{C_5^2} = \frac{6}{10}，\quad P\{X=2\} = \frac{C_3^0 C_2^2}{C_5^2} = \frac{1}{10}，$$

即

X	0	1	2
p_k	$\frac{3}{10}$	$\frac{6}{10}$	$\frac{1}{10}$

【例 2.3】 某位足球运动员罚点球命中的概率为 0.8．今给他 4 次罚球的机会，一旦命中即停止罚球．假定各次罚球是相互独立的．记随机变量 X 为这位运动员罚球的次数．求随机变量 X 的分布律．

解 随机变量 X 的可能取值为 1、2、3、4，则

$$P\{X=1\} = 0.8.$$

由于事件 $\{X=2\}$ 表示“第一次罚球不中且第二次罚球命中”，因此

$$P\{X=2\} = 0.2 \times 0.8 = 0.16.$$

类似地，$P\{X=3\} = 0.2^2 \times 0.8 = 0.032$．

由于事件 $\{X=4\}$ 表示“前三次都不中”，因此

$$P\{X=4\} = 0.2^3 = 0.008.$$

故 X 的概率函数为

X	1	2	3	4
p_k	0.8	0.16	0.032	0.008

在实际应用中，有时还要求“随机变量 X 满足某一条件”事件的概率，如 $P\{X \leqslant 1\}$、$P\{1 < X \leqslant 4\}$、$P\{X > 5\}$ 等，求法就是把满足条件的 x_i 所对应的 p_i 相加．如在【例 2.2】中，有

$$P\{X \leqslant 1\} = P\{X = 0\} + P\{X = 1\} = \frac{3}{10} + \frac{6}{10} = \frac{9}{10}.$$

在【例 2.3】中，有

$$P\{1 < X \leqslant 4\} = P\{X = 2\} + P\{X = 3\} + P\{X = 4\} = 0.16 + 0.032 + 0.008 = 0.2,$$

$$P\{X \geqslant 3\} = P\{X = 3\} + P\{X = 4\} = 0.032 + 0.008 = 0.04,$$

$$P\{X > 5\} = 0.$$

2.2.2 常见的离散型随机变量

1.（0-1）分布

定义 2.4 设随机变量 X 只取两个可能值 0、1，且它的分布律是

$$P\{X = k\} = p^k (1-p)^{1-k}, k = 0,1, 0 < p < 1, \tag{2.2}$$

则称 X 服从以 p 为参数的**(0-1)分布或两点分布**．

(0-1)分布的分布律也可写为

X	0	1
p_k	$1-p$	p

两点分布是常见的一种概率分布，也是最简单的一种分布，任何一个只有两种可能结果的随机现象，如新生婴儿是男还是女、明天是否下雨、种子是否发芽等，都属于两点分布．

【例 2.4】 100 件产品中有 95 件是正品，5 件是次品，现从中任取 1 件，观察它是正品还是次品．

解

$$X = \begin{cases} 0, & \text{取得次品}, \\ 1, & \text{取得正品}. \end{cases}$$

则

X	0	1
p_k	0.05	0.95

即 X 服从两点分布．

2. 伯努利试验、二项分布

定义 2.5 若试验 E 只有两个可能的结果 A 及 $\overline{A}$，称这个试验为**伯努利试验**．设 $P(A) = p(0 < p < 1)$，此时 $P(\overline{A}) = 1 - p$．将试验 E 独立重复地进行 n 次，则称这一串重复的独立试验为 **n 重伯努利试验**．

这里“重复”是指在每次试验中 $P(A) = p$ 保持不变；“独立”是指各次试验的结果互不影响，即若以 C_i 记第 i 次试验的结果，C_i 为 A 或 $\overline{A}$，$i = 1,2,3,\cdots,n$，“独立”是指

$$P(C_1 C_2 \cdots C_n) = P(C_1) P(C_2) \cdots P(C_n).$$

n 重伯努利试验是一种很重要的数学模型，它有广泛的应用，是研究比较多的模型之一．

由此可知“抛掷 n 枚相同的硬币”的试验可以看作是一个 n 重伯努利试验．抛一颗骰子 n 次，

观察是否“出现1点”，也是一个n重伯努利试验.

对于一个n重伯努利试验，我们最关心的是在n次独立重复试验中，事件A恰好发生k $(0\leqslant k\leqslant n)$次的概率$P_n(k)$.

事实上，A在指定的k次试验中发生，而在其他$n-k$次试验中不发生的概率为

$$p^k(1-p)^{n-k}.$$

又由于事件A的发生可以有各种排列顺序，n次独立重复试验中事件A恰好发生k次，相当于在n个位置中选出k个，在这k个位置处事件A发生，由排列组合知识知共有C_n^k种选法．而这C_n^k种选法所对应的C_n^k个事件又是互不相容的，且这C_n^k个事件的概率都是$p^k(1-p)^{n-k}$，按概率的可加性得到

$$P_n(k)=C_n^k p^k(1-p)^{n-k}.$$

由于$C_n^k p^k(1-p)^{n-k}$恰好是$(p+(1-p))^n$的展开式中的第$k+1$项，所以也称此公式为二项概率公式.

【例 2.5】 某计算机设有 8 个终端，各终端的使用情况是相互独立的，且每个终端的使用率为40%，试求下列事件的概率.

（1）$A_1=$“恰有 3 个终端被使用”;

（2）$A_2=$“至少有 1 个终端被使用”.

解 根据题意知，这是一个 8 重伯努利试验，$p=0.4$．从而有

（1）$P(A_1)=P_8(3)=C_8^3(0.4)^3(0.6)^5=0.2787$;

（2）$P(A_2)=1-P(\overline{A}_2)=1-P_8(0)=1-C_8^0(0.4)^0(0.6)^8=0.9832$.

【例 2.6】 某种电子管使用寿命在 2000 小时以上的概率为 0.2，求 5 个这样的电子管在使用了2000 小时之后至多只有 1 个坏的概率.

解 这是一个 5 重伯努利概型，$p=0.2$．设A表示“5 个中至多只有 1 个坏”，则所求概率

$$P(A)=P_5(4)+P_5(5)=C_5^4(0.2)^4(0.8)^1+C_5^5(0.2)^5(0.8)^0=0.00672.$$

定义 2.6 设随机变量X的所有可能取值为$k=0,1,2,\cdots,n$，且它的分布律是

$$P\{X=k\}=C_n^k p^k q^{n-k},\ q=1-p,\ k=0,1,2,\cdots,n, \tag{2.3}$$

则称X服从参数为n,p的二项分布，记作$X\sim b(n,p)$.

显然，（1）$P\{X=k\}\geqslant 0,k=0,1,2,\cdots,n$；（2）$\sum\limits_{k=0}^{n}P\{X=k\}=\sum\limits_{k=0}^{n}C_n^k p^k q^{n-k}=(p+q)^n=1$.

特别地，(0-1)分布是二项分布当$n=1$时的情形.

【例 2.7】 从积累的资料看，某条流水线生产的产品中，一级品率为 90%．今从某天生产的 1000 件产品中，随机地抽取 20 件做检查．试求：

（1）恰有 18 件一级品的概率；

（2）一级品不超过 18 件的概率.

解 设X表示“20 件产品中一级品的个数”，则$X\sim b(20,0.9)$.

（1）所求概率为

$$P\{X=18\}=C_{20}^{18}0.9^{18}0.1^2=0.285;$$

（2）所求概率为

$$\begin{aligned}P\{X\leqslant 18\}&=1-P\{X=19\}-P\{X=20\}\\&=1-C_{20}^{19}0.9^{19}0.1^1-C_{20}^{20}0.9^{20}0.1^0\\&=1-0.270-0.122=0.608.\end{aligned}$$

【例 2.8】 一项测验共有10道选择题，每题4个答案中有且只有1个是正确的，如果考生不知道正确答案，而全凭随机猜测回答，那么他猜对6题的可能性是多大？如果本次测验规定至少做对6题才能及格，那么他及格的可能性是多大？

解 设X表示“10道选择题中猜对的题数”，则$X \sim b(10,\frac{1}{4})$.

$$P\{X=6\}=C_{10}^{6}\left(\frac{1}{4}\right)^{6}\left(\frac{3}{4}\right)^{4}=0.01622,$$

$$P\{及格\}=P\{X\geqslant 6\}=\sum_{k=6}^{10}C_{10}^{k}\left(\frac{1}{4}\right)^{k}\left(\frac{3}{4}\right)^{10-k}=0.01971.$$

由此可见，如果考生不知道正确答案，而全凭随机猜测回答，他及格的可能性很小.

【例 2.9】 设$X \sim b(2,p)$，$Y \sim b(3,p)$. 且$P\{X\geqslant 1\}=\frac{5}{9}$，试求$P\{Y\geqslant 1\}$.

解 因为$P\{X\geqslant 1\}=\frac{5}{9}$，所以

$$P\{X=0\}=1-P\{X\geqslant 1\}=\frac{4}{9},$$

即

$$C_{2}^{0}p^{0}(1-p)^{2}=\frac{4}{9}.$$

由此得$p=\frac{1}{3}$.

再由$Y \sim b(3,p)$，知

$$P\{Y\geqslant 1\}=1-P\{Y=0\}=1-C_{3}^{0}(\frac{1}{3})^{0}(\frac{2}{3})^{3}=\frac{19}{27}.$$

3. 泊松分布

定义 2.7 设随机变量X的所有可能取值为$k=0,1,2,\cdots$，且它的分布律是

$$P\{X=k\}=\frac{\lambda^{k}}{k!}\mathrm{e}^{-\lambda},\ k=0,1,2,\cdots, \tag{2.4}$$

其中$\lambda>0$，则称X服从参数为λ的**泊松分布**，记作$X \sim \pi(\lambda)$.

显然，(1) $P\{X=k\}\geqslant 0$，$k=0,1,2,\cdots$；(2) $\sum_{k=0}^{\infty}P\{X=k\}=\sum_{k=0}^{\infty}\frac{\lambda^{k}}{k!}\mathrm{e}^{-\lambda}=\mathrm{e}^{-\lambda}\sum_{k=0}^{\infty}\frac{\lambda^{k}}{k!}=\mathrm{e}^{-\lambda}\mathrm{e}^{\lambda}=1$.

泊松分布是一种常用的离散型分布，它是由法国数学家泊松（Poisson）于1837年提出的，常与单位时间（或单位面积、单位产品等）上的计数过程相关联. 具有泊松分布的随机变量在实际应用中是很多的. 例如，在确定的时间内通过某十字路口的车辆数，在一天内来到某商场的顾客数，放射性物质在规定的一段时间内放射的粒子数，等等. 泊松分布也是概率论中的一种重要分布，而概率论理论的研究又表明泊松分布在理论上也具有特殊、重要的地位.

泊松分布还有一个非常实用的特性，即可以用泊松分布作为二项分布的一种近似. 下面介绍泊松分布与二项分布之间的关系.

定理 2.1（泊松定理） 在n重伯努利试验中，事件A在一次试验中出现的概率为p_n（与试验总数n有关）. 设$np_n=\lambda$. 当$n\to\infty$时（$\lambda>0$为常数），对于任意一个固定的非负整数k，有

$$\lim_{n\to\infty} C_n^k p_n^k (1-p_n)^{n-k} = \frac{\lambda^k}{k!} e^{-\lambda}, \quad k=0,1,2,\cdots. \tag{2.5}$$

证 由 $p_n = \frac{\lambda}{n}$ 有

$$\begin{aligned} C_n^k p_n^k (1-p_n)^{n-k} &= \frac{n(n-1)\cdots(n-k+1)}{k!}\left(\frac{\lambda}{n}\right)^k \left(1-\frac{\lambda}{n}\right)^{n-k} \\ &= \frac{\lambda^k}{k!}\left[1\cdot(1-\frac{1}{n})\cdots(1-\frac{k-1}{n})\right]\left(1-\frac{\lambda}{n}\right)^n \left(1-\frac{\lambda}{n}\right)^{-k}. \end{aligned}$$

对于任意一个固定的非负整数 k，当 $n\to\infty$ 时，有

$$1\cdot(1-\frac{1}{n})\cdots(1-\frac{k-1}{n})\to 1,$$

$$\left(1-\frac{\lambda}{n}\right)^n \to e^{-\lambda},$$

$$\left(1-\frac{\lambda}{n}\right)^{-k} \to 1.$$

故 $\lim\limits_{n\to\infty} C_n^k p_n^k (1-p_n)^{n-k} = \frac{\lambda^k}{k!} e^{-\lambda}$，$k=0,1,2,\cdots$.

定理条件 $np_n=\lambda$（常数）意味着当 n 很大时，p_n 必定很小，因此，上述定理表明当 n 很大时，p 较小，乘积 $\lambda=np$ 大小适中时（例如，$n\geqslant 100$，$\lambda=np\leqslant 10$），有近似式

$$C_n^k p_n^k (1-p_n)^{n-k} \approx \frac{\lambda^k}{k!} e^{-\lambda}. \tag{2.6}$$

【例 2.10】 已知某种疾病的发病率为0.001，某单位共有 5000 人，问：该单位患有这种疾病的人数超过 5 人的概率为多大？

解 设该单位患这种疾病的人数为 X. 则 $X\sim b(5000,0.001)$，从而有

$$P\{X=k\} \approx C_{5000}^k (0.001)^k (0.999)^{5000-k}, \quad k=0,1,\cdots,5000,$$

$$P\{X>5\} = \sum_{k=6}^{5000} P\{X=k\} = \sum_{k=6}^{5000} C_{5000}^k (0.001)^k (0.999)^{5000-k}.$$

这时如果直接计算 $P\{X>5\}$，则计算量较大. 由于 n 很大，p 较小，而 $np=5$ 不很大，可以利用泊松定理

$$P\{X>5\} = 1-P\{X\leqslant 5\} \approx 1-\sum_{k=0}^{5}\frac{5^k}{k!}e^{-5}.$$

查泊松分布数值表得 $\sum\limits_{k=0}^{5}\frac{5^k}{k!}e^{-5}\approx 0.6160$，于是

$$P\{X>5\} \approx 1-0.616 = 0.384.$$

【例 2.11】 一商店的某种商品月销售量 X 服从参数为 $\lambda=10$ 的泊松分布.

（1）求该商品每月销售 20 件以上的概率.

（2）若以 95%以上的把握保障不脱销，则商店上月底应进货多少件该商品？

解 （1）$P\{X\geqslant 20\} = \sum\limits_{k=20}^{\infty}\frac{10^k}{k!}e^{-10} = 1-\sum\limits_{k=0}^{19}\frac{10^k}{k!}e^{-10} \approx 0.003454$.

（2）设月底进货该商品 a 件，则当 $\{X\leqslant a\}$ 时就不会脱销. 由题意知

$$P\{X\leqslant a\} \geqslant 0.95,$$

又 $X \sim \pi(10)$，所以 $\sum_{k=0}^{a} \frac{10^k}{k!} e^{-10} \geqslant 0.95$.

查泊松分布数值表得

$$\sum_{k=0}^{14} \frac{10^k}{k!} e^{-10} \approx 0.9166 < 0.95,$$

$$\sum_{k=0}^{15} \frac{10^k}{k!} e^{-10} \approx 0.9513 > 0.95.$$

于是这家商店只要在月底进货该商品 15 件（假定上月没有存货）就可以有 95%的把握保证这种商品在下个月不脱销.

【例 2.12】 为了保证设备正常工作，需配备适量的维修工人（工人配备多了就浪费，配备少了又要影响生产），现有同类型设备 300 台，各台设备工作是相互独立的，发生故障的概率都是 0.01. 在通常情况下一台设备的故障可由一个人来处理（我们也只考虑这种情况），问：至少需配备多少工人，才能保证设备发生故障但不能及时维修的概率小于 0.01?

解 设需要配备 N 人，记同时发生故障的设备台数为 X，那么，$X \sim b(300, 0.01)$.

所需解决的问题是确定最小的 N，使得

$$P\{X > N\} < 0.01,$$

由泊松定理得

$$P\{X \leqslant N\} \approx \sum_{k=0}^{N} \frac{3^k e^{-3}}{k!},$$

即

$$1 - \sum_{k=0}^{N} \frac{3^k e^{-3}}{k!} < 0.01.$$

查泊松分布数值表可得满足此式最小的 N 是 8. 故至少需配备 8 名工人，才能保证设备发生故障但不能及时维修的概率小于 0.01.

2.3 随机变量的分布函数

对于非离散型随机变量 X，其可能取的值不能一一列举，因而就不能像描述离散型随机变量那样用分布律来描述它. 从而我们需要研究随机变量所取的值落在一个区间 $(x_1, x_2]$ 的概率 $P\{x_1 < X \leqslant x_2\}$. 但由于

$$P\{x_1 < X \leqslant x_2\} = P\{X \leqslant x_2\} - P\{X \leqslant x_1\},$$

所以我们只需要知道 $P\{X \leqslant x_2\}$、$P\{X \leqslant x_1\}$ 就可以了. 下面引入随机变量的分布函数的概念.

2.3.1 分布函数的概念

定义 2.8 设 X 是定义在样本空间 S 上的随机变量，对于任意实数 x，函数

$$F(x) = P\{X \leqslant x\}, \ -\infty < x < +\infty \tag{2.7}$$

称为随机变量 X 的**概率分布函数**，简称为**分布函数**或**分布**.

分布函数实质上就是事件$\{X \leqslant x\}$的概率．从而对于任意实数$x_1, x_2(x_1 < x_2)$有

$$P\{x_1 < X \leqslant x_2\} = P\{X \leqslant x_2\} - P\{X \leqslant x_1\} = F(x_2) - F(x_1). \quad (2.8)$$

注意　随机变量的分布函数的定义适用于任意的随机变量，包含离散型随机变量，即离散型随机变量既有分布律也有分布函数，二者都能完全描述它的统计规律性．

当随机变量X为离散型随机变量时，设X的分布律为

$$p_i = P\{X = x_i\}, \quad i = 1, 2, \cdots,$$

由于$\{X \leqslant x\} = \bigcup_{x_i \leqslant x} \{X = x_i\}$，因此由概率性质知

$$F(x) = P\{X \leqslant x\} = \sum_{x_i \leqslant x} P\{X = x_i\} = \sum_{x_i \leqslant x} p_i,$$

即

$$F(x) = \sum_{x_i \leqslant x} p_i,$$

其中求和是对所有满足$x_i \leqslant x$的x_i相应的概率p_i求和．

【例 2.13】 设X的分布律为

X	0	1	2
p_k	0.3	0.4	0.3

求X的分布函数$F(x)$．

解　当$x < 0$时，$F(x) = P\{X \leqslant x\} = 0$．

当$0 \leqslant x < 1$时，$F(x) = P\{X \leqslant x\} = P\{X = 0\} = 0.3$．

当$1 \leqslant x < 2$时，$F(x) = P\{X \leqslant x\} = P\{X = 0\} + P\{X = 1\} = 0.3 + 0.4 = 0.7$．

当$x \geqslant 2$时，$F(x) = P\{X \leqslant x\} = P\{X = 0\} + P\{X = 1\} + P\{X = 2\} = 1$．

于是

$$F(x) = \begin{cases} 0, & x < 0, \\ 0.3, & 0 \leqslant x < 1, \\ 0.7, & 1 \leqslant x < 2, \\ 1, & x \geqslant 2. \end{cases}$$

$F(x)$的图形如图2.2所示．

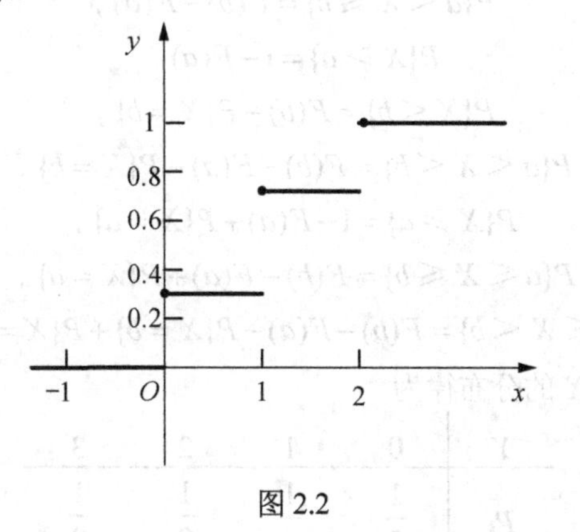

图2.2

由$F(x)$的图形可知，$F(x)$是分段函数，$y = F(x)$的图形是阶梯型曲线，X的可能取值 0,1,2

处为$F(x)$的跳跃性间断点.

一般地，对于离散型随机变量X，它的分布函数$F(x)$在X的可能取值$x_i(i=1,2,\cdots)$处具有跳跃值，跳跃值恰为该处的概率$p_i=P\{X=x_i\}$，$F(x)$的图形是阶梯型曲线，$F(x)$为分段函数，分段点仍然是$x_i(i=1,2,\cdots)$.

2.3.2 分布函数的性质

由概率的性质可知，分布函数具有以下性质.

（1）非负性$\forall x\in(-\infty,+\infty)$，$0\leqslant F(x)\leqslant 1$.

（2）单调性$F(x)$是不减函数，即对于任意的$x_1<x_2$，有$F(x_1)\leqslant F(x_2)$.

证 若$x_1<x_2$，则有$\{X\leqslant x_2\}\supset\{X\leqslant x_1\}$，从而

$$P\{X\leqslant x_2\}\geqslant P\{X\leqslant x_1\}.$$

又因为

$$P\{x_1<X\leqslant x_2\}=P\{X\leqslant x_2\}-P\{X\leqslant x_1\}=F(x_2)-F(x_1),$$

所以$P\{x_1\leqslant X<x_2\}=F(x_2)-F(x_1)\geqslant 0$，即$F(x_1)\leqslant F(x_2)$.

（3）极限性$\lim\limits_{x\to-\infty}F(x)=F(-\infty)=0,\lim\limits_{x\to+\infty}F(x)=F(+\infty)=1$.

在此我们对这个性质只从几何上加以说明．如图 2.3 所示，将区间端点x沿数轴无限向左移动（即$x\to-\infty$），则“随机点X落在点x的左边”这一事件趋于不可能事件，从而其概率趋于 0，即有$F(-\infty)=0$；若将点x沿数轴无限向右移动（即$x\to+\infty$），则“随机点X落在点x的左边”这一事件趋于必然事件，从而其概率趋于 1，即有$F(+\infty)=1$.

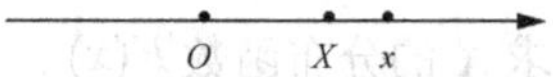

O X x

图 2.3

（4）（右连续性）$F(x)$右连续，即$F(x+0)=\lim\limits_{\Delta x\to 0^+}F(x+\Delta x)=F(x)$.

上述性质是分布函数的基本性质，反过来还可以证明任一个满足这几条性质的函数，一定可以作为某个随机变量的分布函数.

知道了随机变量X的分布函数$F(x)$，不仅可以求出$\{X<x\}$的概率，还可以计算下列事件的概率.

$$P\{X\leqslant b\}=F(b),$$
$$P\{a<X\leqslant b\}=F(b)-F(a),$$
$$P\{X>a\}=1-F(a),$$
$$P\{X<b\}=F(b)-P\{X=b\},$$
$$P\{a<X<b\}=F(b)-F(a)-P\{X=b\},$$
$$P\{X\geqslant a\}=1-F(a)+P\{X=a\},$$
$$P\{a\leqslant X\leqslant b\}=F(b)-F(a)+P\{X=a\},$$
$$P\{a\leqslant X<b\}=F(b)-F(a)-P\{X=b\}+P\{X=a\}.$$

【例 2.14】 设随机变量X的分布律为

Y	0	1	2	3
p_k	$\frac{1}{2}$	$\frac{1}{4}$	$\frac{1}{8}$	$\frac{1}{8}$

求 X 的分布函数 $F(x)$，再计算 $P\{X\leqslant 0\}$、$P\{\frac{1}{2}<X\leqslant 3\}$、$P\{2\leqslant X\leqslant 4\}$.

解 利用分布函数的定义和概率的性质，容易求得分布函数为

$$F(x)=\begin{cases}0, & x<0,\\ P\{X=0\}, & 0\leqslant x<1,\\ P\{X=0\}+P\{X=1\}, & 1\leqslant x<2,\\ P\{X=0\}+P\{X=1\}+P\{X=2\}, & 2\leqslant x<3,\\ 1, & x\geqslant 3.\end{cases}$$

即

$$F(x)=\begin{cases}0, & x<0,\\ \frac{1}{2}, & 0\leqslant x<1,\\ \frac{3}{4}, & 1\leqslant x<2,\\ \frac{7}{8}, & 2\leqslant x<3,\\ 1, & x\geqslant 3.\end{cases}$$

于是

$$P\{X\leqslant 0\}=F(0)=\frac{1}{2},$$

$$P\{\frac{1}{2}<X\leqslant 3\}=F(3)-F(\frac{1}{2})=\frac{1}{2},$$

$$P\{2\leqslant X\leqslant 4\}=F(4)-F(2)+P\{X=2\}=\frac{1}{4}.$$

【例 2.15】 设离散型随机变量 X 的分布函数为

$$F(x)=\begin{cases}0, & x<1,\\ \frac{9}{19}, & 1\leqslant x<2,\\ \frac{15}{19}, & 2\leqslant x<3,\\ 1, & x\geqslant 3.\end{cases}$$

求 X 的分布律.

解 $F(x)$ 有 3 个跳跃点 $1, 2, 3$，跳跃值分别为 $\frac{9}{19}, \frac{6}{19}, \frac{4}{19}$，故 X 的分布律为

X	1	2	3
p_k	$\frac{9}{19}$	$\frac{6}{19}$	$\frac{4}{19}$

【例 2.16】 袋中装有 5 只球，编号为 1,2,3,4,5. 从袋中同时取 3 只球，以 X 表示取出的 3 只球中最大的号码，求 X 的分布函数 $P\{X\leqslant 4\}$、$P\{0<X\leqslant 3\}$、$P\{1<X<6\}$.

解 随机变量 X 的所有可能取值为 3，4，5，则 X 的分布律为

X	3	4	5
p_k	$\frac{1}{10}$	$\frac{3}{10}$	$\frac{6}{10}$

其分布函数为

$$F(x)=\begin{cases}0, & x<3,\\ \dfrac{1}{10}, & 3\leqslant x<4,\\ \dfrac{4}{10}, & 4\leqslant x<5,\\ 1, & x\geqslant 5.\end{cases}$$

从而

$$P\{X\leqslant 4\}=F(4)=\frac{4}{10},$$

$$P\{0<X\leqslant 3\}=F(3)-F(0)=\frac{1}{10},$$

$$P\{1<X<6\}=F(6)-F(1)-P\{X=6\}=1.$$

由此看出，上述这些事件的概率都可以由 $F(x)$ 算出来，因此 $F(x)$ 全面地描述了随机变量 X 的统计规律．但是离散型随机变量的分布律就可以很好地描述其统计规律性．例如【例 2.14】中 $P\{2\leqslant X\leqslant 4\}=P\{X=2\}+P\{X=3\}=\dfrac{1}{4}$，可以看出计算更简便了．事实上，$X$ 为连续型随机变量时更好理解分布函数 $F(x)$．连续型随机变量是下一节的内容．

【例 2.17】 设随机变量 X 的分布函数为 $F(x)=A+B\arctan x, -\infty<x<+\infty$，求：

（1）常数 A，B；

（2）$P\{0<X\leqslant 1\}$．

解 （1）由分布函数的极限性知

$$\begin{cases}F(+\infty)=1,\\ F(-\infty)=0.\end{cases}$$

从而

$$\begin{cases}A+B\cdot\dfrac{\pi}{2}=1,\\ A-B\cdot\dfrac{\pi}{2}=0.\end{cases}$$

于是解得

$$\begin{cases}A=\dfrac{1}{2},\\ B=\dfrac{1}{\pi}.\end{cases}$$

故 $F(x)=\dfrac{1}{2}+\dfrac{1}{\pi}\arctan x$，$-\infty<x<+\infty$．

（2）$P\{0<X\leqslant 1\}=F(1)-F(0)=\dfrac{1}{2}+\dfrac{1}{\pi}\arctan 1-\dfrac{1}{2}-\dfrac{1}{\pi}\arctan 0=\dfrac{1}{4}$．

【例 2.18】 设随机变量 X 的分布函数为

$$F(x)=\begin{cases}0, & x<0,\\ Ax^2, & 0\leqslant x\leqslant 1,\\ 1, & x>1.\end{cases}$$

求：

（1）常数 A；

（2）X 落在 $\left[-1,\frac{1}{2}\right]$ 上的概率.

解　（1）因为 $F(x)$ 在 $x=1$ 处右连续，所以

$$F(1+0)=\lim_{x\to1^+}F(x)=\lim_{x\to1^+}1=F(1)=A,$$

从而 $A=1$．于是

$$F(x)=\begin{cases}0, & x<0,\\ x^2, & 0\leqslant x\leqslant1,\\ 1, & x>1.\end{cases}$$

（2）$P\left\{-1<X\leqslant\frac{1}{2}\right\}=F\left(\frac{1}{2}\right)-F(-1)=\frac{1}{4}$.

由【例 2.17】和【例 2.18】可知，求分布函数中的待定常数主要是利用分布函数的极限性及连续性.

另外，容易看到【例 2.18】中的分布函数 $F(x)$ 的图形是一条连续曲线，如图 2.4 所示.

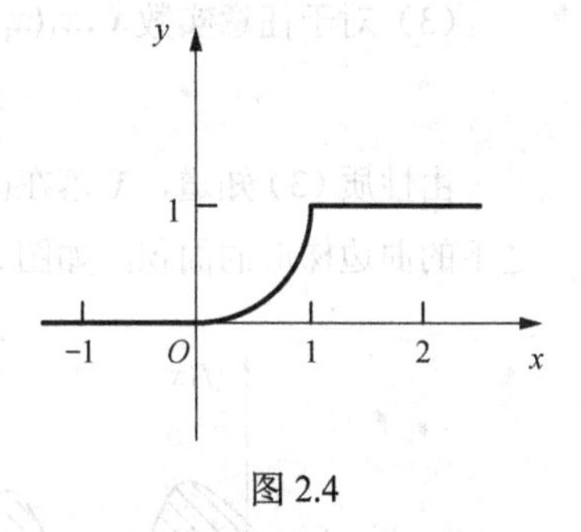

图 2.4

对于任意的 x 有

$$F(x)=\int_{-\infty}^{x}f(t)\mathrm{d}t,$$

其中

$$f(t)=\begin{cases}2t, & 0\leqslant t<1,\\ 0, & \text{其他}.\end{cases}$$

这就是说，$F(x)$ 恰好是非负函数 $f(t)$ 在区间 $(-\infty,x]$ 上的积分，在这种情况下我们称 X 为连续型随机变量．2.4 节将给出连续型随机变量的一般定义.

2.4 连续型随机变量

对于非离散型随机变量 X，部分取值可能充满整个区间，甚至整个实数轴，如 2.3 节中【例 2.17】．对于这类随机变量，只有确知任意区间上的概率 $P\{a<X\leqslant b\}$（其中 a,b 为实数且 $a<b$）才能掌握它取值的概率分布规律.

下面引入连续型随机变量的概念.

2.4.1 连续型随机变量及其概率密度

定义 2.9　设 X 是随机变量，$F(x)$ 是它的分布函数，如果存在非负函数 $f(x)$，使得对任意的实数 x，有

$$F(x)=\int_{-\infty}^{x}f(t)\mathrm{d}t, \tag{2.9}$$

则称 X 为**连续型随机变量**，同时称函数 $f(x)$ 是 X 的**概率密度函数**，简称为**概率密度**或**密度函数**.

由高等数学的知识知**连续型随机变量的分布函数是连续函数**. 这是因为连续型随机变量的分布函数是其概率密度函数变上限积分所定义的函数. 变上限积分所定义的函数一定可导，一元可导函数一定是连续函数.

定义 2.9 也给出了已知连续型随机变量 X 的概率密度函数 $f(x)$，求 X 的分布函数 $F(x)$ 这一重要方法，我们必须熟练掌握.

由分布函数的性质，可以验证任一连续型随机变量的概率密度 $f(x)$ 必具备下列性质.

（1）非负性：$\forall x \in (-\infty,+\infty), f(x) \geqslant 0$.

（2）规范性：$\int_{-\infty}^{+\infty} f(x)\mathrm{d}x = 1$.

反过来，定义在 R 上的函数 $f(x)$ 如果具有上述两条性质，即可作为某个连续型随机变量的概率密度.

由性质（2）知道，介于曲线 $y = f(x)$ 与 Ox 轴之间的面积等于 1，如图 2.5 所示.

概率密度除了上述两条基本性质外，还有如下一些重要性质.

（3）对于任意实数 $x_1, x_2 (x_1 < x_2)$，有

$$P\{x_1 < X \leqslant x_2\} = F(x_2) - F(x_1) = \int_{x_1}^{x_2} f(x)\mathrm{d}x. \tag{2.10}$$

由性质（3）知道，X 落在区间 $(x_1, x_2]$ 上的概率 $P\{x_1 < X \leqslant x_2\}$ 等于区间 $(x_1, x_2]$ 上曲线 $y = f(x)$ 之下的曲边梯形的面积，如图 2.6 所示.

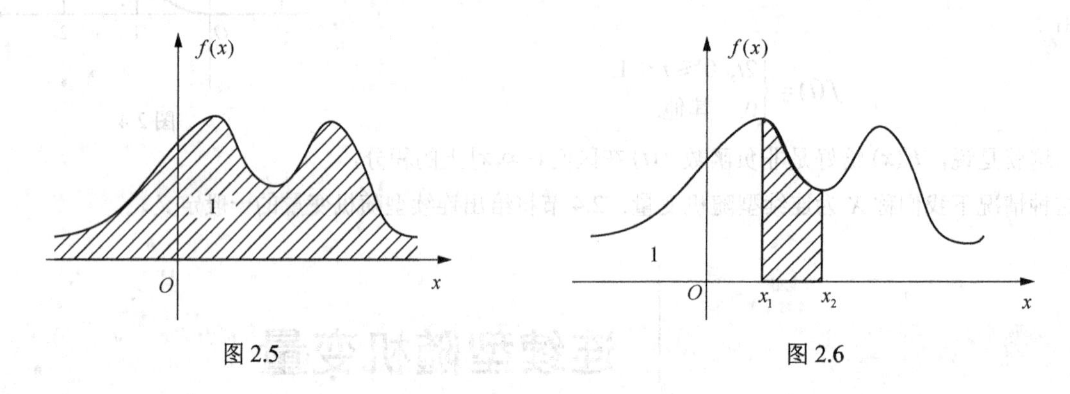

图 2.5　　　　图 2.6

（4）若 $f(x)$ 在点 x 处连续，有 $F'(x) = f(x)$.

由性质（4）知，在 $f(x)$ 连续点 x 处有

$$F'(x) = \lim_{\Delta x \to 0^+} \frac{F(x+\Delta x) - F(x)}{\Delta x} = \lim_{\Delta x \to 0^+} \frac{P\{x < X \leqslant x + \Delta x\}}{\Delta x}.$$

若不计高阶无穷小，则有 $P\{x < X \leqslant x + \Delta x\} \approx f(x)\Delta x$. 从而，$F'(x) = f(x)$.

从这里我们可以看到，概率密度的定义与物理学中的线密度的定义类似，这就是称 $f(x)$ 为概率密度的缘故.

对于连续型随机变量，分布函数和概率密度可以相互确定，因此概率密度也完全刻画了连续型随机变量的分布规律.

（5）设X为连续型随机变量，则对任意实数a，有$P\{X=a\}=0$.

事实上，设X的分布函数为$F(x)$，$\Delta x>0$，则由$\{X=a\}\subset\{a-\Delta x<X\leqslant a\}$得

$$0\leqslant P\{X=a\}\leqslant P\{a-\Delta x<X\leqslant a\}=F(a)-F(a-\Delta x).$$

令$\Delta x\to 0$，并注意到X的分布函数为$F(x)$是连续的，即得$P\{X=a\}=0$.

这个性质表明连续型随机变量取个别值的概率为 0，这与离散型随机变量有本质的区别，顺便指出，$P\{X=a\}=0$并不意味着$\{X=a\}$是不可能事件.

据此，在计算连续型随机变量落在某一个区间的概率时，不必区分该区间是开区间或闭区间或半闭区间，从而对任意$x_1<x_2$，有

$$P\{x_1\leqslant X<x_2\}=P\{x_1<X\leqslant x_2\}=P\{x_1\leqslant X\leqslant x_2\}=P\{x_1<X<x_2\}.$$

以后当我们提到一个随机变量X的“概率分布”时，指的是它的分布函数；当X是离散型随机变量时，指的是它的分布律；当X是连续型随机变量时，指的是它的概率密度函数.

【例 2.19】 设随机变量X的概率密度为$f(x)=\dfrac{C}{1+x^2},-\infty<x<+\infty$，试求：

（1）常数C；（2）X的分布函数；（3）$P\{0\leqslant X\leqslant 1\}$.

解 （1）由概率密度的性质可知$C\geqslant 0$，$\int_{-\infty}^{+\infty}f(x)\mathrm{d}x=1$，即

$$\int_{-\infty}^{+\infty}\frac{C}{1+x^2}\mathrm{d}x=1,$$

从而$C=\dfrac{1}{\pi}$．于是概率密度为

$$f(x)=\frac{1}{\pi(1+x^2)},\ -\infty<x<+\infty.$$

（2）$F(x)=\int_{-\infty}^{x}f(t)\mathrm{d}t=\int_{-\infty}^{x}\dfrac{1}{\pi(1+t^2)}\mathrm{d}t=\dfrac{1}{\pi}\arctan t\Big|_{-\infty}^{x}=\dfrac{1}{\pi}\arctan x+\dfrac{1}{2}$.

（3）$P\{0\leqslant X\leqslant 1\}=F(1)-F(0)=\dfrac{1}{\pi}\arctan 1=\dfrac{1}{4}$.

由概率密度函数$f(x)=\dfrac{1}{\pi\ (1+x^2)}$所定义的分布称为柯西（Cauchy）分布.

【例 2.20】 设随机变量的概率密度为

$$f(x)=\begin{cases}x, & 0\leqslant x<1,\\ 2-x, & 1\leqslant x<2,\\ 0, & \text{其他}.\end{cases}$$

试求X的分布函数$F(x)$.

解 当$x\leqslant 0$时，$F(x)=\int_{-\infty}^{x}f(t)\mathrm{d}t=0$.

当$0\leqslant x<1$时，$F(x)=\int_{-\infty}^{x}f(t)\mathrm{d}t=\int_{-\infty}^{0}0\mathrm{d}t+\int_{0}^{x}t\mathrm{d}t=\dfrac{x^2}{2}$.

当$1\leqslant x<2$时，$F(x)=\int_{-\infty}^{x}f(t)\mathrm{d}t=\int_{-\infty}^{0}0\mathrm{d}t+\int_{0}^{1}t\mathrm{d}t+\int_{1}^{x}(2-t)\mathrm{d}t=-\dfrac{x^2}{2}+2x-1$.

当$x\geqslant 2$时，$F(x)=\int_{-\infty}^{x}f(t)\mathrm{d}t=\int_{-\infty}^{0}0\mathrm{d}t+\int_{0}^{1}t\mathrm{d}t+\int_{1}^{2}(2-t)\mathrm{d}t+\int_{2}^{x}0\mathrm{d}t=1$.

故

$$F(x)=\begin{cases}0, & x<0,\\ \dfrac{x^2}{2}, & 0\leqslant x<1,\\ -\dfrac{x^2}{2}+2x-1, & 1\leqslant x<2,\\ 1, & x\geqslant 2.\end{cases}$$

【例 2.21】 设随机变量的概率密度为$f(x)=\begin{cases}0, & x\leqslant 0,\\ Ce^{-\lambda x}, & x>0,\end{cases}$其中$\lambda>0$．试求：

（1）常数C；（2）X的分布函数$F(x)$；（3）$P\{X\geqslant 1\}$．

解 （1）由概率密度的性质知$C\geqslant 0$，$\int_{-\infty}^{+\infty}f(x)\mathrm{d}x=1$，从而

$$\int_0^{+\infty}Ce^{-\lambda x}\mathrm{d}x=1,$$

$$C\frac{1}{-\lambda}e^{-\lambda x}\Big|_0^{+\infty}=1,$$

于是$C=\lambda$．故

$$f(x)=\begin{cases}0, & x\leqslant 0,\\ \lambda e^{-\lambda x}, & x>0.\end{cases}$$

（2）当$x\leqslant 0$时，$F(x)=\int_{-\infty}^{x}f(t)\mathrm{d}t=0$．

当$x>0$时，$F(x)=\int_{-\infty}^{x}f(t)\mathrm{d}t=\int_{-\infty}^{0}0\mathrm{d}t+\int_0^x\lambda e^{-\lambda t}\mathrm{d}t=1-e^{-\lambda x}$．

故

$$F(x)=\begin{cases}0, & x\leqslant 0,\\ 1-e^{-\lambda x}, & x>0.\end{cases}$$

（3）$P\{X\geqslant 1\}=1-P\{X<1\}=1-F(1)=e^{-\lambda}$．

求概率密度中的待定常数往往借助于概率密度的性质；由概率密度求分布函数需要对自变量的情形进行讨论，一般地，$f(x)$为分段函数时，$F(x)$也是分段函数，二者有相同的分段点.

【例 2.22】 设连续型随机变量的分布函数为

$$F(x)=\begin{cases}0, & x<0,\\ Ax^3, & 0\leqslant x<1,\\ 1, & x\geqslant 1.\end{cases}$$

求：（1）常数A；（2）X的概率密度$f(x)$；（3）$P\{-1\leqslant X<\frac{1}{2}\mid X\geqslant\frac{1}{3}\}$．

解 （1）因为已知$F(1)=1$，又$F(1-0)=A$，$F(1+0)=1$，由于连续型随机变量X的分布函数$F(x)$是连续函数，故得$A=1$．

（2）显然

$$F'(x)=\begin{cases}0, & x<0,\\ 3x^2, & 0<x<1,\\ 0, & x>1.\end{cases}$$

另外，可求得$F'(0)=0$，$F'(1-0)=\infty$，$F'(1+0)=0$，从而

$$F'(x)=\begin{cases}0, & x\leqslant 0,\\ 3x^2, & 0<x<1,\\ 0, & x>1.\end{cases}$$

故X的概率密度函数

$$f(x)=\begin{cases}3x^2, & 0\leqslant x<1,\\ 0, & \text{其他}.\end{cases}$$

（3）$P\left\{-1\leqslant X<\frac{1}{2}\mid X\geqslant\frac{1}{3}\right\}=\dfrac{P\left\{\frac{1}{3}\leqslant X<\frac{1}{2}\right\}}{P\left\{X\geqslant\frac{1}{3}\right\}}=\dfrac{\int_{\frac{1}{3}}^{\frac{1}{2}}3x^2\mathrm{d}x}{\int_{\frac{1}{3}}^{1}3x^2\mathrm{d}x}=\dfrac{19}{208}$.

由于

$$f_1(x)=\begin{cases}3x^2, & 0\leqslant x\leqslant 1,\\ 0, & \text{其他}.\end{cases}$$

$$f_2(x)=\begin{cases}3x^2, & 0<x<1,\\ 0, & \text{其他}.\end{cases}$$

都是非负可积函数，且$\int_{-\infty}^{+\infty}f_1(x)\mathrm{d}x=1$，$\int_{-\infty}^{+\infty}f_2(x)\mathrm{d}x=1$，且对一切$x\in\mathbf{R}$也有

$$F(x)=\int_{-\infty}^{x}f_1(t)\mathrm{d}t=\int_{-\infty}^{x}f_2(t)\mathrm{d}t==\begin{cases}0, & x<0,\\ x^3, & 0\leqslant x<1,\\ 1, & x>1.\end{cases}$$

故X的概率密度函数也可取为$f_1(x)$或$f_2(x)$，而$f_1(x)$或$f_2(x)$仅在$x=0$和$x=1$处不同.

一般地，同一个随机变量X的概率密度函数可以有许多，但它们除了在有限多个点，最多在可列无穷个点不相等外，在其他点都相等，即所谓连续型随机变量X的概率密度函数是“几乎处处唯一”的. 所以，若连续型随机变量X的概率密度是分段函数，分段点如何表示我们不需要太计较.

2.4.2 常见的连续型随机变量

1. 均匀分布

定义 2.10 设随机变量X的概率密度为

$$f(x)=\begin{cases}\dfrac{1}{b-a}, & x\in[a,b],\\ 0, & \text{其他}.\end{cases}\tag{2.11}$$

则称X服从区间$[a,b]$上的**均匀分布**，记作$X\sim U[a,b]$.

易知，$f(x)\geqslant 0$，$\int_{-\infty}^{+\infty}f(x)\mathrm{d}x=1$. 同时容易得到随机变量$X$的分布函数为

$$F(x)=\begin{cases}0, & x<a,\\ \dfrac{x-a}{b-a}, & a\leqslant x<b,\\ 1, & x\geqslant b.\end{cases}$$

均匀分布的概率密度 $f(x)$ 和分布函数 $F(x)$ 的图形分别如图 2.7 和图 2.8 所示.

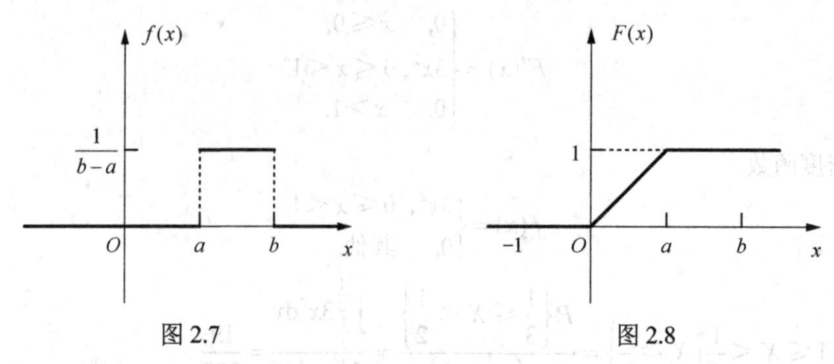

图 2.7　　　　　图 2.8

实际问题中有很多均匀分布的例子，例如，向区间 $[a,b]$ 上均匀投掷随机点，则随机点的坐标 X 服从 $[a,b]$ 上的均匀分布. 又如，所有乘客在公共汽车站的候车时间，近似计算中的舍入误差，等等.

在区间 $[a,b]$ 上服从均匀分布的随机变量 X 具有下述意义上的等可能性.

设随机变量 $X \sim U[a,b]$，则对任意 $[c,d] \subseteq [a,b]$，有

$$P\{c \leqslant X \leqslant d\} = \int_c^d \frac{1}{b-a} \mathrm{d}x = \frac{d-c}{b-a}.$$

这表明，X 落在 $[a,b]$ 内任一小区间 $[c,d]$ 上的概率与该小区间的长度成正比，而与小区间 $[c,d]$ 在 $[a,b]$ 上的位置无关. 这就是均匀分布的概率意义.

【例 2.23】 用电子表计时一般精确至 0.01 秒，即以秒为时间的计量单位，小数点后第二位是按“四舍五入”原则得到的. 求使用电子表计时产生的随机误差 X 的概率密度，并计算误差的绝对值不超过 0.002 秒的概率.

解　因为随机误差 X 可能取区间 $[-0.005, 0.005]$ 上的任一数值，在此区间上服从均匀分布，所以，X 的密度函数为

$$p(x) = \begin{cases} 100, & -0.005 \leqslant x \leqslant 0.005, \\ 0, & 其他. \end{cases}$$

误差的绝对值不超过 0.002 秒的概率

$$P(|X| \leqslant 0.002) = \int_{-0.002}^{0.002} 100 \mathrm{d}x = 0.4.$$

【例 2.24】 若随机变量 X 在区间 $[2,5]$ 上服从均匀分布，现对 X 进行 3 次独立观测，求至少有 2 次观测值大于 3 的概率.

解　因为 X 在 $[2,5]$ 上服从均匀分布，所以 X 的概率密度为

$$f(x) = \begin{cases} \dfrac{1}{3}, & 2 \leqslant x \leqslant 5, \\ 0, & 其他. \end{cases}$$

从而 $P\{X > 3\} = \dfrac{5-3}{5-2} = \dfrac{2}{3}$.

以 Y 表示 3 次独立观测中观测值大于 3 的次数，则 $Y \sim b(3, \frac{2}{3})$. 于是

$$\begin{aligned} P\{Y \geqslant 2\} &= P\{Y = 2\} + P\{Y = 3\} \\ &= C_3^2 \left(\frac{2}{3}\right)^2 \left(1 - \frac{2}{3}\right) + C_3^3 \left(\frac{2}{3}\right)^3 \left(1 - \frac{2}{3}\right)^0 = \frac{20}{27}. \end{aligned}$$

2. 指数分布

定义 2.11 若随机变量 X 的概率密度为

$$f(x)=\begin{cases}\dfrac{1}{\theta}e^{-\frac{1}{\theta}x}, & x>0,\\ 0, & x\leqslant 0.\end{cases} \tag{2.12}$$

其中 $\theta>0$，则称 X 服从参数为 θ 的**指数分布**，记作 $X\sim E(\theta)$.

易知，$f(x)\geqslant 0$，$\int_{-\infty}^{+\infty}f(x)\mathrm{d}x=1$. 同时容易得到随机变量 X 的分布函数

$$F(x)=\begin{cases}1-e^{-\frac{1}{\theta}x}, & x>0,\\ 0, & x\leqslant 0.\end{cases}$$

指数分布的概率密度 $f(x)$ 和分布函数 $F(x)$ 的图形分别如图 2.9 和图 2.10 所示.

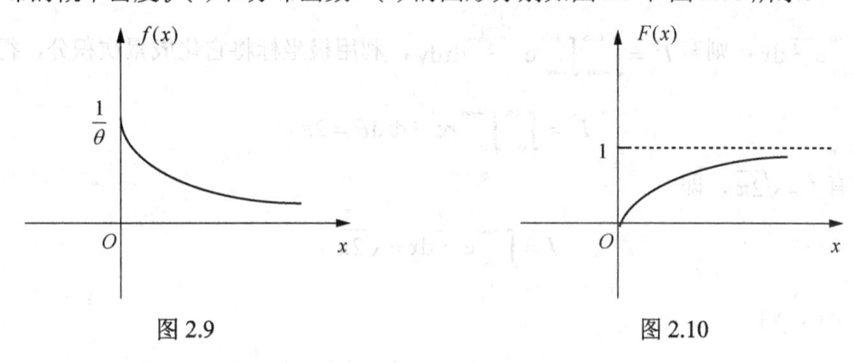

图 2.9　　　　图 2.10

指数分布是一种应用广泛的连续型分布，它常被用来描述各种“寿命”的分布，如无线电元件的寿命、动物的寿命、电话问题中的通话时间及顾客在某一服务系统接受服务的时间等都可以认为服从指数分布，因而指数分布有着广泛应用.

【例 2.25】 假定打一次电话所用的时间 X（单位：分）服从参数 $\theta=10$ 的指数分布，试求在排队打电话的人中，后一个人等待前一个人的时间超过 10 分 10 分到 20 分的概率.

解 由题设知 $X\sim E(10)$，故所求概率为

$$P\{X>10\}=\int_{10}^{+\infty}\frac{1}{10}e^{-\frac{x}{10}}\mathrm{d}x=e^{-1}\approx 0.368,$$

$$P\{10\leqslant X\leqslant 20\}=\int_{10}^{20}\frac{1}{10}e^{-\frac{1}{10}x}\mathrm{d}x=e^{-1}-e^{-2}\approx 0.233 .$$

【例 2.26】 设 X 服从参数为 θ 的指数分布，证明：对于任意的 $s,t>0$，有

$$P\{X>s+t\mid X>s\}=P\{X>t\} . \tag{2.13}$$

此性质称为指数分布的无记忆性.

证 对于任意的 $s,t>0$，有

$$\begin{aligned}P\{X>s+t|X>s\}&=\frac{P\{X>s+t,X>s\}}{P\{X>s\}}\\&=\frac{P\{X>s+t\}}{P\{X>s\}}=\frac{1-F(s+t)}{1-F(s)}\\&=\frac{e^{-\frac{1}{\theta}(s+t)}}{e^{-\frac{1}{\theta}s}}=e^{-\frac{1}{\theta}t}\\&=P\{X>t\}.\end{aligned}$$

若X表示某一元件的寿命，则$P\{X>s+t|X>s\}=P\{X>t\}$表明：已知元件已使用了s小时，它总共能使用至少$s+t$小时的条件概率与从开始时算起至少能使用t小时的概率相等．这就是说，元件对它已经使用过s小时没有“记忆”．具有这一性质是指数分布具有广泛应用的重要原因．

3. 正态分布

定义 2.12 若随机变量X的概率密度函数为

$$f(x)=\frac{1}{\sqrt{2\pi}\sigma}\mathrm{e}^{-\frac{(x-\mu)^2}{2\sigma^2}}, \quad -\infty<x<+\infty, \tag{2.14}$$

其中$\mu,\sigma(\sigma>0)$为常数，则称X服从参数为μ,σ^2的**正态分布**或**高斯**（Gauss）**分布**，记作$X\sim N(\mu,\sigma^2)$．

易知，$f(x)\geqslant 0$，下面来证明$\int_{-\infty}^{+\infty}f(x)\mathrm{d}x=1$．

记$I=\int_{-\infty}^{+\infty}\mathrm{e}^{-\frac{x^2}{2}}\mathrm{d}x$，则有$I^2=\int_{-\infty}^{+\infty}\int_{-\infty}^{+\infty}\mathrm{e}^{-\frac{x^2+y^2}{2}}\mathrm{d}x\mathrm{d}y$，利用极坐标将它化成累次积分，得到

$$I^2=\int_0^{2\pi}\int_0^{+\infty}r\mathrm{e}^{-\frac{r^2}{2}}\mathrm{d}r\mathrm{d}\theta=2\pi．$$

而$I>0$，故有$I=\sqrt{2\pi}$．即

$$I=\int_{-\infty}^{+\infty}\mathrm{e}^{-\frac{x^2}{2}}\mathrm{d}x=\sqrt{2\pi}．$$

令$\frac{x-\mu}{\sigma}=t$，则

$$\int_{-\infty}^{+\infty}f(x)\,\mathrm{d}x=\int_{-\infty}^{+\infty}\frac{1}{\sqrt{2\pi}\sigma}\mathrm{e}^{-\frac{(x-\mu)^2}{2\sigma^2}}\mathrm{d}x=\frac{1}{\sqrt{2\pi}}\int_{-\infty}^{+\infty}\mathrm{e}^{-\frac{t^2}{2}}\mathrm{d}t=1.$$

参数为μ,σ^2的意义将在第4章中说明．习惯上，称服从正态分布的随机变量为正态随机变量，又称正态分布的概率密度曲线为正态分布曲线．显然，$f(x)$密度曲线呈倒钟形，如图2.11所示，它具有以下性质．

（1）曲线关于直线$x=\mu$对称，这表明对于任何$h>0$，有

$$P\{\mu-h<X\leqslant\mu\}=P\{\mu<X\leqslant\mu+h\}．$$

（2）当$x=\mu$时，取到最大值

$$f(\mu)=\frac{1}{\sqrt{2\pi}\sigma}.$$

x离μ越远，$f(x)$的值越小．这表明对于同样长度的区间，区间离μ越远，X落在这个区间上的概率越小．

（3）在$x=\mu\pm\sigma$处曲线有拐点，曲线以Ox轴为渐近线．

（4）如果固定σ，改变μ的值，则图形沿Ox轴左右平移，$f(x)$的形状不变，如图2.11所示，也就是说正态密度曲线的位置由参数μ所确定．因此，称μ为位置参数．

如果固定μ，改变σ的值，σ越小，则曲线变得越高越尖；反之，则越扁越平，如图2.12所示，也就是说正态密度曲线的形状由参数σ所确定．因此，称σ为形状参数．

设$X\sim N(\mu,\sigma^2)$，则X的分布函数如图2.13所示，为

$$F(x)=\int_{-\infty}^{x}\frac{1}{\sqrt{2\pi}\sigma}\mathrm{e}^{-\frac{(t-\mu)^2}{2\sigma^2}}\mathrm{d}t．$$

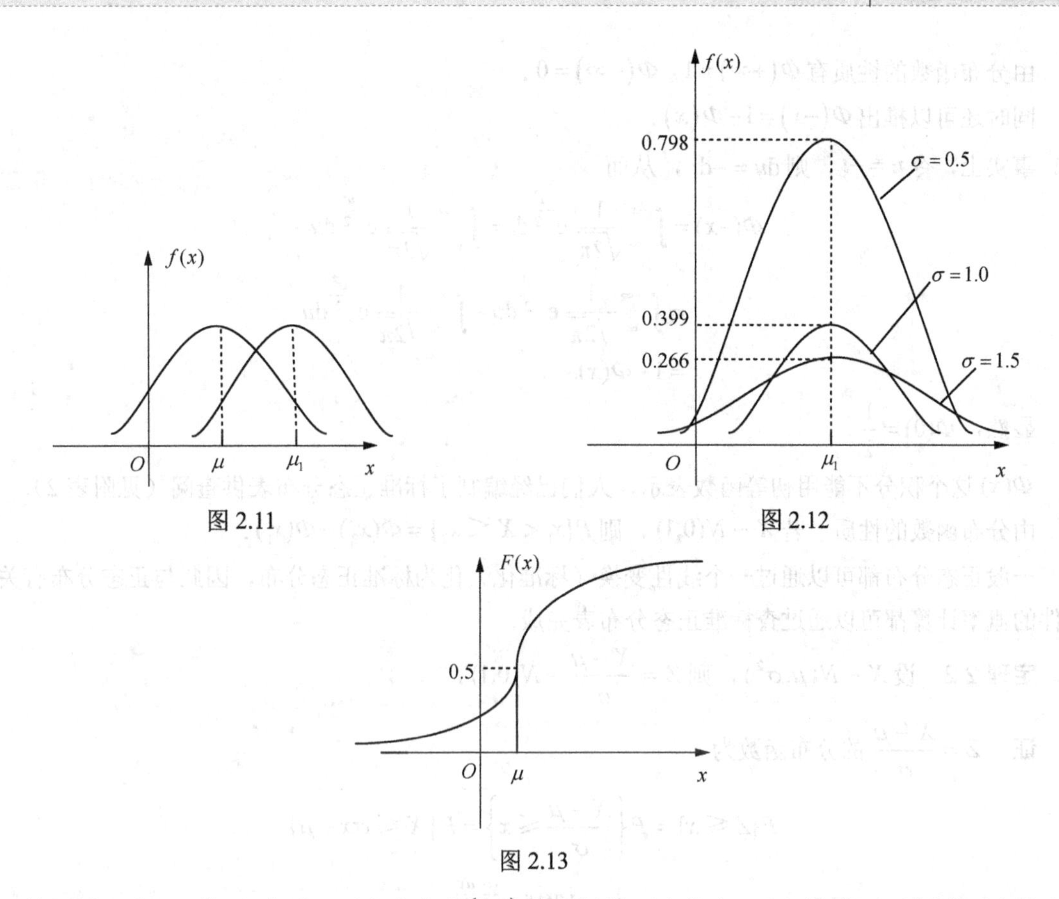

图 2.11

图 2.12

图 2.13

特别地，当 $\mu=0,\sigma=1$ 时，正态分布 $N(0,1)$ 称为标准正态分布，为区别起见，标准正态分布的概率密度和分布函数分别记为 $\varphi(x)$ 和 $\Phi(x)$，即

$$\varphi(x)=\frac{1}{\sqrt{2\pi}}\mathrm{e}^{-\frac{x^2}{2}}\ , \tag{2.15}$$

$$\Phi(x)=\int_{-\infty}^{x}\frac{1}{\sqrt{2\pi}}\mathrm{e}^{-\frac{t^2}{2}}\mathrm{d}t\ . \tag{2.16}$$

$\varphi(x)$ 和 $\Phi(x)$ 的图形如图 2.14 所示.

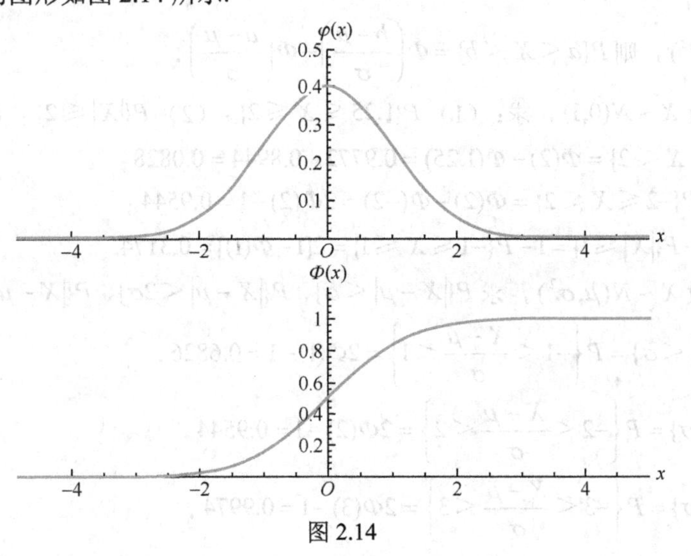

图 2.14

由分布函数的性质有$\Phi(+\infty)=1$，$\Phi(-\infty)=0$.

同时还可以推出$\Phi(-x)=1-\Phi(x)$.

事实上，令$u=-t$，则$\mathrm{d}u=-\mathrm{d}t$，从而

$$\begin{aligned}\Phi(-x)&=\int_{-\infty}^{-x}\frac{1}{\sqrt{2\pi}}\mathrm{e}^{-\frac{t^2}{2}}\mathrm{d}t=\int_{x}^{+\infty}\frac{1}{\sqrt{2\pi}}\mathrm{e}^{-\frac{u^2}{2}}\mathrm{d}u\\&=\int_{-\infty}^{+\infty}\frac{1}{\sqrt{2\pi}}\mathrm{e}^{-\frac{u^2}{2}}\mathrm{d}u-\int_{-\infty}^{x}\frac{1}{\sqrt{2\pi}}\mathrm{e}^{-\frac{u^2}{2}}\mathrm{d}u\\&=1-\Phi(x).\end{aligned}$$

显然，$\Phi(0)=\frac{1}{2}$.

$\Phi(x)$这个积分不能用初等函数表示，人们已经编制了标准正态分布表供查阅（见附表2）.

由分布函数的性质，若$X\sim N(0,1)$，则$P\{x_1<X\leqslant x_2\}=\Phi(x_2)-\Phi(x_1)$.

一般正态分布都可以通过一个线性变换（标准化）化为标准正态分布，因此与正态分布有关的事件的概率计算都可以通过查标准正态分布表完成.

定理 2.2 设$X\sim N(\mu,\sigma^2)$，则$Z=\frac{X-\mu}{\sigma}\sim N(0,1)$.

证 $Z=\frac{X-\mu}{\sigma}$的分布函数为

$$\begin{aligned}P\{Z\leqslant x\}&=P\left\{\frac{X-\mu}{\sigma}\leqslant x\right\}=P\{X\leqslant\sigma x+\mu\}\\&=\frac{1}{\sqrt{2\pi}\sigma}\int_{-\infty}^{\sigma x+\mu}\mathrm{e}^{-\frac{(t-\mu)^2}{2\sigma^2}}\mathrm{d}t.\end{aligned}$$

令$\frac{t-\mu}{\sigma}=u$，则

$$P\{Z\leqslant x\}=\frac{1}{\sqrt{2\pi}}\int_{-\infty}^{x}\mathrm{e}^{-\frac{u^2}{2}}\mathrm{d}u=\Phi(x).$$

由此知，$Z=\frac{X-\mu}{\sigma}\sim N(0,1)$.

若$X\sim N(\mu,\sigma^2)$，则$P\{a<X<b\}=\Phi\left(\frac{b-\mu}{\sigma}\right)-\Phi\left(\frac{a-\mu}{\sigma}\right)$.

【例 2.27】 设$X\sim N(0,1)$，求：（1）$P\{1.25\leqslant X\leqslant 2\}$；（2）$P\{|X|\leqslant 2\}$；（3）$P\{|X|>1\}$.

解 $P\{1.25\leqslant X\leqslant 2\}=\Phi(2)-\Phi(1.25)=0.9772-0.8944=0.0828$；

$P\{|X|\leqslant 2\}=P\{-2\leqslant X\leqslant 2\}=\Phi(2)-\Phi(-2)=2\Phi(2)-1=0.9544$；

$P\{|X|>1\}=1-P\{|X|\leqslant 1\}=1-P\{-1\leqslant X\leqslant 1\}=2[1-\Phi(1)]=0.3174.$

【例 2.28】 设$X\sim N(\mu,\sigma^2)$，求$P\{|X-\mu|<\sigma\}$、$P\{|X-\mu|<2\sigma\}$、$P\{|X-\mu|<3\sigma\}$.

解 $P\{|X-\mu|<\sigma\}=P\left\{-1<\frac{X-\mu}{\sigma}<1\right\}=2\Phi(1)-1=0.6826$,

$P\{|X-\mu|<2\sigma\}=P\left\{-2<\frac{X-\mu}{\sigma}<2\right\}=2\Phi(2)-1=0.9544$,

$P\{|X-\mu|<3\sigma\}=P\left\{-3<\frac{X-\mu}{\sigma}<3\right\}=2\Phi(3)-1=0.9974$.

从【例 2.28】我们看到，尽管正态变量的取值范围是$(-\infty,+\infty)$，但它的值落在$(\mu-3\sigma,\ \mu+3\sigma)$内几乎是肯定的事．这就是人们所说的“$3\sigma$”法则，常用于工程技术中．

【例 2.29】 某商店出售的白糖每包的标准重量为 500 克，设每包重量X（单位：克）是随机变量，$X\sim N(500,25)$，求：

（1）随机抽查一包，其重量大于 510 克的概率；

（2）随机抽查一包，其重量与标准重量之差的绝对值在 8 克之内的概率；

（3）常数c，使每包的重量小于c的概率为 0.05.

解 （1）由题意知

$$P\{X>510\}=1-P\{X\leqslant 510\}$$
$$=1-P\left\{\frac{X-500}{5}\leqslant\frac{510-500}{5}\right\}$$
$$=1-\Phi(2)=0.0228;$$

（2）$P\{|X-500|<8\}=P\{-8<X-500<8\}$

$$=1-P\left\{-\frac{8}{5}<\frac{X-500}{5}<\frac{8}{5}\right\}$$
$$=2\Phi(1.6)-1=0.8904;$$

（3）由题意知，$P\{X<c\}=0.05$，即

$$\Phi\left(\frac{c-500}{5}\right)=0.05,$$

由于$\Phi(-1.645)=0.05$，因此$\dfrac{c-500}{5}=-1.645$，故

$$c=491.775.$$

为了便于今后应用，对于标准正态分布，我们介绍在数理统计中常要用到的分位点的概念．

设$X\sim N(0,1)$，利用标准正态分布表，对于给定的$\alpha(0<\alpha<1)$可以找出满足

$$P\{X>z_\alpha\}=\alpha \tag{2.17}$$

的z_α值，并称z_α为X（关于α）的上α分位点，如图 2.15 所示．

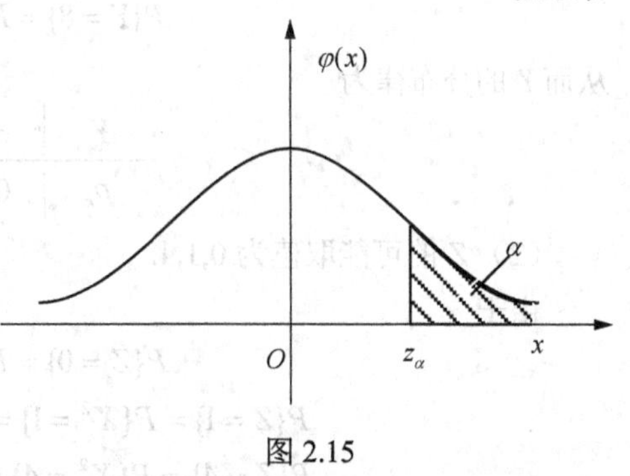

图 2.15

例如，当给定$\alpha=0.05$时，有

$$P\{X>z_{0.05}\}=0.05,$$

即

$$P\{X\leqslant z_{0.05}\}=1-P\{X>z_{0.05}\}=0.95.$$

查标准正态分布表得X的上α分位点为

$$z_{0.05}=1.645.$$

下面给出几个常用的上α分位点：$z_{0.001}=3.090$，$z_{0.005}=2.576$，$z_{0.01}=2.326$，$z_{0.025}=1.96$，$z_{0.10}=1.282$．

另外，由图形的对称性知道$z_{1-\alpha}=-z_\alpha$．

正态分布是最常见的一种分布．在实际问题中，大部分随机变量都服从或近似服从正态分布，如人的身高和体重、测量所产生的随机误差、学生的考试成绩、线路中的热噪声电压、某地区的年降水量等，它们都服从正态分布．在概率论与数理统计的理论研究和实际应用中，正态随机变量起

着特别重要的作用．在第 5 章我们将进一步说明正态随机变量的重要性．

2.5 随机变量的函数的分布

在实际问题中，我们不仅要研究随机变量，而且对某些随机变量的函数更感兴趣．例如，在分子物理学中，已知分子的速度 v 是一个随机变量，这时分子的动能 $W=\frac{1}{2}mv^2$ 就是一个随机变量函数．这一节，我们将讨论如何由已知的随机变量 X 的概率分布去求得它的函数 $Y=g(X)$（已知的连续函数）的概率分布．

2.5.1 离散型随机变量的函数的分布

设 $g(x)$ 是定义在随机变量 X 的一切可能值 x 的集合上的函数．随机变量 X 的函数 $Y=g(X)$，当随机变量 X 取值 x 时，Y 对应的取值为 $y=g(x)$．

【例 2.30】 设 X 的分布律为

X	-1	0	1	2
p_k	0.2	0.1	0.3	0.4

求：（1）$Y=X^3$ 的分布律；（2）$Z=X^2$ 的分布律．

解 （1）Y 的可能取值为$-1,0,1,8$.

由于

$$P\{Y=-1\}=P\{X^3=-1\}=P\{X=-1\}=0.2,$$
$$P\{Y=0\}=P\{X^3=0\}=P\{X=0\}=0.1,$$
$$P\{Y=1\}=P\{X^3=1\}=P\{X=1\}=0.3,$$
$$P\{Y=8\}=P\{X^3=8\}=P\{X=2\}=0.4,$$

从而 Y 的分布律为

Y	-1	0	1	8
p_k	0.2	0.1	0.3	0.4

（2）Z 的可能取值为 $0,1,4$.

由于

$$P\{Z=0\}=P\{X^2=0\}=P\{X=0\}=0.1,$$
$$P\{Z=1\}=P\{X^2=1\}=P\{X=-1\}+P\{X=1\}=0.2+0.3=0.5,$$
$$P\{Z=4\}=P\{X^2=4\}=P\{X=-2\}+P\{X=2\}=0+0.4=0.4,$$

从而 Z 的分布律为

Z	0	1	4
p_k	0.1	0.5	0.4

事实上，若随机变量 X 的分布律为 $P\{X=x_i\}=p_i$，$Y=g(X)$ 的分布有如下特点．

（1）若离散型随机变量 X 取不同的值 x_i 时，随机变量函数 $Y=g(X)$ 也取不同的值 $y_i=g(x_i)$，

$i=1,2,3,\cdots$，则Y的分布律为$P\{Y=y_i\}=p_i$.

【例 2.31】 设X的分布律为

X	0	1	2	3	4	5
p_k	$\frac{1}{12}$	$\frac{1}{6}$	$\frac{1}{3}$	$\frac{1}{12}$	$\frac{2}{9}$	$\frac{1}{9}$

求$Y=2X+1$的分布律.

解 因为Y的可能取值为1,3,5,7,9,11，它们互不相同，所以Y的分布律为

Y	1	3	5	7	9	11
p_k	$\frac{1}{12}$	$\frac{1}{6}$	$\frac{1}{3}$	$\frac{1}{12}$	$\frac{2}{9}$	$\frac{1}{9}$

（2）若离散型随机变量X取不同的值x_i时，随机变量函数$Y=g(X)$取值$y_i=g(x_i)$（$i=1,2,3,\cdots$）有相等的，则应把那些相等的值分别合并，并根据概率的可加性把对应的概率相加，就得到Y的分布律.

【例 2.32】 设X的分布律为

X	-2	-1	0	1	2
p_k	$\frac{1}{4}$	$\frac{1}{8}$	$\frac{1}{8}$	$\frac{1}{4}$	$\frac{1}{4}$

求$Y=X^2$的分布律.

解 因为Y的可能取值为0,1.2，它们中有相同的，所以Y的分布律为

Y	0	1	4
p_k	$\frac{1}{8}$	$\frac{3}{8}$	$\frac{1}{2}$

2.5.2 连续型随机变量的函数的分布

定理 2.3 设X为连续型随机变量，其概率密度为$f_X(x)$. 又设函数$y=g(x)$处处可导且恒有$g'(x)>0$（或恒有$g'(x)<0$），记$x=h(y)$为$y=g(x)$的反函数. 则$Y=g(X)$也是一个连续型随机变量，且其概率密度为

$$f_Y(y)=\begin{cases}f_X[h(y)]|h'(y)|, & \alpha<y<\beta, \\ 0, & \text{其他}.\end{cases} \tag{2.18}$$

其中$\alpha=\min\{f(-\infty),f(+\infty)\}$，$\beta=\max\{f(-\infty),f(+\infty)\}$.

证 先证$g'(x)>0$的情况. 此时$y=g(x)$在$(-\infty,+\infty)$上严格单调递增，它的反函数$x=h(y)$存在，且在(α,β)上严格单调递增且可导.

分别记X、Y的分布函数为$F_X(x)$、$F_Y(y)$. 现在先来求Y的分布函数$F_Y(y)$.

因为$Y=g(X)$在(α,β)上取值，故当$y\leqslant\alpha$时，$F_Y(y)=P\{Y\leqslant y\}=0$；当$y\geqslant\beta$时，$F_Y(y)=P\{Y\leqslant y\}=1$.

当$\alpha<y<\beta$时，

$$F_Y(y)=P\{Y\leqslant y\}=P\{g(X)\leqslant y\}$$
$$=P\{X\leqslant h(y)\}=F_X(h(y)).$$

将$F_Y(y)$关于y求导数，即得Y的概率密度为

$$f_Y(y)=\begin{cases}f_X[h(y)]h'(y), & \alpha<y<\beta,\\ 0, & \text{其他}.\end{cases}$$

对于$g'(x)<0$的情况，同样有当$y\leqslant\alpha$时，$F_Y(y)=P\{Y\leqslant y\}=0$；当$y\geqslant\beta$时，$F_Y(y)=P\{Y\leqslant y\}=1$.

当$\alpha<y<\beta$时，

$$F_Y(y)=P\{Y\leqslant y\}=P\{g(X)\leqslant y\}$$
$$=P\{X\geqslant h(y)\}=1-F_X(h(y)).$$

将$F_Y(y)$关于y求导数，即得Y的概率密度为

$$f_Y(y)=\begin{cases}f_X[h(y)][-h'(y)], & \alpha<y<\beta,\\ 0, & \text{其他}.\end{cases}$$

综上，$Y=g(X)$的概率密度为

$$f_Y(y)=\begin{cases}f_X[h(y)]|h'(y)|, & \alpha<y<\beta,\\ 0, & \text{其他}.\end{cases}$$

其中$\alpha=\min\{f(-\infty),f(+\infty)\}$，$\beta=\max\{f(-\infty),f(+\infty)\}$.

【例2.33】 设随机变量X的概率密度为$f_X(x)$，求线性函数$Y=aX+b$（其中a,b为常数，$a\neq 0$）的概率密度.

解 因为$y=g(x)=ax+b,\ x=h(y)=\dfrac{y-b}{a}$，$h'(y)=\dfrac{1}{a}$，由定理得$Y$的概率密度为

$$f_Y(y)=f_X[h(y)]|h'(y)|=f_X\left[\frac{y-b}{a}\right]\frac{1}{|a|}.$$

【例2.34】 设$X\sim N(\mu,\sigma^2)$，求$Y=aX+b$（其中a,b为常数，$a\neq 0$）的概率密度.

解 利用【例2.33】的结果，有

$$f_Y(y)=\frac{1}{|a|}f_X\left[\frac{y-b}{a}\right]=\frac{1}{|a|}\cdot\frac{1}{\sqrt{2\pi}\sigma}\mathrm{e}^{-\frac{(\frac{y-b}{a}-\mu)^2}{2\sigma^2}}=\frac{1}{\sqrt{2\pi}\sigma|a|}\mathrm{e}^{-\frac{(y-(a\mu+b))^2}{2(|a|\sigma)^2}},$$

即$Y\sim N(a\mu+b,a^2\sigma^2)$.

【例2.34】说明正态随机变量的线性变换仍是正态随机变量，这个结论十分有用，必须记住.

定理2.3在使用时的确很方便，但它要求的条件"函数$y=g(x)$严格单调且为可导函数"在很多场合下往往不能满足. 对于不能满足定理条件的情况，一般地，我们都是先求其分布函数，再求其概率密度函数.

【例2.35】 设随机变量X的概率密度为

$$f(x)=\begin{cases}\dfrac{x}{8}, & 0<x<4,\\ 0, & \text{其他}.\end{cases}$$

求：（1）$Y=2X+8$的密度函数；（2）$Y=|X|$的密度函数.

解 （1）**解法一**（利用定理结论计算）

因为$y=2x+8$，$x=h(y)=\dfrac{y-8}{2}$，$h'(y)=\dfrac{1}{2}$，由定理得Y概率密度为

$$f_Y(y)=\begin{cases}\dfrac{1}{8}\cdot\left(\dfrac{y-8}{2}\right)\cdot\left|\dfrac{1}{2}\right|, & 0<\dfrac{y-8}{2}<4,\\ 0, & \text{其他}.\end{cases}$$

即

$$f_Y(y)=\begin{cases}\dfrac{y-8}{32}, & 8<y<16,\\ 0, & \text{其他}.\end{cases}$$

解法二（直接变换）

记$F_X(x)$、$F_Y(y)$分别为X、Y的分布函数，则

$$F_Y(y)=P\{Y\leqslant y\}=P\{2X+8\leqslant y\}=P\{X\leqslant\frac{y-8}{2}\}=F_X(\frac{y-8}{2}),$$

从而

$$f_Y(y)=F_Y'(y)=F_X'(\frac{y-8}{2})=f_X(\frac{y-8}{2})\cdot\frac{1}{2},$$

$$f_Y(y)=\begin{cases}\dfrac{1}{8}\cdot\left(\dfrac{y-8}{2}\right)\cdot\left|\dfrac{1}{2}\right|, & 0<\dfrac{y-8}{2}<4,\\ 0, & \text{其他}.\end{cases}$$

即

$$f_Y(y)=\begin{cases}\dfrac{y-8}{32}, & 8<y<16,\\ 0, & \text{其他}.\end{cases}$$

（2）当$y\leqslant 0$时，$Y=|X|$的分布函数为$F_Y(y)=P\{Y\leqslant y\}=0$.

当$y>0$时，有

$$\begin{aligned}F_Y(y)&=P\{Y\leqslant y\}=P\{|X|\leqslant y\}\\&=P\{-y\leqslant X\leqslant y\}\\&=F_X(y)-F_X(-y),\end{aligned}$$

其中$F_X(x)$为X的分布函数，则

$$f_Y(y)=F_Y'(y)=[f_X(y)+f_X(-y)].$$

故

$$f_Y(y)=\begin{cases}\dfrac{y}{8}, & 0<y<4,\\ 0, & \text{其他}.\end{cases}$$

【例2.36】设$X\sim N(0,1)$，试求$Y=X^2$的概率密度.

解 当$y\leqslant 0$时，$Y=X^2$的分布函数为$F_Y(y)=P\{Y\leqslant y\}=0$.

当$y>0$时，有

$$F_Y(y)=P\{Y\leqslant y\}=P\{X^2\leqslant y\}=P\{-\sqrt{y}\leqslant X\leqslant\sqrt{y}\}=F_X(\sqrt{y})-F_X(-\sqrt{y}),$$

其中$F_X(x)$为X的分布函数，则

$$f_Y(y)=F_Y'(y)=\frac{1}{2\sqrt{y}}[f_X(\sqrt{y})+f_X(-\sqrt{y})].$$

因为 $X\sim N(0,1)$，所以

$$f_Y(y)=\frac{1}{2\sqrt{y}}(\frac{1}{\sqrt{2\pi}}\mathrm{e}^{-\frac{y}{2}}+\frac{1}{\sqrt{2\pi}}\mathrm{e}^{-\frac{y}{2}})=\frac{1}{\sqrt{2\pi y}}\mathrm{e}^{-\frac{y}{2}}.$$

故

$$f_Y(y)=\begin{cases}\frac{1}{\sqrt{2\pi y}}\mathrm{e}^{-\frac{y}{2}}, & y>0,\\ 0, & y\leqslant 0.\end{cases}$$

2.6 应用案例及分析

【例 2.37】 进行一次考试，如果所有考生所得的分数 X 可近似地表示为正态分布，则通常认为这次考试是可取的，教师经常用考试的分数去估计正态参数 μ 和 σ^2，然后把分数超过 $\mu+\sigma$ 的评为A等，分数在 μ 和 $\mu+\sigma$ 之间的评为B等，分数在 $\mu-\sigma$ 和 μ 之间的评为C等，分数在 $\mu-2\sigma$ 和 $\mu-\sigma$ 之间的评为D等，而把取得分数低于 $\mu-2\sigma$ 之间的评为F等．由于

$$P\{X>\mu+\sigma\}=P\left\{\frac{X-\mu}{\sigma}>1\right\}=1-\varPhi(1)=0.1587,$$

$$P\{\mu<X<\mu+\sigma\}=P\left\{0<\frac{X-\mu}{\sigma}<1\right\}=\varPhi(1)-\varPhi(0)=0.3413,$$

$$P\{\mu-\sigma<X<\mu\}=P\left\{-1<\frac{X-\mu}{\sigma}<0\right\}=\varPhi(0)-\varPhi(-1)=0.3413,$$

$$P\{\mu-2\sigma<X<\mu-\sigma\}=P\left\{-2<\frac{X-\mu}{\sigma}<-1\right\}=\varPhi(-1)-\varPhi(-2)=0.1359,$$

$$P\{X<\mu-2\sigma\}=P\left\{<\frac{X-\mu}{\sigma}<-2\right\}=\varPhi(-2)=0.0228,$$

所以，近似地说，在这次考试中能获评A等的占16%，B等占34%，C等占34%，D等占14%，F等占2%.

此外，由于

$$P\{\mu-3\sigma<X<\mu+3\sigma\}=P\left\{-3<\frac{X-\mu}{\sigma}<3\right\}=\varPhi(3)-\varPhi(-3)=0.9973,$$

可以认为考生的成绩绝大多数在 $\mu-3\sigma$ 和 $\mu+3\sigma$ 之间.

【例 2.38】 保险公司里，有 2500 个同一年龄和同社会阶层的人参加了人寿保险，在一年里每个人死亡的概率为 0.002，每个参加保险的人在 1 月 1 日付 120 元保险费，而在死亡时家属可向公司领 20000 元，问：

（1）保险公司亏本的概率是多少？

（2）保险公司获利不少于 100000 元和 200000 元的概率各是多少？

解 （1）根据题中的条件，显然应该以“年”为单位来考虑，那么，保险公司亏本这一事件应该怎样表示呢？

我们可以这样理解，在一年的 1 月 1 日，保险公司收入为

$$2500\times120=300000,$$

若在一年中死亡 x 人，则保险公司在这一年应付出 $20000x$，如果 $20000x>300000$，即 $x>15$ 人，则保险公司亏本（此处忽略 30 万元所得利息及其他因素），于是“保险公司亏本”事件等价于“一年中多于 15 人死亡”事件，从而问题转化为求“一年中多于 15 人死亡”的概率，注意到 2500 人中死亡人数服从二项分布 $b(2500,0.002)$，再应用泊松近似即得“保险公司亏本”的概率 p 为

$$\begin{aligned}p&=\sum_{k=16}^{2500}C_{2500}^{k}0.002^{k}\cdot0.998^{2500-k}\\&=1-\sum_{k=0}^{15}C_{2500}^{k}0.002^{k}\cdot0.998^{2500-k}\\&\approx1-\sum_{k=0}^{15}\frac{5^k}{k!}\mathrm{e}^{-5}\approx0.000069.\end{aligned}$$

由此可见在一年里，保险公司亏本的概率是非常小的．

（2）“保险公司获利不少于 100000 元”意味着

$$300000-20000x\geqslant100000,$$

即 $x\leqslant10$．

从而，“保险公司获利不少于 100000 元”这一事件的概率 p 为

$$\begin{aligned}p&=\sum_{k=0}^{10}C_{2500}^{k}0.002^{k}\cdot0.998^{2500-k}\\&\approx\sum_{k=0}^{10}\frac{5^k}{k!}\mathrm{e}^{-5}\approx0.986305.\end{aligned}$$

类似地，可得“保险公司获利不少于 200000 元”这一事件的概率 p 为

$$\begin{aligned}p&=\sum_{k=0}^{5}C_{2500}^{k}0.002^{k}\cdot0.998^{2500-k}\\&\approx\sum_{k=0}^{5}\frac{5^k}{k!}\mathrm{e}^{-5}\approx0.615961.\end{aligned}$$

上面的结果都说明了“保险公司为什么那样乐于开展保险业务”．

不过关键还在于对死亡概率的估计必须是正确的．如果所估计的死亡概率比实际的要低，甚至低得多，那么情况将会不同．

【例 2.39】 假定某工厂有同型号纺织机 80 台，各台是否正常工作是相互独立的．每台纺织机发生故障的概率都是 0.01．工厂有机器维修工 4 人．试求下面两种情况下纺织机发生故障来不及维修的概率，这里假定 1 台纺织机可由 1 个人来处理故障．

（1）每人各自负责指定的 20 台纺织机．

（2）4 人共同负责 80 台纺织机．

解 设 X 为同一时刻纺织机发生故障的台数，由题意知 X 服从二项分布．

（1）$X\sim b(20,0.01)$，各人来不及维修的概率为

$$P\{X>1\}=1-P\{X=0\}-P\{X=1\}=1-0.99^{20}-C_{20}^{1}\times0.01\times0.99^{19}\approx0.0169.$$

（2）$X\sim b(80,0.01)$，4 个人来不及维修的概率为

$$P\{X>4\}=1-P\{X\leqslant4\}=1-\sum_{k=0}^{4}C_{80}^{k}\times0.01^{k}\times0.99^{80-k}\approx0.0013.$$

思考

由【例 2.39】知 0.0013＜0.0169，虽然第二种情况平均每人维修的数量也是 20 台，但整体工作效率却比第一种情况要高．所以在工作中应发扬团结互助精神，做到分工不分家，这样既能提高整个团队的工作效率，又可以让彼此感受到温暖，营造融洽的人际关系．

小　结

随机变量及其分布是概率论的核心内容．本章引入随机变量的概念．为了全面刻画随机变量，又引入了随机变量的分布函数的概念．同时，本章还讨论了离散型随机变量和连续型随机变量．本章的重点内容包括：离散型随机变量及其分布律，常见离散型随机变量；连续型随机变量及其概率密度，常见连续型随机变量；随机变量函数的分布．

本章的基本要求如下．

1．理解随机变量的概念，掌握分布函数的概念及性质，会用分布函数求概率．

2．理解离散型随机变量及其分布律的概念与性质，会求离散型随机变量的分布律和分布函数．

3．熟练掌握三个常见离散型随机变量的分布：(0-1)分布、二项分布和泊松分布．会查泊松分布数值表，会计算这些分布的相关概率．

4．掌握连续型随机变量及其概率密度的概念与性质，清楚概率密度和分布函数的关系，会用连续型随机变量的概率密度求分布函数，也会用连续型随机变量的分布函数求概率密度，会计算随机变量落入某一区间的概率．

5．熟练掌握三个常见连续型随机变量的分布：均匀分布、指数分布和正态分布．会查标准正态分布表，会计算这些分布的相关概率．能熟练运用正态分布的概率计算公式计算概率．

6．熟练掌握离散型随机变量函数的分布和连续型随机变量函数的分布．

习 题 二

1．设随机变量 X 的分布律为 $P\{X=i\}=C(\frac{2}{3})^i$，$i=1,2,3$，求常数 C 的值．

2．设随机变量 X 只可能取-1,0,1,2 这 4 个值，且取这 4 个值相应的概率依次为 $\frac{1}{2a},\frac{3}{4a},\frac{5}{8a},\frac{7}{16a}$，求常数 a 的值．

3．一汽车沿一街道行驶，需要通过 3 个设有红绿信号灯的路口，每个信号灯为红或绿与其他信号灯为红或绿相互独立，且红、绿 2 种信号显示的时间相等．以 X 表示该汽车首次遇到红灯前通过的路口个数，求 X 的分布律．

4．将一枚骰子连掷两次，以 X 表示两次所得的点数之和，以 Y 表示两次出现的最小点数，分别求 X、Y 的分布律．

5．设在 15 个同类型的零件中有 2 个是次品，从中任取 3 个，每次取一个，取后不放回．以 X 表示取出的次品的个数，求 X 的分布律．

6．对某一目标连续进行射击，直到击中目标为止．如果每次射击的命中率为p，求射击次数X的分布律．

7．设离散型随机变量X的分布律为

X	-1	2	3
p_k	$\frac{1}{4}$	$\frac{1}{2}$	$\frac{1}{4}$

求$P\{X \leqslant \frac{1}{2}\}$、$P\{\frac{2}{3} < X \leqslant \frac{5}{2}\}$、$P\{2 \leqslant X \leqslant 3\}$、$P\{2 \leqslant X < 3\}$．

8．一大楼装有5台同类型的供水设备．设各台设备是否被使用是相互独立的．调查表明在任一时刻，每台设备被使用的概率为0.1．问：

（1）恰有2台设备同时被使用的概率是多少？

（2）至少有3台设备同时被使用的概率是多少？

（3）至多有3台设备同时被使用的概率是多少？

（4）至少有1台设备被使用的概率是多少？

9．设事件A在每一次试验中发生的概率为0.3，当A发生不少于3次时，指示灯发出信号．

（1）进行5次重复独立试验，求指示灯发出信号的概率．

（2）进行7次重复独立试验，求指示灯发出信号的概率．

10．甲乙两人投篮，投中的概率分别为0.6、0.7．现各投3次，求：

（1）两人投中次数相等的概率；

（2）甲比乙投中次数多的概率．

11．分析病史资料发现，因患感冒而死亡的病人（相互独立）比例为0.2%．试求，目前患感冒的病人有1000个，求：

（1）最终恰有4个人死亡的概率；

（2）最终不超过2个人死亡的概率．

12．一电话交换台每分钟收到的呼唤次数服从参数为4的泊松分布，求：

（1）每分钟恰有8次呼唤的概率；

（2）每分钟的呼唤次数大于10的概率．

13．有一繁忙的汽车站，每天有大量的汽车通过．设每辆汽车在一天的某段时间内出事故的概率为0.0001，在某天的该段时间内有1000辆汽车经过．问：出事故的次数不小于2的概率是多少？

14．设离散型随机变量X的分布律为

X	-1	2	3
p_k	0.25	0.5	0.25

求X的分布函数，以及概率$P\{1.5 < X \leqslant 2.5\}$、$P\{X > 0.5\}$．

15．设随机变量X的分布函数为

$$F(x)=\begin{cases} a+b\mathrm{e}^{-x}, & x>0, \\ 0, & x \leqslant 0. \end{cases}$$

求常数a与b的值，以及概率$P\{1 < X \leqslant 2\}$．

16．设$F_1(x)$、$F_2(x)$分别为随机变量X_1、X_2的分布函数，且$F(x)=aF_1(x)-bF_2(x)$是某一随机

变量的分布函数，证明：$a-b=1$.

17．设随机变量X的分布函数为

$$F(x)=\begin{cases}0, & x<1,\\ \ln x, & 1\leqslant x<\mathrm{e},\\ 1, & x\geqslant \mathrm{e}.\end{cases}$$

（1）求$P\{X\leqslant 2\}$、$P\{0<X\leqslant 3\}$、$P\{2<X\leqslant 2.5\}$.

（2）求随机变量X的密度函数$f(x)$.

18．设随机变量X的密度函数为

$$f(x)=\begin{cases}a\cos x, & |x|\leqslant \dfrac{\pi}{2},\\ 0, & 其他.\end{cases}$$

求：

（1）常数a；

（2）$P\{0<X<\dfrac{\pi}{4}\}$；

（3）X的分布函数$F(x)$.

19．设随机变量X的概率密度为

$$f(x)=a\mathrm{e}^{-|x|},-\infty<x<+\infty.$$

求：

（1）常数a；

（2）$P\{0\leqslant X\leqslant 1\}$；

（3）X的分布函数$F(x)$.

20．设某种型号电子元件的寿命X（单位：小时）具有以下概率密度：

$$f(x)=\begin{cases}\dfrac{1000}{x^2}, & x\geqslant 1000,\\ 0, & 其他.\end{cases}$$

现有一大批此种电子元件（设各元件工作相互独立），问：

（1）任取1个，其寿命大于1500小时的概率是多少？

（2）任取4个，4个元件中恰好有2个元件的寿命大于1500小时的概率是多少？

（3）任取4个，4个元件中至少有1个元件的寿命大于1500小时的概率是多少？

21．设K在$(0,5)$上服从均匀分布，求方程$4x^2+4Kx+K+2=0$有实根的概率.

22．设修理某机器所用时间X服从参数为$\theta=2$（单位：小时）指数分布，求在机器出现故障时，在1小时内可以修好的概率.

23．设顾客在某银行的窗口等待服务的时间X（单位：分）服从参数为$\theta=5$（单位：小时）指数分布．某顾客在窗口等待服务，若超过10分，他就离开．他一个月要到银行5次，以Y表示1个月内他未等到服务而离开窗口的次数．写出Y的分布律，并求$P\{Y\geqslant 1\}$.

24．设$X\sim N(0,1)$，求：

（1）$P\{X<2.35\}$，$P\{X<-3.03\}$，$P\{|X|\leqslant 1.54\}$；

（2）数$z_{0.025}$，使得$P\{X>z_{0.025}\}=0.025$.

25．设 $X \sim N(3,4)$，求：

（1）$P\{2 < X \leqslant 5\}$，$P\{-4 < X \leqslant 10\}$，$P\{|X| > 2\}$，$P\{X > 3\}$；

（2）常数 c，使得 $P\{X > c\} = P\{X \leqslant c\}$．

26．设 $X \sim N(0,1)$，设 x 满足 $P\{|X| > x\} < 0.1$．求 x 的取值范围．

27．设 $X \sim N(10,4)$，求：

（1）$P\{7 < X \leqslant 15\}$；

（2）常数 d，使得 $P\{|X-10| < d\} < 0.9$．

28．某机器生产的螺栓长度 X（单位：cm）服从正态分布 $N(10.05, 0.06^2)$，规定长度在范围 10.05 ± 0.12 内为合格，求一螺栓不合格的概率．

29．测量距离时产生误差 X（单位：m）服从正态分布 $N(20, 40^2)$．进行 3 次独立观测．求：

（1）至少有一次误差绝对值不超过 30m 的概率；

（2）只有一次误差绝对值不超过 30m 的概率．

30．一工厂生产的某种元件的寿命 X（单位：小时）服从正态分布 $N(160, \sigma^2)$，若要求 $P\{120 < X < 200\} \geqslant 0.80$，允许 σ 最大为多少？

31．将一温度调节器放置在储存着某种液体的容器内．调节器设定在 $d^\circ\mathrm{C}$，液体的温度 X（单位：℃）是一个随机变量，且 $X \sim N(d, 0.5^2)$．

（1）若 $d = 90^\circ\mathrm{C}$，求 X 小于 $89^\circ\mathrm{C}$ 的概率．

（2）若要求保持液体的温度至少为 $80^\circ\mathrm{C}$ 的概率不低于 0.99，问 d 至少为多少？

32．设随机变量 X 的分布律为

X	-2	0	2	3
p	0.2	0.2	0.3	0.3

求：

（1）$Y = -2X + 1$ 的分布律；

（2）$Y = |X|$ 的分布律．

33．设随机变量 X 的分布律为

X	-1	0	1	2
p	0.2	0.3	0.1	0.4

求 $Y = (X-1)^2$ 的分布律．

34．设 $X \sim U(0,1)$，求：

（1）$Y = 3X + 1$ 的分布律；

（2）$Y = \mathrm{e}^X$ 的分布律；

（3）$Y = -2\ln X + 1$ 的分布律．

35．设随机变量 X 的概率密度为

$$f(x) = \begin{cases} \dfrac{3}{2}x^2, & -1 < x < 1, \\ 0, & \text{其他}. \end{cases}$$

求：

（1）$Y = 3X$ 的概率密度；

（2）$Y=3-X$ 的概率密度；

（3）$Y=X^2$ 的概率密度．

36．设随机变量 X 的概率密度为

$$f(x)=\begin{cases} e^{-x}, & x>0, \\ 0, & 其他. \end{cases}$$

求：

（1）$Y=2X+1$ 的概率密度；

（2）$Y=e^X$ 的概率密度；

（3）$Y=X^2$ 的概率密度．

37．设 $X\sim N(0,1)$，求：

（1）$Y=e^X$ 的概率密度；

（2）$Y=2X^2+1$ 的概率密度；

（3）$Y=|X|$ 的概率密度．

38．设随机变量 X 的概率密度为

$$f(x)=\begin{cases} \dfrac{2x}{\pi^2}, & 0<x<\pi, \\ 0, & 其他. \end{cases}$$

求 $Y=\sin X$ 的概率密度．

第3章 多维随机变量及其概率分布

在前面讨论的随机试验中，随机试验的结果都是用 1 个随机变量来描述的. 但在实际问题中，某些随机试验的结果往往需要同时用 2 个或 2 个以上的随机变量来描述. 例如，为了研究某一地区学龄前儿童的发育情况，每个儿童的身高和体重应同时考虑. 又如，研究某地区的气候，要用到气温、气压、风力、湿度这 4 个随机变量. 在以上问题中，我们同时遇到多个随机变量，此时，不仅要研究每个随机变量，还要将它们视为一个整体来研究，这就是多维随机变量的情况.

本章主要研究二维随机变量及其分布，所得结论可推广到 $n(n>2)$ 维随机变量的情形.

3.1 二维随机变量的概念

3.1.1 二维随机变量及其分布函数

定义 3.1 设 E 是一个随机试验，它的样本空间是 $S=\{e\}$，设 $X=X(e)$ 和 $Y=Y(e)$ 是定义在 S 上的随机变量，由它们构成的向量 (X,Y) 称为**二维随机向量**或**二维随机变量**.

同样，n 个随机变量 $X_1,X_2,\cdots,X_n$ 构成的整体 $X=(X_1,X_2,\cdots,X_n)$ 称为 **n 维随机变量**或 **n 维随机向量**，X_i 称为 X 的第 $i\left(i=1,2,\cdots,n\right)$ 个分量.

二维随机变量 (X,Y) 的性质不仅与 X 及 Y 有关，而且依赖于这两个随机变量的相互关系. 和一维的情况类似，我们借助于"分布函数"来研究二维随机变量.

定义 3.2 设 (X,Y) 为一个二维随机变量. 对任意实数 x,y，二元函数

$$F(x,y)=P\{(X\leqslant x)\cap(Y\leqslant y)\}=P\{X\leqslant x,Y\leqslant y\}$$

称为 X 与 Y 的**联合分布函数**或称为 (X,Y) 的**分布函数**，它表示随机事件 $\{X\leqslant x\}$ 与 $\{Y\leqslant y\}$ 同时发生的概率.

几何上，若把 (X,Y) 看成平面上随机点的坐标，则分布函数 $F(x,y)$ 在 (x,y) 处的函数值就是随机点 (X,Y) 落在以 (x,y) 为顶点、位于该点左下方的无穷矩形内的概率，如图 3.1 所示.

分布函数 $F(x,y)$ 具有以下基本性质.

（1）有界性：$0\leqslant F(x,y)\leqslant 1$.

（2）单调性：$F(x,y)$ 分别对 x 和 y 是非减的，即

对于任意固定的 y，当 $x_2>x_1$ 时，有

$$F(x_2,y)\geqslant F(x_1,y);$$

对于任意固定的 x，当 $y_2>y_1$ 时，有

$$F(x,y_2)\geqslant F(x,y_1).$$

（3）$F(x,y)$ 关于 x 和 y 是右连续的，即

$$F(x,y)=F(x+0,y)，\quad F(x,y)=F(x,y+0).$$

（4）$F(-\infty,-\infty)=F(-\infty,y)=F(x,-\infty)=0$，$F(+\infty,+\infty)=1$.

（5）如图 3.2 所示，利用分布函数$F(x,y)$，容易算出随机点(X,Y)落在矩形区域

$$D=\{(x,y)\mid x_1<x\leqslant x_2,\ y_1<y\leqslant y_2\}$$

内的概率为

$$P(x_1<X\leqslant x_2,y_1<Y\leqslant y_2)=F(x_2,y_2)-F(x_1,y_2)-F(x_2,y_1)+F(x_1,y_1).$$

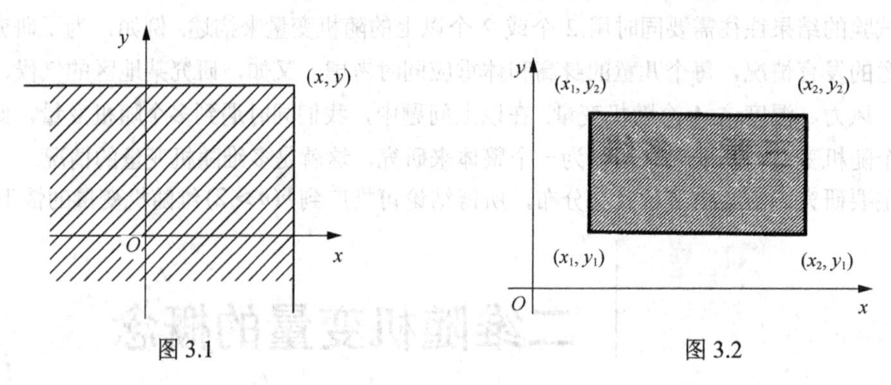

图 3.1　　　　图 3.2

显然，对任意固定的$x_1<x_2$，$y_1<y_2$，有

$$F(x_2,y_2)-F(x_1,y_2)-F(x_2,y_1)+F(x_1,y_1)\geqslant 0.$$

具有上述 5 条性质的$F(x,y)$必可称为某二维随机变量的联合分布函数.

容易将二维随机变量的讨论推广到$n\,(n>2)$维随机变量的情形．设$X_1,X_2,\cdots,X_n$是定义在同一个样本空间Ω上的n个随机变量，称$(X_1,X_2,\cdots,X_n)$为**n维随机变量**或**n维随机向量**．称n元函数

$$F(X_1,X_2,\cdots,X_n)=P(X_1\leqslant x_1,X_2\leqslant x_2,\cdots,X_n\leqslant x_n)$$

为n维随机变量$(X_1,X_2,\cdots,X_n)$的**联合分布函数**或**分布函数**.

与一维随机变量类似，对于二维随机变量，我们也分离散型和连续型 2 种情况进行讨论.

3.1.2　二维离散型随机变量的联合概率分布

定义 3.3　若二维随机变量(X,Y)的所有可能取值是有限对或可列无限多对，则称(X,Y)为**二维离散型随机变量**.

设(X,Y)的所有可能取值为(x_i,y_j)，$(i,j=1,2,\cdots)$，(X,Y)各个可能取值的概率为

$$P\{X=x_i,Y=y_j\}=p_{ij},i,j=1,2,\cdots,$$

称$P\{X=x_i,Y=y_j\}=p_{ij}$，$i,j=1,2,\cdots$为(X,Y)的**分布律**或X和Y的**联合分布律**.

(X,Y)的联合分布律可以写成如下形式：

X \ Y	y_1	y_2	$\cdots$	y_j	$\cdots$
x_1	p_{11}	p_{12}	$\cdots$	p_{1j}	$\cdots$
x_2	p_{21}	p_{22}	$\cdots$	p_{2j}	$\cdots$
$\vdots$	$\vdots$	$\vdots$		$\vdots$	
x_i	p_{i1}	p_{i2}	$\cdots$	p_{ij}	$\cdots$
$\vdots$	$\vdots$	$\vdots$		$\vdots$	

离散型随机变量(X,Y)的联合分布律具有下列性质.

（1）非负性：$p_{ij} \geqslant 0 \quad (i,j=1,2,\cdots)$.

（2）规范性：$\sum_{i=1}^{\infty}\sum_{j=1}^{\infty} p_{ij}=1$.

若数集$\{p_{ij}\}(i,j=1,2,\cdots)$具有以上2条性质，则它必可作为某二维离散型随机变量的分布律.

由分布函数的定义可得离散型随机变量的联合分布函数为

$$F(x,y)=P\{X\leqslant x,Y\leqslant y\}=\sum_{x_i\leqslant x}\sum_{y_j\leqslant y} p_{ij}.$$

【例3.1】 设(X,Y)的分布律为

$X \backslash Y$	1	2	3
-1	$\frac{1}{3}$	$\frac{a}{6}$	$\frac{1}{4}$
1	0	$\frac{1}{4}$	a^2

求：（1）a的值；（2）$P\{X\leqslant 1,Y\leqslant 1\}$；（3）$P\{X+Y=2\}$.

解 （1）由分布律性质知

$$\frac{1}{3}+\frac{a}{6}+\frac{1}{4}+\frac{1}{4}+a^2=1,$$

则

$$6a^2+a-1=0, \qquad (3a-1)(2a+1)=0.$$

解得$a=\frac{1}{3}$或$a=-\frac{1}{2}$（负值舍去），所以$a=\frac{1}{3}$.

（2）$P\{X\leqslant 1,Y\leqslant 1\}=P\{X=-1,Y=1\}+P\{X=1,Y=1\}$

$$=\frac{1}{3}+0=\frac{1}{3}.$$

（3）$P\{X+Y=2\}=P\{X=-1,Y=3\}+P\{X=1,Y=1\}$

$$=\frac{1}{4}+0=\frac{1}{4}.$$

【例3.2】 盒子里有2个黑球、2个红球、2个白球，在其中任取2个球，以X和Y分别表示取得的黑球和红球的个数，试写出X和Y的联合分布表，并求事件$\{X+Y\leqslant 1\}$的概率.

解 由题设知，X和Y各自可能的取值均为0，1，2，且(X,Y)不可能取$(1,2)$、$(2,1)$和$(2,2)$. 取其他值的概率可由古典概率计算. 从6个球中任取2个一共有$C_6^2=15$种取法. (X,Y)取$(0,0)$表示取得的两个球是白球，其取法只有一种，所以其概率为

$$P(X=0,Y=0)=\frac{1}{15}.$$

类似地，算出(X,Y)取其他几对数组的概率分别为

$$P(X=0,Y=1)=P(X=1,Y=0)=\frac{2\times 2}{15}=\frac{4}{15},$$

$$P(X=2,Y=0)=P(X=0,Y=2)=\frac{1}{15},$$

$$P(X=1,Y=1)=\frac{4}{15}.$$

(X,Y) 的联合分布律为

X \ Y	0	1	2
0	$\frac{1}{15}$	$\frac{4}{15}$	$\frac{1}{15}$
1	$\frac{4}{15}$	$\frac{4}{15}$	0
2	$\frac{1}{15}$	0	0

由于事件 $\{X+Y\leqslant 1\}$ 包含 3 个基本事件，分别对应 $(0,0)$、$(0,1)$ 和 $(1,0)$，所以

$$P(X+Y\leqslant 1)=P(X=0,y=0)+P(X=1,Y=0)+P(X=0,Y=1)$$
$$=\frac{1}{15}+\frac{4}{15}+\frac{4}{15}=\frac{3}{5}.$$

【例 3.3】 设随机变量 X 在 1, 2, 3, 4 四个整数中等可能地取一个值，另一个随机变量 Y 在 $1\sim X$ 中等可能地取一整数值，试求 (X,Y) 的分布律.

解 由乘法公式容易求得 (X,Y) 的分布律. 易知 $\{X=i,Y=j\}$ 的取值情况是 $i=1,2,3,4$，j 取不大于 i 的正整数，且

$$P\{X=i,Y=j\}=P\{Y=j|X=i\}P\{X=i\}=\frac{1}{i}\cdot\frac{1}{4},\ i=1,2,3,4,\quad j\leqslant i.$$

于是 (X,Y) 的分布律为

X \ Y	1	2	3	4
1	$\frac{1}{4}$	0	0	0
2	$\frac{1}{8}$	$\frac{1}{8}$	0	0
3	$\frac{1}{12}$	$\frac{1}{12}$	$\frac{1}{12}$	0
4	$\frac{1}{16}$	$\frac{1}{16}$	$\frac{1}{16}$	$\frac{1}{16}$

3.1.3 二维连续型随机变量的联合概率密度

与一维连续型随机变量类似，我们定义二维连续型随机变量的概率密度.

定义 3.4 设二维随机变量 (X,Y) 的分布函数为 $F(x,y)$，如果存在非负可积函数 $f(x,y)$，使得对任意的实数 x,y，有

$$F(x,y)=\int_{-\infty}^{x}\int_{-\infty}^{y}f(u,v)\mathrm{d}u\mathrm{d}v,$$

则称 (X,Y) 是**二维连续型随机变量**，且 $f(x,y)$ 称为二维随机变量 (X,Y) 的**概率密度**或随机变量 X 和

Y 的联合概率密度.

概率密度 $f(x,y)$ 具有以下性质.

（1）非负性：$f(x,y)\geqslant 0$.

（2）规范性：$\int_{-\infty}^{+\infty}\int_{-\infty}^{+\infty} f(x,y)\mathrm{d}x\mathrm{d}y=1$. （3.1）

（3）若 $f(x,y)$ 在点 (x,y) 连续，则有

$$\frac{\partial^2 F(x,y)}{\partial x\partial y}=f(x,y).$$

（4）点 (X,Y) 落在平面区域 G 内的概率为

$$P\{(X,Y)\in G\}=\iint_G f(x,y)\mathrm{d}x\mathrm{d}y. \tag{3.2}$$

注意

若任何一个函数 $f(x,y)$ 满足性质（1）和性质（2），则它可以成为某二维连续型随机变量的概率密度. 性质（4）表明：随机点 (X,Y) 落在平面区域 G 上的概率等于以 G 为底、曲面 $z=f(x,y)$ 为顶的曲顶柱体的体积.

在使用式（3.2）计算概率时，如果联合概率密度 $f(x,y)$ 在区域 G 内的取值有些部分非零，则积分区域可缩小到 $f(x,y)$ 的非零区域与 G 的交集部分，然后再把二重积分化成二次积分，最后计算出结果.

【例 3.4】 设二维随机变量 (X,Y) 具有概率密度

$$f(x,y)=\begin{cases}A\mathrm{e}^{-(2x+y)}, & x>0,\ y>0,\\ 0, & \text{其他}.\end{cases}$$

（1）试求常数 A；（2）求概率 $P\{Y\leqslant X\}$；（3）求概率 $P\{Y+X\leqslant 1\}$；（4）求分布函数 $F(x,y)$.

解 （1）仅在区域 $G:\{(x,y)|x>0,y>0\}$ 上有 $f(x,y)>0$，否则 $f(x,y)=0$. 由式（3.1）可知

$$1=\int_{-\infty}^{+\infty}\int_{-\infty}^{+\infty} f(x,y)\mathrm{d}x\mathrm{d}y=\iint_G f(x,y)\mathrm{d}x\mathrm{d}y$$

$$=\int_0^{+\infty}\int_0^{+\infty} A\mathrm{e}^{-(2x+y)}\mathrm{d}x\mathrm{d}y=\int_0^{+\infty}\mathrm{e}^{-y}\mathrm{d}y\int_0^{+\infty}A\mathrm{e}^{-2x}\mathrm{d}x=\frac{A}{2},$$

得 $A=2$.

（2）将 (X,Y) 看作是平面上随机点的坐标，即有

$$\{Y\leqslant X\}=\{(X,Y)\in D\},$$

其中 D 为 xOy 平面上直线 $y=x$ 及其下方的部分，而 G' 为区域 D 与 $f(x,y)$ 非零区域的交集，如图 3.3 所示，于是有

$$P\{Y\leqslant X\}=P\{(X,Y)\in D\}=\iint_D f(x,y)\mathrm{d}x\mathrm{d}y$$

$$=\iint_{D\cap G=G'} 2\mathrm{e}^{-(2x+y)}\mathrm{d}x\mathrm{d}y=\int_0^{+\infty}\mathrm{d}x\int_0^x 2\mathrm{e}^{-2x}\mathrm{e}^{-y}\mathrm{d}y$$

$$=\int_0^{+\infty}2\mathrm{e}^{-2x}\left[-\mathrm{e}^{-y}\right]\Big|_0^x\mathrm{d}x=\frac{1}{3}.$$

（3）如图 3.4 所示，其中 $G:x+y\leqslant 1,\ x>0,y>0$，则所求概率为

$$P\{X+Y\leqslant 1\}=\iint_G f(x,y)\mathrm{d}x\mathrm{d}y=\int_0^1\mathrm{d}x\int_0^{1-x}2\mathrm{e}^{-2x-y}\mathrm{d}y$$

$$=\int_0^1\left(-2\mathrm{e}^{-1-x}+2\mathrm{e}^{-2x}\right)\mathrm{d}x=1-2\mathrm{e}^{-1}+\mathrm{e}^{-2}.$$

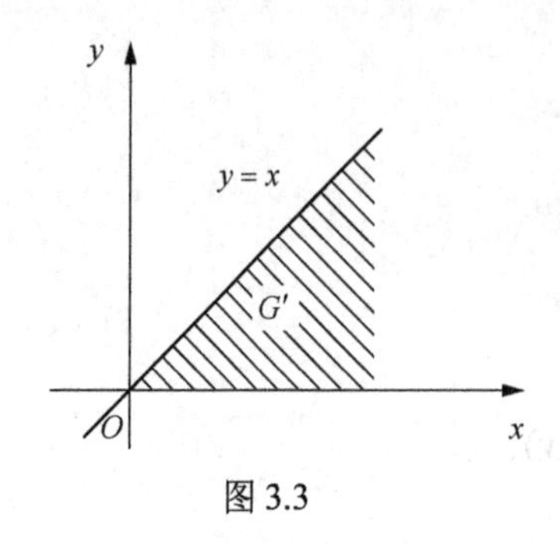

图 3.3

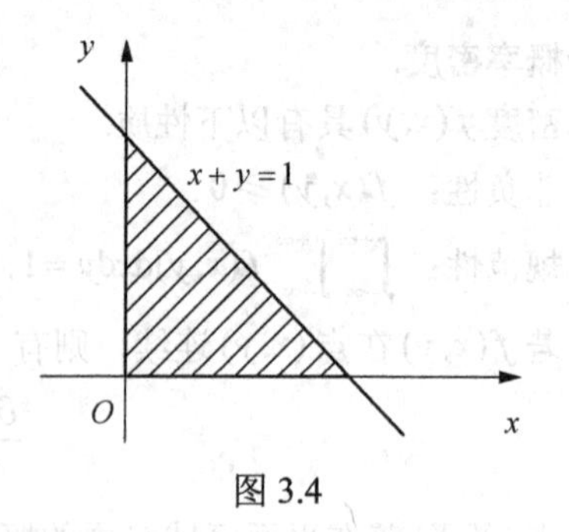

图 3.4

（4）$F(X,Y)=\int_{-\infty}^{y}\int_{-\infty}^{x}f(x,y)\mathrm{d}x\mathrm{d}y$

$$=\begin{cases}\int_0^y\int_0^x 2\mathrm{e}^{-(2x+y)}\mathrm{d}x\mathrm{d}y, & x>0,\ y>0,\\ 0, & \text{其他}.\end{cases}$$

即

$$F(x,y)=\begin{cases}(1-\mathrm{e}^{-2x})(1-\mathrm{e}^{-y}), & x>0,\ y>0,\\ 0, & \text{其他}.\end{cases}$$

【例 3.5】设二维随机变量 (X,Y) 的密度函数为

$$p(x,y)=\begin{cases}4xy, & 0\leqslant x\leqslant 1, 0\leqslant y\leqslant 1,\\ 0, & \text{其他},\end{cases}$$

D 为 xoy 平面内由 x 轴、y 轴和不等式 $x+y<1$ 所确定的区域，求

$$P\{(X,Y)\in D\}.$$

解 如图 3.5 所示，有

$$P\{(X,Y)\in D\}=\iint_D p(x,y)\mathrm{d}\sigma$$

$$=\int_0^1\int_0^{1-x}4xy\mathrm{d}y=\frac{1}{6}.$$

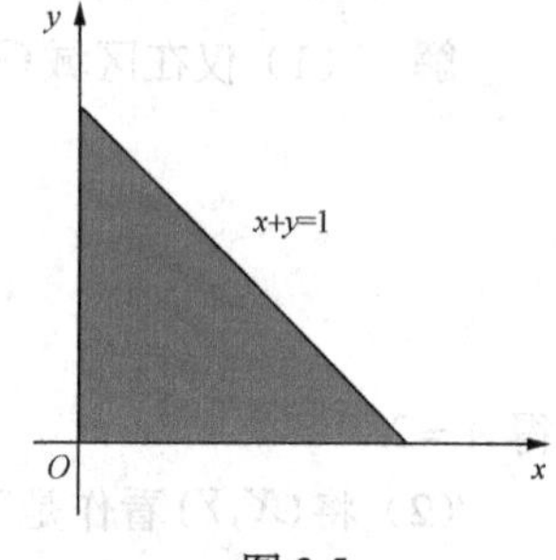

图 3.5

下面介绍 2 种重要的二维连续型随机变量.

1. 二维均匀分布

设 D 为平面上的有界区域，其面积为 S 且 $S>0$，如果二维随机变量 (X,Y) 的概率密度为

$$f(x,y)=\begin{cases}\frac{1}{S}, & (x,y)\in D,\\ 0, & \text{其他}.\end{cases}$$

则称 (X,Y) 服从区域 D 上的**均匀分布**（或称 (X,Y) 在 D 上服从**均匀分布**），记作 $(X,Y)\sim U_D$.

若 (X,Y) 等可能地取到有界平面区域 D 内的任一点，则二维随机变量 (X,Y) 服从区域 D 上的均匀分布.

2. 二维正态分布

若二维连续型随机变量 (X,Y) 的概率密度为

$$f(x,y)=\frac{1}{2\pi\sigma_1\sigma_2\sqrt{1-\rho^2}}\mathrm{e}^{\frac{-1}{2(1-\rho^2)}\left\{\frac{(x-\mu_1)^2}{\sigma_1^2}-2\rho\frac{(x-\mu_1)(y-\mu_2)}{\sigma_1\sigma_2}+\frac{(y-\mu_2)^2}{\sigma_2^2}\right\}}$$

$$-\infty < x < +\infty,\ -\infty < y < +\infty,$$

其中$\mu_1,\mu_2,\sigma_1,\sigma_2,\rho$都是常数，且$-\infty<\mu_1<+\infty$，$-\infty<\mu_2<+\infty$，$\sigma_1>0,\sigma_2>0$，$-1<\rho<1$，则称$(X,Y)$服从参数为$\mu_1$，$\mu_2$，$\sigma_1$，$\sigma_2$，$\rho$的二维正态分布，记为$(X,Y)\sim N(\mu_1,\mu_2,\sigma_1^2,\sigma_2^2,\rho)$. 服从二维正态分布的概率密度函数的典型图形. 如图3.6所示（运用MATLAB软件实现，第9章的【例9.24】给出了画图的具体程序和方法），二维正态分布以(μ_1,μ_2)为中心，在中心附近具有较高的密度，离中心越远，密度越小，这与实际中很多现象相吻合.

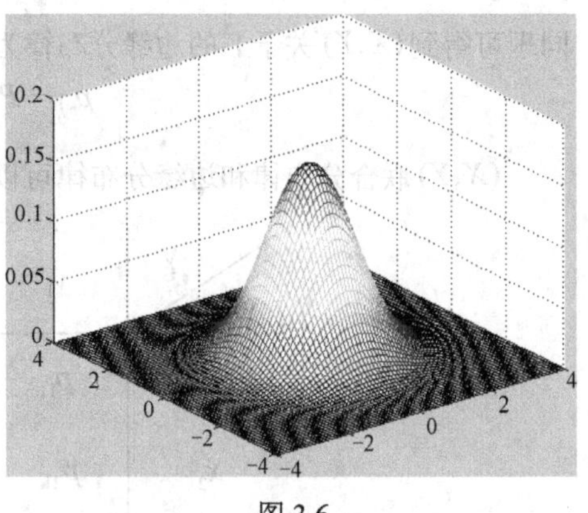

图3.6

3.2 边缘分布

3.2.1 二维随机变量的边缘分布函数

设二维随机变量(X,Y)的分布函数为$F(x,y)$，而它的两个分量X和Y都是一维随机变量，X和Y的分布函数分别记为$F_X(x)$和$F_Y(y)$，依次称为二维随机变量(X,Y)关于X和关于Y的**边缘分布函数**.

容易得到边缘分布函数$F_X(x)$和$F_Y(y)$与二维随机变量的分布函数$F(x,y)$之间有如下关系：

$$F_X(x)=P\{X\leqslant x\}=P\{X\leqslant x,Y<+\infty\}=F(x,+\infty);$$

$$F_Y(y)=P\{Y\leqslant y\}=P\{X<+\infty,Y\leqslant y\}=F(+\infty,y).$$

这里需要指出的是，(X,Y)的联合分布函数为$F(x,y)$决定边缘分布函数$F_X(x)$和$F_Y(y)$，但反过来，在一般情况下，仅知道边缘分布函数是不能确定联合分布函数的.

3.2.2 二维离散型随机变量的边缘分布

定义3.5 对于二维离散随机变量(X,Y)，分量X的分布律称为(X,Y)**关于X的边缘分布律**，记为$p_{i\cdot}\ (i=1,2,\cdots)$；分量$Y$的分布律称为$(X,Y)$**关于$Y$的边缘分布律**，记为$p_{\cdot j}\ (j=1,2,\cdots)$.

设二维离散型随机变量(X,Y)的分布律为

$$P\{X=x_i,Y=y_j\}=p_{ij},\quad i,j=1,2,\cdots.$$

由于

$$\begin{aligned}p_{i\cdot}&=P\{X=x_i\}=P\{X=x_i,Y<+\infty\}\\&=P\{X=x_i,Y=y_1\}+P\{X=x_i,Y=y_2\}+\cdots+P\{X=x_i,Y=y_j\}+\cdots\\&=\sum_j P\{X=x_i,Y=y_j\}=\sum_j p_{ij},\end{aligned}$$

所以(X,Y)关于X的边缘分布律为

$$p_{i\cdot}=P\{X=x_i\}=\sum_j p_{ij},\qquad i=1,2,\cdots. \tag{3.3}$$

同理可得到(X,Y)关于Y的边缘分布律为

$$p_{\cdot j}=P\{Y=y_j\}=\sum_i p_{ij},\qquad j=1,2,\cdots \tag{3.4}$$

(X,Y)联合分布律和边缘分布律可以写成如下形式：

$X \backslash Y$	y_1	y_2	$\cdots$	$y_j\ \cdots$	$p_{i\cdot}$
x_1	p_{11}	p_{12}	$\cdots$	$p_{1j}\ \cdots$	$\sum_j p_{1j}$
x_2	p_{21}	p_{22}	$\cdots$	$p_{2j}\ \cdots$	$\sum_j p_{2j}$
$\vdots$	$\vdots$	$\vdots$	$\vdots$	$\vdots$	$\vdots$
x_i	p_{i1}	p_{i2}	$\cdots$	$p_{ij}\ \cdots$	$\sum_j p_{ij}$
$\vdots$	$\vdots$	$\vdots$		$\vdots$	$\vdots$
$p_{\cdot j}$	$\sum_i p_{i1}$	$\sum_i p_{i2}$		$\sum_i p_{ij}$	

$p_{i\cdot}$就是(X,Y)联合分布律中第i行各数之和，$p_{\cdot j}$就是(X,Y)联合分布律中第j列各数之和．关于X和关于Y的边缘分布写在联合分布律表的边缘上，这就是“边缘分布律”这个词的来源．

【例 3.6】 设(X,Y)的分布律如下，求X和Y的边缘分布律．

$X \backslash Y$	0	1	2
0	0.15	0.30	0.35
1	0.05	0.12	0.03

解 $P(X=0)=0.15+0.30+0.35=0.80$，

$P(X=1)=0.05+0.12+0.03=0.20$，

$P(Y=0)=0.15+0.05=0.20$，

$P(Y=1)=0.30+0.12=0.43$，

$P(Y=2)=0.35+0.03=0.38$．

将X和Y的边缘分布列入(X,Y)的联合分布律．

$X \backslash Y$	0	1	2	$p_{i\cdot}$
0	0.15	0.30	0.35	0.80
1	0.05	0.12	0.03	0.20
$p_{\cdot j}$	0.20	0.42	0.38	1

【例 3.7】 设盒中有2个白球3个黑球，在其中随机地取2次球，每次取1个球，且定义随机变量：

$$X=\begin{cases}1, & \text{第1次摸出白球},\\ 0, & \text{第1次摸出黑球},\end{cases}$$

$$Y=\begin{cases}1, & \text{第2次摸出白球},\\ 0, & \text{第2次摸出黑球}.\end{cases}$$

分别对有放回摸球与不放回摸球2种情况求出(X,Y)的分布律与边缘分布律.

解 （1）有放回摸球情况.

由于事件$\{X=i\}$与事件$\{Y=j\}$相互独立（$i,j=0,1$），因此

$$P\{X=0,Y=0\}=P\{X=0\}\cdot P\{Y=0\}=\frac{3}{5}\times\frac{3}{5}=\frac{9}{25},$$

$$P\{X=0,Y=1\}=P\{X=0\}\cdot P\{Y=1\}=\frac{3}{5}\times\frac{2}{5}=\frac{6}{25},$$

$$P\{X=1,Y=0\}=P\{X=1\}\cdot P\{Y=0\}=\frac{2}{5}\times\frac{3}{5}=\frac{6}{25},$$

$$P\{X=1,Y=1\}=P\{X=1\}\cdot P\{Y=1\}=\frac{2}{5}\times\frac{2}{5}=\frac{4}{25}.$$

则(X,Y)的分布律和边缘分布律为

X \ Y	0	1	$p_{i\cdot}$
0	$\frac{9}{25}$	$\frac{6}{25}$	$\frac{3}{5}$
1	$\frac{6}{25}$	$\frac{4}{25}$	$\frac{2}{5}$
$p_{\cdot j}$	$\frac{3}{5}$	$\frac{2}{5}$	

（2）不放回摸球情况.

$$P\{X=0,Y=0\}=P\{X=0\}\cdot P\{Y=0|X=0\}=\frac{3}{5}\times\frac{2}{4}=\frac{3}{10},$$

$$P\{X=0,Y=1\}=\frac{3}{5}\times\frac{2}{4}=\frac{3}{10},$$

$$P\{X=1,Y=0\}=\frac{2}{5}\times\frac{3}{4}=\frac{3}{10},$$

$$P\{X=1,Y=1\}=\frac{2}{5}\times\frac{1}{4}=\frac{1}{10}.$$

则(X,Y)的分布律和边缘分布律为

X \ Y	0	1	$p_{i\cdot}$
0	$\frac{3}{10}$	$\frac{3}{10}$	$\frac{3}{5}$
1	$\frac{3}{10}$	$\frac{1}{10}$	$\frac{2}{5}$
$p_{\cdot j}$	$\frac{3}{5}$	$\frac{2}{5}$	

从【例3.7】看出，不放回摸球和有放回摸球(X,Y)的联合分布律不相同，但它们的边缘分布律是相同的，所以，对于二维离散型随机变量(X,Y)，由它的联合分布可以确定它的两个边缘分布，但由边缘分布律是不能确定联合分布律的.

3.2.3　二维连续型随机变量的边缘概率密度

定义 3.6　对于连续型随机变量(X,Y)，分量X（或Y）的概率密度称为(X,Y)关于X（或Y）的**边缘概率密度**，简称**边缘密度**，记为$f_X(x)$（或$f_Y(y)$）.

边缘概率密度$f_X(x)$或$f_Y(y)$可由(X,Y)的联合概率密度$f(x,y)$求出：

$$f_X(x)=\int_{-\infty}^{+\infty}f(x,y)\mathrm{d}y,-\infty<x<+\infty, \tag{3.5}$$

$$f_Y(y)=\int_{-\infty}^{+\infty}f(x,y)\mathrm{d}x,-\infty<y<+\infty. \tag{3.6}$$

证　因为关于X的边缘分布函数

$$F_X(x)=F(x,+\infty)=\int_{-\infty}^{x}\left[\int_{-\infty}^{+\infty}f(x,y)\mathrm{d}y\right]\mathrm{d}x,$$

上式两边对x求导得

$$f_X(x)=\int_{-\infty}^{+\infty}f(x,y)\mathrm{d}y,-\infty<x<+\infty.$$

同理可得

$$f_Y(y)=\int_{-\infty}^{+\infty}f(x,y)\mathrm{d}x,-\infty<y<+\infty.$$

【例 3.8】　设随机变量(X,Y)的密度函数为

$$f(x,y)=\begin{cases}kxy, & 0\leqslant x\leqslant y\leqslant 1,\\ 0, & \text{其他}.\end{cases}$$

试求参数k的值及X和Y的边缘密度函数.

解　由密度函数的性质，有

$$1=\int_{-\infty}^{+\infty}\int_{-\infty}^{+\infty}f(x,y)\,\mathrm{d}x\mathrm{d}y=\int_0^1\int_x^1 kxy\,\mathrm{d}y\mathrm{d}x=\frac{1}{8}k,$$

推出$k=8$.

当$x<0$或$x>1$时，$f(x,y)=0$，因此$f_X(x)=\int_{-\infty}^{+\infty}f(x,y)\mathrm{d}y=0.$

当$0\leqslant x\leqslant 1$时，$f_X(x)=\int_x^1 8xy\mathrm{d}y=4x(1-x^2)$. 所以$X$的边缘密度函数为

$$f_X(x)=\begin{cases}4x(1-x)^2, & 0\leqslant x\leqslant 1,\\ 0, & \text{其他}.\end{cases}$$

同理求出Y的边缘密度函数为

$$f_Y(y)=\begin{cases}4y^3, & 0\leqslant y\leqslant 1,\\ 0, & \text{其他}.\end{cases}$$

【例 3.9】　设(X,Y)的概率密度为

$$f(x,y)=\begin{cases}\mathrm{e}^{-x}, & 0<y<x,\\ 0, & \text{其他}.\end{cases}$$

求：（1）边缘概率密度$f_X(x)$，$f_Y(y)$；（2）$P\{X+Y<1\}$.

解　（1）如图 3.7 所示，在阴影区域G上，$f(x,y)=\mathrm{e}^{-x}$，有

$$f_X(x)=\int_{-\infty}^{+\infty}f(x,y)\mathrm{d}y=\begin{cases}0, & x\leqslant 0,\\ \int_0^x \mathrm{e}^{-x}\mathrm{d}y, & x>0.\end{cases}$$

$$=\begin{cases}0, & x\leqslant 0,\\ x\mathrm{e}^{-x}, & x>0.\end{cases}$$

$$f_Y(y)=\int_{-\infty}^{+\infty}f(x,y)\mathrm{d}x=\begin{cases}0, & y\leqslant 0,\\ \int_y^{+\infty}\mathrm{e}^{-x}\mathrm{d}x, & y>0.\end{cases}$$

$$=\begin{cases}0, & y\leqslant 0,\\ \mathrm{e}^{-y}, & y>0.\end{cases}$$

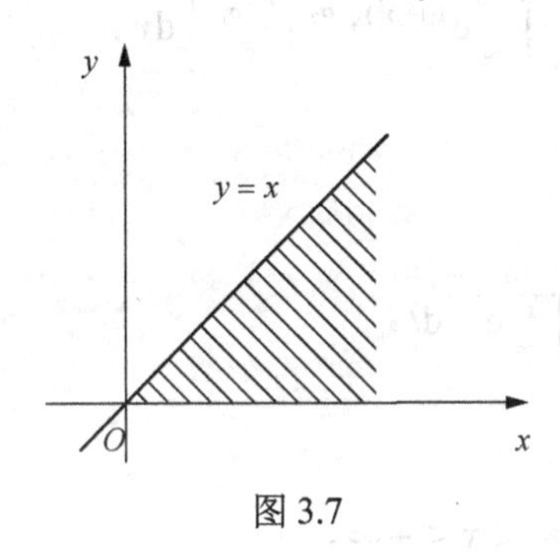

图 3.7

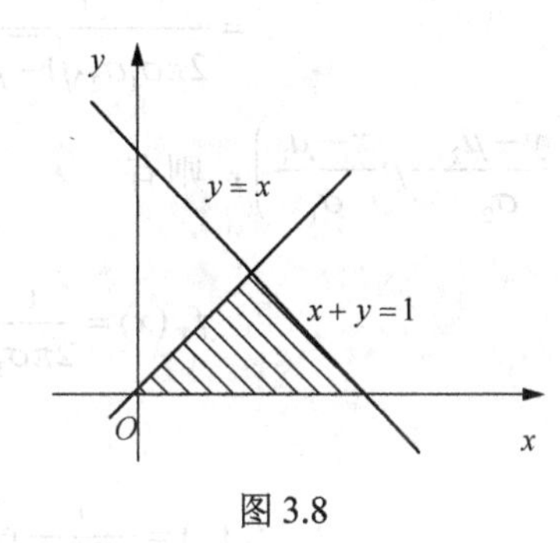

图 3.8

（2）如图 3.8 所示，有

$$P(X+Y<1)=\iint\limits_{x+y<1}f(x,y)\mathrm{d}x\mathrm{d}y=\int_0^{\frac{1}{2}}\mathrm{d}y\int_y^{1-y}\mathrm{e}^{-x}\mathrm{d}x$$

$$=\int_0^{\frac{1}{2}}(\mathrm{e}^{-y}-\mathrm{e}^{y}\cdot\mathrm{e}^{-1})\mathrm{d}y=1-2\mathrm{e}^{-\frac{1}{2}}+\mathrm{e}^{-1}.$$

【**例 3.10**】设随机变量(X,Y)的概率密度为

$$f(x,y)=\begin{cases}6, & x^2\leqslant y\leqslant x,\\ 0, & 其他.\end{cases}$$

求边缘概率密度.

解　如图 3.9 所示，有

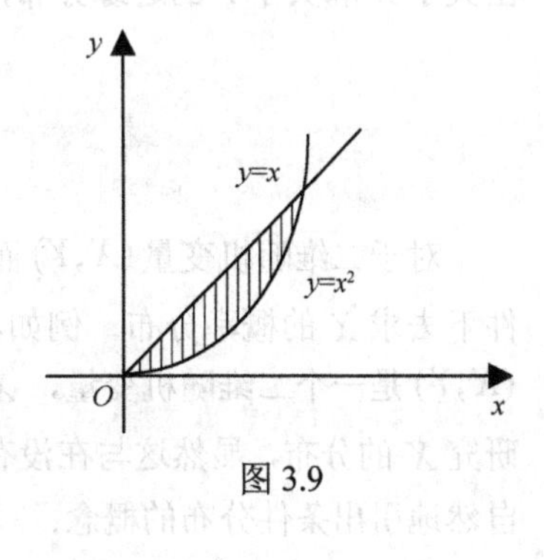

图 3.9

$$f_X(x)=\int_{-\infty}^{+\infty}f(x,y)\mathrm{d}y=\begin{cases}\int_{x^2}^{x}6\mathrm{d}y, & 0\leqslant x\leqslant 1,\\ 0, & 其他.\end{cases}$$

$$=\begin{cases}6(x-x^2), & 0\leqslant x\leqslant 1,\\ 0, & 其他.\end{cases}$$

$$f_Y(y)=\int_{-\infty}^{+\infty}f(x,y)\mathrm{d}x=\begin{cases}\int_{y}^{\sqrt{y}}6\mathrm{d}x, & 0\leqslant y\leqslant 1,\\ 0, & 其他.\end{cases}$$

$$=\begin{cases}6(\sqrt{y}-y), & 0\leqslant y\leqslant 1,\\ 0, & 其他.\end{cases}$$

【**例 3.11**】设二维正态分布$(X,Y)\sim N(\mu_1,\mu_2,\sigma_1^2,\sigma_2^2,\rho)$，求关于$X,Y$的边缘概率密度$f_X(x),f_Y(y)$.

解 $$f(x,y)=\frac{1}{2\pi\sigma_1\sigma_2\sqrt{1-\rho^2}}\mathrm{e}^{\frac{-1}{2(1-\rho^2)}\left\{\frac{(x-\mu_1)^2}{\sigma_1^2}-2\rho\frac{(x-\mu_1)(y-\mu_2)}{\sigma_1\sigma_2}+\frac{(y-\mu_2)^2}{\sigma_2^2}\right\}},$$

$$-\infty<x<+\infty,\qquad -\infty<y<+\infty.$$

又因为

$$\frac{(y-\mu_2)^2}{\sigma_2^2}-2\rho\frac{(x-\mu_1)(y-\mu_2)}{\sigma_1\sigma_2}=\left(\frac{y-\mu_2}{\sigma_2}-\rho\frac{x-\mu_1}{\sigma_1}\right)^2-\rho^2\frac{(x-\mu_1)^2}{\sigma_1^2},$$

于是

$$f_X(x)=\int_{-\infty}^{+\infty}f(x,y)\mathrm{d}y$$

$$=\frac{1}{2\pi\sigma_1\sigma_2\sqrt{1-\rho^2}}\mathrm{e}^{-\frac{(x-\mu_1)^2}{2\sigma_1^2}}\int_{-\infty}^{+\infty}\mathrm{e}^{\frac{-1}{2(1-\rho^2)}\left(\frac{y-\mu_2}{\sigma_2}-\rho\frac{x-\mu_1}{\sigma_1}\right)^2}\mathrm{d}y.$$

令$t=\frac{1}{\sqrt{1-\rho^2}}\left(\frac{y-\mu_2}{\sigma_2}-\rho\frac{x-\mu_1}{\sigma_1}\right)$，则有

$$f_X(x)=\frac{1}{2\pi\sigma_1}\mathrm{e}^{-\frac{(x-\mu_1)^2}{2\sigma_1^2}}\int_{-\infty}^{+\infty}\mathrm{e}^{-\frac{t^2}{2}}\mathrm{d}t,$$

即

$$f_X(x)=\frac{1}{\sqrt{2\pi}\sigma_1}\mathrm{e}^{-\frac{(x-\mu_1)^2}{2\sigma_1^2}},-\infty<x<+\infty.$$

同理

$$f_Y(y)=\frac{1}{\sqrt{2\pi}\sigma_2}\mathrm{e}^{-\frac{(y-\mu_2)^2}{2\sigma_2^2}},-\infty<y<+\infty.$$

可知$X\sim N(\mu_1,\sigma_1^2)$，$Y\sim N(\mu_2,\sigma_2^2)$，即二维正态分布的边缘分布为一维正态分布.

我们看到二维正态分布的两个边缘分布都是一维正态分布，并且不依赖于参数ρ，即对于给定的μ_1,σ_1和μ_2,σ_2，不同的ρ对应不同的二维正态分布，它们的边缘分布却都是一样的. 事实表明，**由关于X和关于Y的边缘分布，一般来说是不能确定随机变量的联合分布的.**

3.3 条件分布

对于二维随机变量(X,Y)而言，随机变量X的条件分布是指在给定Y取某值或某个范围值的条件下去求X的概率分布. 例如，从一大群人中随机抽取一个人，记X为其智力，Y为其年龄，则(X,Y)是一个二维随机变量，X和Y之间有一定的关系. 现限定Y值在15到20，并在这个条件下研究X的分布，显然这与在没有年龄限制下研究人的智力的分布会有很大的不同. 于是由条件概率自然地引出条件分布的概念.

3.3.1 条件分布律

定义 3.7 设(X,Y)是二维离散型随机变量，其分布律$P\{X=x_i,Y=y_j\}=p_{ij}$, $i,j=1,2,\cdots$. 则(X,Y)

关于 X 和关于 Y 的边缘分布律为

$$p_{i\cdot}=P\{X=x_i\}=\sum_j p_{ij},\ i=1,2,\cdots.$$
$$p_{\cdot j}=P\{Y=y_j\}=\sum_i p_{ij},\ j=1,2,\cdots.$$

令事件 $A=\{Y=y_j\}$，$B=\{X=x_i\}$，对固定的 j，若 $p_{\cdot j}>0$，由事件的条件概率公式 $P(B|A)=\dfrac{P(AB)}{P(A)}$，有

$$P\{X=x_i\,|\,Y=y_j\}=\frac{P\{X=x_i,Y=y_j\}}{P\{Y=y_j\}}=\frac{p_{ij}}{p_{\cdot j}},\quad i=1,2,\cdots. \tag{3.7}$$

则式（3.7）称为在 $Y=y_j$ 条件下随机变量 X 的**条件分布律**.

同样，对固定的 i，若 $p_{i\cdot}>0$，由条件概率的公式得到

$$P\{Y=y_j|X=x_i\}=\frac{P\{X=x_i,Y=y_j\}}{P\{X=x_i\}}=\frac{p_{ij}}{p_{i\cdot}},\quad j=1,2,\cdots. \tag{3.8}$$

则式（3.8）称为在 $X=x_i$ 条件下随机变量 Y 的**条件分布律**.

【例 3.12】 设二维随机变量 (X,Y) 的联合分布律为

Y \ X	0	1	2
0	0.1	0.25	0.15
1	0.15	0.20	0.15

求：

（1）在 $X=0$ 条件下随机变量 Y 的条件分布律；

（2）在 $Y=1$ 条件下随机变量 X 的条件分布律.

解 $P\{X=0\}=0.1+0.15=0.25$.

由条件分布律公式可得

$$P\{Y=0|X=0\}=\frac{P\{X=0,Y=0\}}{P\{X=0\}}=\frac{0.1}{0.25}=\frac{2}{5},$$
$$P\{Y=1|X=0\}=\frac{P\{X=0,Y=1\}}{P\{X=0\}}=\frac{0.15}{0.25}=\frac{3}{5}.$$

在 $X=0$ 条件下随机变量 Y 的条件分布律为

$Y=k$	0	1
$P\{Y=k\|X=0\}$	$\frac{2}{5}$	$\frac{3}{5}$

同理可得 $Y=1$ 条件下随机变量 X 的条件分布律为

$X=k$	0	1	2
$P\{X=k\|Y=1\}$	$\frac{3}{10}$	$\frac{4}{10}$	$\frac{3}{10}$

3.3.2 条件概率密度

定义 3.8 设 (X,Y) 的概率密度为 $f(x,y)$，而 $f_X(x)$，$f_Y(y)$ 分别是关于 X 和 Y 的边缘概率密

度．若 $f_Y(y)>0$，则称

$$P\{X\leqslant x|Y=y\}=\int_{-\infty}^{x}\frac{f(x,y)}{f_Y(y)}\mathrm{d}x$$

为在 $Y=y$ 条件下随机变量 X 的条件分布函数，记为 $F_{X|Y}(x|y)$．

于是在 $Y=y$ 条件下，X 的**条件概率密度**为

$$f_{X|Y}(x|y)=\frac{f(x,y)}{f_Y(y)}. \tag{3.9}$$

同样，可以定义

$$F_{Y|X}(y|x)=\int_{-\infty}^{y}\frac{f(x,y)}{f_X(x)}\mathrm{d}x,\quad f_{Y|X}(y|x)=\frac{f(x,y)}{f_X(x)}.$$

【例 3.13】 设随机变量 (X,Y) 的密度函数为

$$f(x,y)=\begin{cases}4xy, & 0\leqslant x\leqslant 1,\ 0\leqslant y\leqslant 1,\\ 0, & \text{其他}.\end{cases}$$

已知 $0<y<1$，求在 $Y=y$ 的条件下 X 的条件密度函数．

解 随机变量 (X,Y) 对于 Y 的边缘密度函数为

$$f_Y(y)=\int_{-\infty}^{+\infty}f(x,y)\mathrm{d}x=\begin{cases}\int_0^1 4xy\,\mathrm{d}x=2y, & 0\leqslant y\leqslant 1,\\ 0, & \text{其他}.\end{cases}$$

于是当 $0<y<1$ 时，X 的条件密度函数为

$$f_{X|Y}(x|y)=\begin{cases}\dfrac{4xy}{2y}=2x, & 0\leqslant x\leqslant 1,\\ 0, & \text{其他}.\end{cases}$$

3.4 随机变量的独立性

我们从两个事件相互独立的概念引出两个随机变量相互独立的概念．

事件 $\{X\leqslant x\}$ 与事件 $\{Y\leqslant y\}$ 相互独立，则有 $P\{X\leqslant x,Y\leqslant y\}=P\{X\leqslant x\}P\{Y\leqslant y\}$，从而由分布函数的定义得出随机变量独立的定义．

定义 3.9 若对任意的 x,y，有

$$F(x,y)=F_X(x)F_Y(y),$$

其中 $F(x,y)$、$F_X(x)$ 和 $F_Y(y)$ 分别是二维随机变量 (X,Y) 的分布函数和两个边缘分布函数，则称随机变量 X 和 Y 是相互独立的．

下面分别介绍离散型随机变量与连续型随机变量 X,Y 的独立性．

3.4.1 二维离散型随机变量的独立性

设 (X,Y) 为离散型随机变量，其分布律为

$$p_{ij}=P\{X=x_i,Y=y_j\},\quad i,j=1,2,\cdots,$$

边缘分布律为

$$p_{i}.=P\{X=x_i\}=\sum_j p_{ij},\qquad i=1,2,\cdots,$$
$$p._{j}=P\{Y=y_j\}=\sum_i p_{ij},\qquad j=1,2,\cdots.$$

X 与 Y 相互独立的充要条件为对一切 i,j 有

$$P\{X=x_i,Y=y_j\}=P\{X=x_i\}P\{Y=y_j\}\text{，即 }p_{ij}=p_{i}.p._{j}\tag{3.10}$$

X 与 Y 相互独立要求对所有 i,j 的值式（3.10）都成立．只要有一对 (i,j) 值使得式（3.10）不成立，则 X 与 Y 不相互独立．

【例 3.14】 如果二维随机变量 (X,Y) 的分布律为

X \ Y	1	2	3
0	$\frac{1}{4}$	$\frac{1}{6}$	$\frac{1}{12}$
1	α	$\frac{1}{6}$	β

那么，当 α,β 取什么值时，X 与 Y 才能相互独立？

解先计算 X 和 Y 的边缘分布

$$P(X=0)=\frac{1}{4}+\frac{1}{6}+\frac{1}{12}=\frac{1}{2},\qquad P(X=1)=\alpha+\beta+\frac{1}{6},$$
$$P(Y=1)=\frac{1}{4}+\alpha,\qquad P(Y=2)=\frac{1}{3},\qquad P(Y=3)=\frac{1}{12}+\beta.$$

若 X 与 Y 相互独立，则对于所有的 i,j，都有 $p_{ij}=p_{i}.\cdot p._{j}$，因此

$$P(X=0,Y=1)=P(X=0)\cdot P(Y=1)=\frac{1}{2}\cdot\left(\frac{1}{4}+\alpha\right)=\frac{1}{4},$$
$$P(X=0,Y=3)=P(X=0)\cdot P(Y=3)=\frac{1}{2}\cdot\left(\frac{1}{12}+\beta\right)=\frac{1}{12}.$$

从以上两式解出 $\alpha=\frac{1}{4}$，$\beta=\frac{1}{12}$．

【例 3.15】 判断 3.2 节【例 3.7】中 X 与 Y 是否相互独立．

解 （1）有放回摸球情况：因为 (X,Y) 的分布律与边缘分布律为

X \ Y	0	1	$p_{i}.$
0	$\frac{9}{25}$	$\frac{6}{25}$	$\frac{3}{5}$
1	$\frac{6}{25}$	$\frac{4}{25}$	$\frac{2}{5}$
$p._{j}$	$\frac{3}{5}$	$\frac{2}{5}$	

对于任意的i,j，都有$p_{ij}=p_{i}.p_{.j}$，所以X与Y相互独立.

（2）不放回摸球情况：因为

$$P\{X=0\}\cdot P\{Y=0\}=\frac{3}{5}\cdot\frac{3}{5}=\frac{9}{25},$$

$$P\{X=0,Y=0\}=\frac{3}{10},$$

$$P\{X=0,Y=0\}\neq P\{X=0\}\cdot P\{Y=0\},$$

所以X与Y不相互独立.

3.4.2 二维连续型随机变量的独立性

设二维连续型随机变量(X,Y)的概率密度为$f(x,y)$，$f_X(x)$、$f_Y(y)$分别为(X,Y)关于X和Y的边缘概率密度，则X与Y相互独立的充要条件是

$$f(x,y)=f_X(x)f_Y(y),\quad -\infty<x<+\infty,-\infty<y<+\infty. \tag{3.11}$$

证明略.

【例 3.16】 设X与Y为相互独立的随机变量，且均服从$[-1,1]$上的均匀分布，求(X,Y)的概率密度.

解 由已知条件得X与Y的概率密度分别为

$$f_X(x)=\begin{cases}\frac{1}{2}, & -1\leqslant x\leqslant 1,\\ 0, & \text{其他}.\end{cases}$$

$$f_Y(y)=\begin{cases}\frac{1}{2}, & -1\leqslant y\leqslant 1,\\ 0, & \text{其他}.\end{cases}$$

因为X与Y相互独立，所以(X,Y)的概率密度为

$$f(x,y)=f_X(x)f_Y(y)=\begin{cases}\frac{1}{4}, & -1\leqslant x\leqslant 1,-1\leqslant y\leqslant 1,\\ 0, & \text{其他}.\end{cases}$$

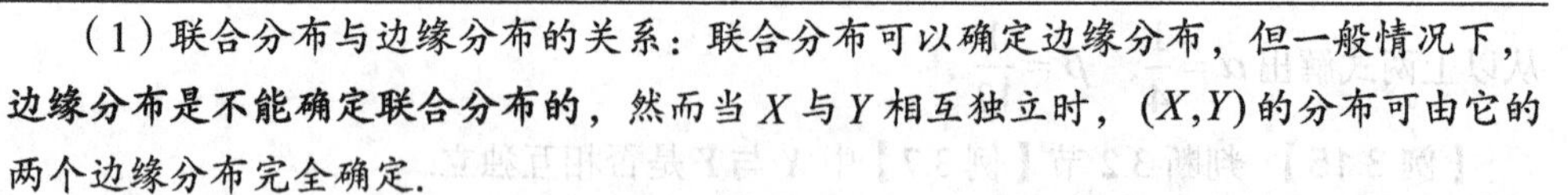

（1）联合分布与边缘分布的关系：联合分布可以确定边缘分布，但一般情况下，**边缘分布是不能确定联合分布的**，然而当X与Y相互独立时，(X,Y)的分布可由它的两个边缘分布完全确定.

（2）如果X与Y相互独立，那么，它们各自的函数$f(X)$与$g(Y)$也相互独立.

（3）在实际问题中，我们常常根据问题的实际背景来判断两个随机变量的独立性.

【例 3.17】 设(X,Y)的概率密度为

$$f(x,y)=\begin{cases}A, & 0\leqslant x\leqslant 1,0\leqslant y\leqslant x,\\ 0, & \text{其他}.\end{cases}$$

（1）求常数A.（2）随机变量X,Y是否相互独立？

解 （1）由于$\int_{-\infty}^{+\infty}\int_{-\infty}^{+\infty}f(x,y)\mathrm{d}x\mathrm{d}y=1$，由图 3.10 得

$$\int_0^1 dx\int_0^x A dy = \int_0^1 Ax dx = \frac{A}{2},$$

所以

$$A = 2.$$

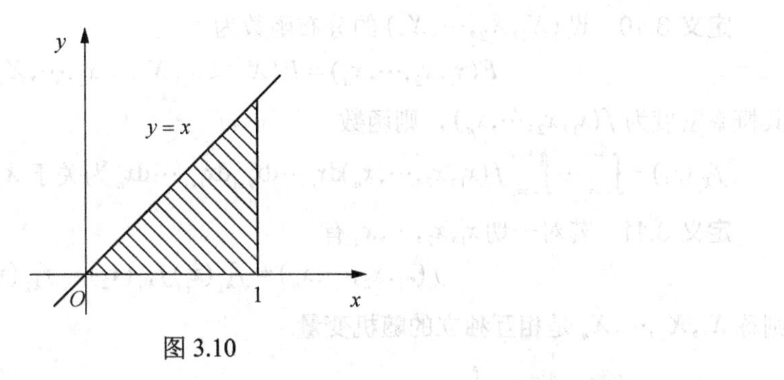

图 3.10

（2）关于 X 的边缘概率密度：

当 $x < 0$或$x > 1$时，

$$f_X(x) = 0,$$

当$0 \leqslant x \leqslant 1$时，

$$f_X(x) = \int_{-\infty}^{+\infty} f(x,y)dy = \int_0^x 2dy = 2x.$$

所以

$$f_X(x) = \begin{cases} 2x, & 0 \leqslant x \leqslant 1, \\ 0, & \text{其他}. \end{cases}$$

同理

$$f_Y(y) = \begin{cases} \int_y^1 2dx = 2(1-y), & 0 \leqslant y \leqslant 1, \\ 0, & \text{其他}. \end{cases}$$

当$0 \leqslant x \leqslant 1, 0 \leqslant y \leqslant 1$时，因为

$$f_X(x) f_Y(y) \neq f(x,y),$$

所以X,Y不相互独立.

【例 3.18】 设(X,Y)的概率密度为

$$f(x,y) = \begin{cases} e^{-(x+y)}, & x \geqslant 0, y \geqslant 0, \\ 0, & \text{其他}. \end{cases}$$

问：X,Y是否相互独立？

解 边缘概率密度为

$$f_X(x) = \int_{-\infty}^{+\infty} f(x,y)dy = \begin{cases} 0, & x < 0, \\ \int_0^{+\infty} e^{-x}e^{-y}dy = e^{-x}, & x \geqslant 0. \end{cases}$$

同理可得

$$f_Y(y) = \begin{cases} 0, & y < 0, \\ e^{-y}, & y \geqslant 0. \end{cases}$$

因为$f(x,y) = f_X(x) \cdot f_Y(y)$，所以$X,Y$相互独立.

3.4.3 n维随机变量

以上所述关于二维随机变量的一些概念，可推广到n维随机变量的情况.

定义 3.10 设$(X_1,X_2,\cdots,X_n)$的分布函数为

$$F(x_1,x_2,\cdots,x_n)=P\{X_1\leqslant x_1,X_2\leqslant x_2,\cdots,X_n\leqslant x_n\},$$

其概率密度为$f(x_1,x_2,\cdots,x_n)$，则函数

$f_{X_i}(x_i)=\int_{-\infty}^{+\infty}\cdots\int_{-\infty}^{+\infty}f(x_1,x_2,\cdots,x_n)\mathrm{d}x_1\cdots\mathrm{d}x_{i-1}\mathrm{d}x_{i+1}\cdots\mathrm{d}x_n$为关于$X_i$的**边缘概率密度**，$i=1,2,\cdots,n$.

定义 3.11 若对一切$x_1,x_2,\cdots,x_n$有

$$f(x_1,x_2,\cdots,x_n)=f_{X_1}(x_1)f_{X_2}(x_2)\cdots f_{X_n}(x_n),$$

则称$X_1,X_2,\cdots,X_n$是**相互独立的随机变量**.

3.5 两个随机变量的函数的分布

已知随机变量(X,Y)的联合分布，$g(x,y)$是二元连续函数，如何求二维随机变量(X,Y)的函数$Z=g(X,Y)$的分布？

3.5.1 二维离散型随机变量的函数的分布

设二维离散型随机变量(X,Y)的联合分布律为

$$p_{ij}=P(X=x_i,Y=y_j),\quad i=1,2,\cdots,\quad j=1,2,\cdots,$$

记$z_k(k=1,2,\cdots)$为$Z=g(X,Y)$的所有可能取值，则Z的分布律为

$$P(Z=z_k)=\sum_{g(x_i,y_j)=z_k}p_{ij},\ k=1,2,\cdots.$$

【例 3.19】 设二维离散型随机变量(X,Y)的联合分布律为

X \ Y	0	1	3
−1	$\frac{1}{16}$	$\frac{1}{8}$	$\frac{5}{16}$
2	$\frac{2}{8}$	$\frac{2}{8}$	0

求$Z_1=X+Y$、$Z_2=X-2Y$的分布律.

解 (X,Y)及各个函数的对应取值如下：

p	$\frac{1}{16}$	$\frac{1}{8}$	$\frac{5}{16}$	$\frac{2}{8}$	$\frac{2}{8}$	0
(X,Y)	(−1,0)	(−1,1)	(−1,3)	(2,0)	(2,1)	(2,3)
$X+Y$	−1	0	2	2	3	5
$X-2Y$	−1	−3	−7	2	0	−4

经过合并整理得到：

$Z_1=X+Y$ 的分布律为

$Z_1=X+Y$	-1	0	2	3
p	$\frac{1}{16}$	$\frac{1}{8}$	$\frac{9}{16}$	$\frac{2}{8}$

$Z_2=X-2Y$ 的分布律为

$Z_2=X-2Y$	-7	-3	-1	0	2
p	$\frac{5}{16}$	$\frac{1}{8}$	$\frac{1}{16}$	$\frac{2}{8}$	$\frac{2}{8}$

同理，求 $Z=X-Y$、$Z=XY$ 的分布律都可以用上述方法.

3.5.2 二维连续型随机变量的函数的分布密度

1. $Z=X+Y$ 的分布

设二维随机变量 (X,Y) 的概率密度为 $f(x,y)$，随机变量 $Z=X+Y$ 仍为连续型随机变量，现求 Z 的概率密度 $f_Z(z)$.

先求 Z 的分布函数：

$$F_Z(z)=P\{Z\leqslant z\}=\iint\limits_{x+y\leqslant z} f(x,y)\mathrm{d}x\mathrm{d}y .$$

这里积分区域 $G:x+y\leqslant z$ 是直线 $x+y=z$ 及其左下方的半平面，如图 3.11 所示，将二重积分化成累次积分，得

$$F_Z(z)=\int_{-\infty}^{+\infty}\mathrm{d}x\int_{-\infty}^{z-x} f(x,y)\mathrm{d}y .$$

设 $u=x+y$，则

$$F_Z(z)=\int_{-\infty}^{+\infty}\mathrm{d}x\int_{-\infty}^{z} f(x,u-x)\mathrm{d}u=\int_{-\infty}^{z}\mathrm{d}u\int_{-\infty}^{+\infty} f(x,u-x)\mathrm{d}x ,$$

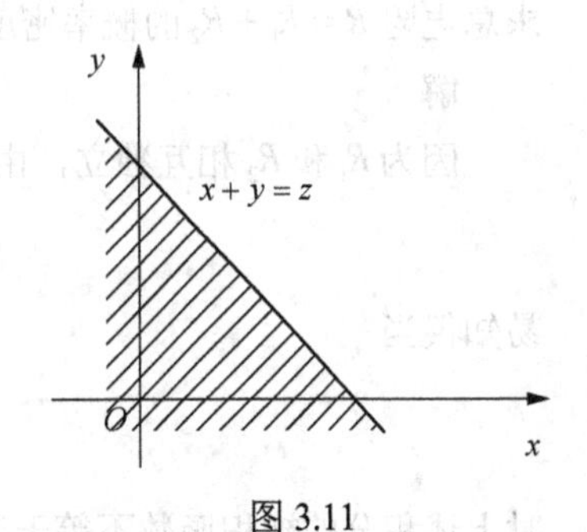

图 3.11

所以 Z 的概率密度是

$$f_Z(z)=\int_{-\infty}^{+\infty} f(x,z-x)\mathrm{d}x .$$

由 X,Y 的对称性，$f_Z(z)$ 又可写成

$$f_Z(z)=\int_{-\infty}^{+\infty} f(z-y,y)\mathrm{d}y .$$

若 X,Y 相互独立，则

$$f_Z(z)=\int_{-\infty}^{+\infty} f_X(x)f_Y(z-x)\mathrm{d}x , \tag{3.12}$$

$$f_Z(z)=\int_{-\infty}^{+\infty} f_X(z-y)f_Y(y)\mathrm{d}y . \tag{3.13}$$

式（3.12）与式（3.13）称为独立随机变量和的卷积公式，记为

$$f_X * f_Y=\int_{-\infty}^{+\infty} f_X(x)f_Y(z-x)\mathrm{d}x=\int_{-\infty}^{+\infty} f_X(z-y)f_Y(y)\mathrm{d}y .$$

【例 3.20】 设 X,Y 是两个相互独立的随机变量，X 服从区间（0,1）上的均匀分布，Y 服从 $\lambda=1$ 的指数分布，试求随机变量 $Z=X+Y$ 的概率密度 $f_Z(z)$.

解 由题意可知

$$f_X(x)=\begin{cases}1, & 0<x<1,\\ 0, & 其他.\end{cases}\qquad f_Y(y)=\begin{cases}e^{-y}, & y>0,\\ 0, & y\leqslant 0.\end{cases}$$

利用公式

$$f_Z(z)=\int_{-\infty}^{+\infty}f_X(z-y)f_Y(y)\mathrm{d}y,$$

仅当$\begin{cases}0<z-y<1\\ y>0\end{cases}$时上述积分的被积函数不等于零，即$\begin{cases}z-1<y<z\\ y>0\end{cases}$，如图3.12所示.

$$f_Z(z)=\begin{cases}\int_0^z f_X(z-y)f_Y(y)\mathrm{d}y=\int_0^z 1\cdot e^{-y}\mathrm{d}y, & 0<z<1,\\ \int_{z-1}^z f_X(z-y)f_Y(y)\mathrm{d}y=\int_{z-1}^z 1\cdot e^{-y}\mathrm{d}y, & z\geqslant 1,\\ 0, & 其他.\end{cases}$$

即有

$$f_Z(z)=\begin{cases}1-e^{-z}, & 0<z<1,\\ (e-1)e^{-z}, & z\geqslant 1,\\ 0, & 其他.\end{cases}$$

【例3.21】 在一简单电路中，两电阻R_1和R_2串联，设R_1和R_2相互独立，它们的概率密度均为

$$f(x)=\begin{cases}\dfrac{10-x}{50}, & 0\leqslant x\leqslant 10,\\ 0, & 其他.\end{cases}$$

求总电阻$R=R_1+R_2$的概率密度.

解

因为R_1和R_2相互独立，由卷积公式得$R=R_1+R_2$的概率密度为

$$f_R(z)=\int_{-\infty}^{+\infty}f(x)f(z-x)\mathrm{d}x.$$

易知仅当

$$\begin{cases}0<x<10\\ 0<z-x<10\end{cases} 即 \begin{cases}0<x<10\\ z-10<x<z\end{cases}$$

时上述积分的被积函数不等于零，如图3.13所示，即得

$$f_R(z)=\begin{cases}\int_0^z f(x)f(z-x)\mathrm{d}x, & 0\leqslant z<10,\\ \int_{z-10}^{10} f(x)f(z-x)\mathrm{d}x, & 10\leqslant z\leqslant 20,\\ 0, & 其他.\end{cases}$$

$$=\begin{cases}\dfrac{1}{15000}(600z-60z^2+z^3), & 0\leqslant z<10,\\ \dfrac{1}{15000}(20-z)^3, & 10\leqslant z<20,\\ 0, & 其他.\end{cases}$$

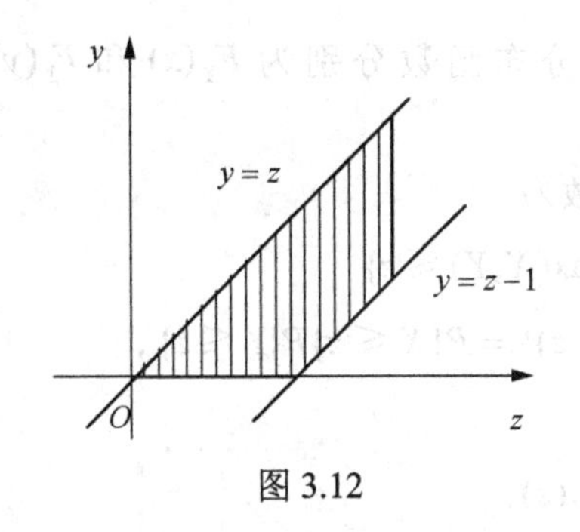

图 3.12

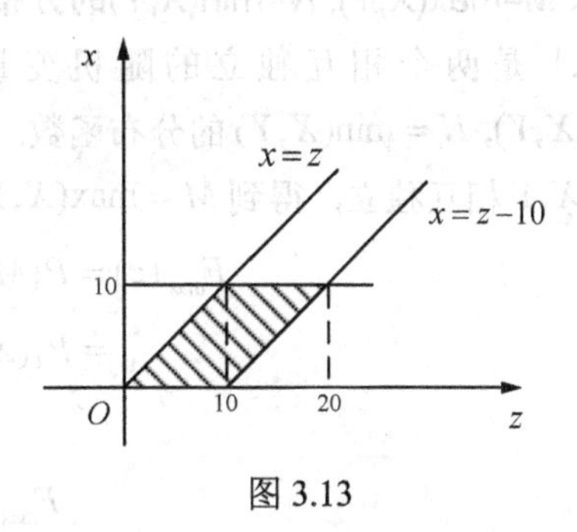

图 3.13

【例 3.22】 设 X,Y 是两个相互独立的随机变量，都服从标准正态分布 $N(0,1)$，求 $Z=X+Y$ 的概率密度.

解 X,Y 的概率密度分别为

$$f_X(x)=\frac{1}{\sqrt{2\pi}}e^{-\frac{x^2}{2}},\quad f_Y(y)=\frac{1}{\sqrt{2\pi}}e^{-\frac{y^2}{2}},$$

则 Z 的概率密度

$$\begin{aligned} f_Z(z)&=\int_{-\infty}^{+\infty}f_X(x)f_Y(z-x)\mathrm{d}x \\ &=\frac{1}{2\pi}\int_{-\infty}^{+\infty}e^{-\frac{x^2}{2}}e^{-\frac{(z-x)^2}{2}}\mathrm{d}x=\frac{1}{2\pi}e^{-\frac{z^2}{4}}\int_{-\infty}^{+\infty}e^{-(x-\frac{z}{2})^2}\mathrm{d}x. \end{aligned}$$

令 $t=x-\dfrac{z}{2}$ 得

$$f_Z(z)=\frac{1}{2\pi}e^{-\frac{z^2}{4}}\int_{-\infty}^{+\infty}e^{-t^2}\mathrm{d}t=\frac{1}{2\pi}e^{-\frac{z^2}{4}}\sqrt{\pi}=\frac{1}{2\sqrt{\pi}}e^{-\frac{z^2}{4}}.$$

第二个等式用到 $\int_{-\infty}^{+\infty}e^{-t^2}\mathrm{d}t=\sqrt{\pi}$，即 Z 服从 $N(0,2)$ 分布.

一般地，设 X,Y 相互独立，且 $X\sim N(\mu_1,\sigma_1^2)$, $Y\sim N(\mu_2,\sigma_2^2)$，通过类似计算可得 $Z=X+Y$ 仍服从正态分布，且有 $Z\sim N(\mu_1+\mu_2,\sigma_1^2+\sigma_2^2)$.

也可以证明：若 $X_1,X_2,\cdots,X_n$ 是相互独立的随机变量，$X_i\sim N(\mu_i,\sigma_i^2)$, $i=1,2,\cdots,n$，其中 $a_i(i=1,2,\cdots,n)$ 是常数，则

$$X=a_1X_1+a_2X_2+\cdots+a_nX_n\sim N(\sum_{i=1}^{n}a_i\mu_i,\sum_{i=1}^{n}a_i^2\sigma_i^2).\tag{3.14}$$

即 n 个独立的正态分布的线性组合仍服从正态分布. 这一重要结论必须牢牢记住，它在概率论与数理统计中有重要应用.

例如，设 $X\sim N(-1,2)$，$Y\sim N(1,3)$，且 X,Y 相互独立，则

$$X+2Y\sim N(1,4\times2+4\times3),$$

即 $X+2Y\sim N(1,20)$.

2. 求$M=\max(X,Y)$, $N=\min(X,Y)$的分布

设X,Y是两个相互独立的随机变量，它们的分布函数分别为$F_X(x)$和$F_Y(y)$，现求$M=\max(X,Y)$, $N=\min(X,Y)$的分布函数.

由于X,Y相互独立，得到$M=\max(X,Y)$的分布函数为

$$\begin{aligned}F_{\max}(z)&=P\{M\leqslant z\}=P\{\max(X,Y)\leqslant z\}\\&=P\{(X\leqslant z)\cap(Y\leqslant z)\}=P\{X\leqslant z\}P\{Y\leqslant z\},\end{aligned}$$

即有

$$F_{\max}(z)=F_X(z)F_Y(z). \tag{3.15}$$

类似地，可得$N=\min(X,Y)$的分布函数为

$$\begin{aligned}F_{\min}(z)&=P\{N\leqslant z\}=P\{\min(X,Y)\leqslant z\}\\&=1-P\{\min(X,Y)>z\}=1-P\{X>z,Y>z\}\\&=1-P\{X>z\}P\{Y>z\}=1-[1-P\{X\leqslant z\}][1-P\{Y\leqslant z\}],\end{aligned}$$

即有

$$F_{\min}(z)=1-[1-F_X(z)][1-F_Y(z)]. \tag{3.16}$$

以上结论可以推广到n个相互独立的随机变量的情况. 特别地，设$X_1,X_2,\cdots,X_n$是相互独立的随机变量，且具有相同的分布函数$F(x)$，则有

$$F_{\max}(z)=[F(z)]^n, \tag{3.17}$$

$$F_{\min}(z)=1-[1-F(z)]^n. \tag{3.18}$$

【例 3.23】 设随机变量X的概率密度为

$$f(x)=\begin{cases}2x, & 0<x<1,\\0, & \text{其他}.\end{cases}$$

设随机变量X_1,X_2,X_3,X_4相互独立且与X有相同的分布，求随机变量$M=\max(X_1,X_2,X_3,X_4)$的概率密度.

解 X分布函数$F(x)$为

$$F(x)=\int_{-\infty}^{x}f(t)\mathrm{d}t=\begin{cases}0, & x<0,\\x^2, & 0\leqslant x<1,\\1, & x\geqslant 1.\end{cases}$$

$M=\max(X_1,X_2,X_3,X_4)$的分布函数$F_{\max}(z)$为

$$F_{\max}(z)=[F(z)]^4.$$

所以$M=\max(X_1,X_2,\cdots,X_n)$的概率密度$f_{\max}(z)$为

$$\begin{aligned}f_{\max}(z)&=F'_{\max}(z)=\{[F(z)]^4\}'=4[F(z)]^3f(z)\\&=\begin{cases}8z^7, & 0<z<1,\\0, & \text{其他}.\end{cases}\end{aligned}$$

【例 3.24】 设系统L由两个相互独立的子系统连接而成，连接方式分别为（a）串联、（b）并联、(c)备用(当系统L_1损坏时，系统L_2立刻开始工作)，如图 3.14 所示.设L_1、L_2的寿命分别为X、Y，

已知它们的概率密度为

$$f_X(x)=\begin{cases}\alpha e^{-\alpha x}, & x>0,\\ 0, & x\leqslant 0.\end{cases}$$

$$f_Y(y)=\begin{cases}\beta e^{-\beta y}, & y>0,\\ 0, & y\leqslant 0.\end{cases}$$

其中$\alpha>0,\beta>0$，且$\alpha\neq\beta$．试就上述3种连接方式求出L的寿命Z的概率密度.

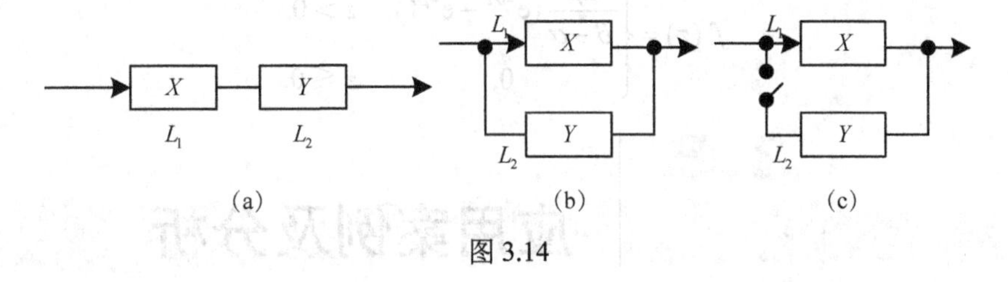

图 3.14

解　(a) 串联的情况.

显然，当L_1、L_2中有一个损坏时，系统L就停止工作，即L的寿命是X、Y中较小者，即

$$Z=\min\{X,Y\}.$$

由概率密度与分布函数的关系可得

$$F_X(x)=\int_{-\infty}^{x}f(t)\mathrm{d}t=\begin{cases}1-e^{-\alpha x}, & x>0,\\ 0, & x\leqslant 0.\end{cases}$$

$$F_Y(y)=\begin{cases}1-e^{-\beta y}, & y>0,\\ 0, & y\leqslant 0.\end{cases}$$

由式（3.18）得$Z=\min(X,Y)$的分布函数为

$$F_{\min}(z)=\begin{cases}1-e^{-(\alpha+\beta)z}, & z>0,\\ 0, & z\leqslant 0.\end{cases}$$

所以$Z=\min(X,Y)$的概率密度$f_{\min}(z)$为

$$f_{\min}(z)=F'_{\min}(z)=\begin{cases}(\alpha+\beta)e^{-(\alpha+\beta)z}, & z>0,\\ 0, & z\leqslant 0.\end{cases}$$

(b) 并联的情况.

由于当且仅当系统L_1、L_2都损坏时，系统才停止工作，所以这时L的寿命$Z=\max\{X,Y\}$.

由式（3.17）得$Z=\max(X,Y)$的分布函数为

$$F_{\max}(z)=F_X(z)F_Y(z)=\begin{cases}(1-e^{-\alpha z})(1-e^{-\beta z}), & z>0,\\ 0, & z\leqslant 0.\end{cases}$$

所以$Z=\max(X,Y)$的概率密度为

$$f_{\max}(z)=F'_{\max}(z)=\begin{cases}\alpha e^{-\alpha z}+\beta e^{-\beta z}-(\alpha+\beta)e^{-(\alpha+\beta)z}, & z>0,\\ 0, & z\leqslant 0.\end{cases}$$

(c) 备用的情况.

由于系统L_1损坏时，系统L_2才开始工作，所以整个系统L的寿命$Z=X+Y$.

由式（3.13），当$z>0$时，$Z=X+Y$的概率密度为

$$f_Z(z)=\int_{-\infty}^{+\infty} f_X(z-y)f_Y(y)\mathrm{d}y=\int_0^z \alpha \mathrm{e}^{-\alpha(z-y)}\beta \mathrm{e}^{-\beta y}\mathrm{d}y$$
$$=\alpha\beta \mathrm{e}^{-\alpha z}\int_0^z \mathrm{e}^{-(\beta-\alpha)y}\mathrm{d}y$$
$$=\frac{\alpha\beta}{\beta-\alpha}(\mathrm{e}^{-\alpha z}-\mathrm{e}^{-\beta z}).$$

当 $z\leqslant 0$ 时，$f(z)=0$，于是 $Z=X+Y$ 的概率密度为

$$f(z)=\begin{cases}\dfrac{\alpha\beta}{\beta-\alpha}(\mathrm{e}^{-\alpha z}-\mathrm{e}^{-\beta z}), & z>0,\\ 0, & z\leqslant 0.\end{cases}$$

3.6 应用案例及分析

【例 3.25】 一个男人和一个女人约定在某地相会，假如每个人到达的时间是相互独立的，且在中午 12 时到下午 1 时均匀分布，求先到者要等待 10 分钟以上的概率.

解 设男人到达的时间为 12 时 X 分，女人到达的时间是 12 时 Y 分，则 X 和 Y 为独立随机变量，服从 $(0,60)$ 上的均匀分布，要求的概率为 $P\{X+10<Y\}+P\{Y+10<X\}$，由对称性可知等于 $2P\{X+10<Y\}$，而

$$2P\{X+10<Y\}=2\iint\limits_{x+10<y} f(x,y)\mathrm{d}x\mathrm{d}y=2\iint\limits_{x+10<y} f_X(x)f_Y(y)\mathrm{d}x\mathrm{d}y$$
$$=2\int_{10}^{60}\mathrm{d}y\int_0^{y-10}\left(\frac{1}{60}\right)^2\mathrm{d}x=2\int_{10}^{60}\frac{(y-10)}{60^2}\mathrm{d}y=\frac{25}{36}.$$

【例 3.26】 设在国际市场上甲种产品的需求量均匀分布在 2000 ~ 4000 吨，乙种产品的需求量均匀分布在 3000 ~ 6000 吨，且两种产品的需求量是相互独立的，求两种产品的需求量相差不到 1000 吨的概率.

解 令 X 与 Y 分别表示两种产品的需求量，则其分布密度为

$$f_X(x)=\begin{cases}\dfrac{1}{2000}, & 2000\leqslant x\leqslant 4000,\\ 0\ , & \text{其他}.\end{cases}$$

$$f_Y(y)=\begin{cases}\dfrac{1}{3000}, & 3000\leqslant y\leqslant 6000,\\ 0\ , & \text{其他}.\end{cases}$$

由题意，X 与 Y 相互独立，故 (X,Y) 的联合密度为

$$f(x,y)=f_X(x)f_Y(y)=\begin{cases}\dfrac{1}{6}\times 10^{-6}, & 2000\leqslant x\leqslant 4000,3000\leqslant y\leqslant 6000.\\ 0 & ,\text{其他}.\end{cases}$$

由题意，要求 $P\{|X-Y|\leqslant 1000\}$，如图 3.15 所示，有

$$P\{|X-Y|\leqslant 1000\}=\iint\limits_{|x-y|\leqslant 1000} f(x,y)\mathrm{d}x\mathrm{d}y=\iint\limits_D \frac{1}{6}\times 10^{-6}\mathrm{d}x\mathrm{d}y$$
$$=\int_{2000}^{4000}\mathrm{d}x\int_{3000}^{x+1000}\frac{1}{6}\times 10^{-6}\mathrm{d}y=\frac{1}{3}.$$

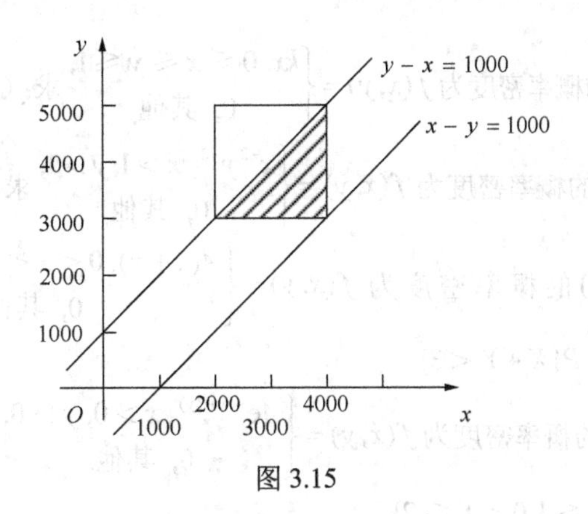

图 3.15

小　结

本章讨论了多维随机变量，重点是二维随机变量及其概率分布，在自然科学和社会科学的许多问题中，随机试验的基本结果必须用多维随机变量来表示，因此本章内容有一定的重要性.

本章的基本要求如下.

1．理解二维随机变量及其分布函数的概念和性质．理解二维离散型随机变量的分布律概念和二维连续型随机变量的概率密度的概念，掌握概率密度的性质及有关计算方法.

2．掌握二维随机变量的分布函数与边缘分布函数的关系，对二维离散型随机变量，会由分布律求边缘分布律，对二维连续型随机变量，会由概率密度求边缘概率密度.

3．随机变量的独立性是随机事件独立性的扩充，掌握两个或多个随机变量相互独立的定义，掌握两个离散型随机变量及两个连续型随机变量相互独立的充分必要条件，并会用它们来判断两个随机变量 X 与 Y 的独立性.

4．掌握两个随机变量函数的分布.

习 题 三

1．两封信随机投入编号为 1、2 的信箱中，用 X 表示第一封信投入的信箱号码，Y 表示第二封信投入的信箱号码，求：（1）(X,Y) 的分布律；（2）$P\{X \geqslant Y\}$.

2．设盒中有 2 个红球 3 个白球，从中每次任取 1 球，连续取 2 次，记 X,Y 分别表示第 1 次与第 2 次取出的红球个数，分别对有放回摸球与不放回摸球两种情况，求出 (X,Y) 的分布律.

3．盒子里装有 3 只黑球、2 只红球、2 只白球，在其中任取 4 只球，以 X 表示取到黑球的只数，以 Y 表示取到白球的只数，求 X,Y 的联合分布律.

4. 连抛两次硬币，令随机变量 X 表示出现正面次数，随机变量 Y 表示出现反面的次数，求 (X,Y) 的分布律及 $P\{X \leqslant 2, Y \leqslant 1\}$.

5．甲乙两人独立地各进行 2 次射击，假设甲的命中率为 0.2，乙的命中率为 0.5，以 X 和 Y 分别表示甲和乙的命中次数，求 (X,Y) 的分布律.

6. 设随机变量(X,Y)的概率密度为$f(x,y)=\begin{cases}kx, 0\leqslant x\leqslant y\leqslant 1,\\ 0, 其他.\end{cases}$求：(1) 常数$k$；(2) $P\{X+Y<1\}$.

7. 设随机变量(X,Y)的概率密度为$f(x,y)=\begin{cases}x^{-2}y^{-2}, x>1, y>1,\\ 0, 其他.\end{cases}$求$(X,Y)$的分布函数.

8. 设随机变量(X,Y)的概率密度为$f(x,y)=\begin{cases}A(x+y), 0<x<2, 0<y<2,\\ 0, 其他.\end{cases}$（1）常数$A$；（2）$P\{X<1,Y<1\}$；（3）$P\{X+Y<3\}$.

9. 设随机变量(X,Y)的概率密度为$f(x,y)=\begin{cases}A\mathrm{e}^{-(x+2y)}, x>0, y>0,\\ 0, 其他.\end{cases}$求：（1）常数$A$；（2）$(X,Y)$的分布函数；（3）$P\{0<X\leqslant 1, 0<Y\leqslant 2\}$.

10. 求第2题的二维离散型随机向量(X,Y)关于X和关于Y的边缘分布律.

11. 现有1、2、3三个整数，X表示从这三个数字中随机抽取的一个整数，$Y=K$表示从1至X中随机抽取的一个整数，试求(X,Y)的分布律与边缘分布律.

12. 设二维随机变量(X,Y)的概率密度为

$$f(x,y)=\begin{cases}4.8y(2-x), & 0\leqslant x\leqslant 1, 0\leqslant y\leqslant x,\\ 0, & 其他.\end{cases}$$

求边缘概率密度.

13. 设二维随机变量(X,Y)的概率密度为$f(x,y)=\begin{cases}cx^2y, & x^2\leqslant y\leqslant 1,\\ 0, & 其他.\end{cases}$求：（1）常数$c$；（2）边缘概率密度.

14. 设二维随机变量(X,Y)的概率密度为$f(x,y)=\begin{cases}6, & x^2\leqslant y\leqslant x,\\ 0, & 其他.\end{cases}$求边缘概率密度.

15. 设二维随机变量(X,Y)的联合分布律为

X \ Y	1	2	3
1	$\frac{1}{15}$	$\frac{2}{15}$	$\frac{1}{5}$
2	$\frac{1}{10}$	$\frac{1}{5}$	$\frac{3}{10}$

求：在$X=1$条件下随机变量Y的条件分布律.

16. 设二维随机变量(X,Y)的联合分布律为

X \ Y	1	2	3
0	0.09	0.21	0.24
1	0.07	0.12	0.27

求：$P\{Y=2|X=1\}$.

17. 对于二维随机变量(X,Y)，当$0<y<1$时，在条件$\{Y=y\}$下，X的条件概率密度为

$$f_{X|Y}(x|y)=\begin{cases}\dfrac{3x^2}{y^3}, & 0<x<y,\\ 0, & 其他.\end{cases}$$

随机变量Y的边缘概率密度为

$$f_Y(y)=\begin{cases}5y^4, & 0<y<1,\\ 0, & 其他.\end{cases}$$

求边缘概率密度$f_X(x)$和条件概率密度$f_{Y|X}(y|x)$.

18．设二维随机变量(X,Y)的联合密度函数为

$$f(x,y)=\begin{cases}1, & |y|<x,0<x<1,\\ 0, & 其他.\end{cases}$$

求条件概率密度$f_{Y|X}(y|x)$和$f_{X|Y}(x|y)$.

19．设随机变量(X,Y)的分布律为

X \ Y	1	2
1	$\frac{1}{9}$	$\frac{2}{9}$
2	$\frac{1}{6}$	$\frac{1}{3}$
3	$\frac{1}{18}$	$\frac{1}{9}$

(1) 求(X,Y)的边缘分布律.(2) 判断X,Y是否独立，说明理由.

20．设(X,Y)的分布律为

X \ Y	−1	3	5
−1	$\frac{1}{15}$	q	$\frac{1}{5}$
1	p	$\frac{1}{5}$	$\frac{3}{10}$

问：p,q为何值时，X,Y相互独立？

21．设(X,Y)的概率密度为

$$f(x,y)=\begin{cases}x+y, & 0\leqslant x\leqslant 1,0\leqslant y\leqslant 1,\\ 0, & 其他.\end{cases}$$

(1) 求边缘概率密度.(2) 判断X,Y是否独立，说明理由.

22．设随机变量(X,Y)在区域$G=\{(x,y)|0<x<1,0<y<2x\}$上服从均匀分布.

(1) 求(X,Y)的概率密度.

(2) 求(X,Y)关于X,Y的边缘概率密度.

(3) 判断X,Y是否独立.

23．设(X,Y)的联合分布律为

X \ Y	−1	0	1
−1	0.1	0.2	0.05
1	0.2	0.3	0.15

求：(1) $Z=X+Y$ 的分布律；(2) $W=X\cdot Y$ 的分布律；(3) $M=\max(X,Y)$ 的分布律；(4) $N=\min(X,Y)$ 的分布律.

24．设二维随机变量 (X,Y) 在区域 $D=\{(x,y)\mid x\geqslant 0,\ y\geqslant 0,\ x+y\leqslant 1\}$ 上服从均匀分布. 求：(1) (X,Y) 关于 X 的边缘概率密度；(2) $Z=X+Y$ 的概率密度.

25．设某种型号的电子管的寿命（单位：小时）近似地服从 $N\sim(160,20^2)$ 分布，随机地选取 4 只，求其中没有一只寿命小于 180 小时的概率.

26．设一电路由 3 个独立工作的电阻器串联而成，每个电阻器的电阻（单位：Ω）均服从 $N\sim(6,0.3^2)$，求电路的总电阻超过 19 Ω 的概率.

27．设 X、Y 是两个相互独立的随机变量，都在(0,1)上服从均匀分布，求 $Z=X+Y$ 的概率密度.

28．设 X、Y 是两个相互独立的随机变量，X 在(0,1)上服从均匀分布，Y 的概率密度

$$f_Y(y)=\begin{cases}\dfrac{1}{2}\mathrm{e}^{-y/2}, & y>0,\\ 0, & y\leqslant 0.\end{cases}$$

(1) 求 X 和 Y 的联合密度. (2) 设含有 a 的二次方程为 $a^2+2Xa+Y=0$，试求有实根的概率.

29．两台相同的自动记录仪，每台无故障工作时间服从参数为 $\theta=\dfrac{1}{5}$ 的指数分布，首先开动其中一台，当其发生故障时停用而另一台自行开动，试求两台自动记录仪无故障工作的总时间 T 的概率密度函数 $f(t)$.

30．设 X、Y 是两个相互独立的随机变量，且它们的概率密度为

$$f_X(x)=\begin{cases}1, & 0\leqslant x\leqslant 1,\\ 0, & \text{其他}.\end{cases}\qquad f_Y(y)=\begin{cases}\mathrm{e}^{-y}, & y>0,\\ 0, & \text{其他}.\end{cases}$$

求：(1) $M=\max(X,Y)$ 的概率密度；(2) $N=\min(X,Y)$ 的概率密度.

第4章 随机变量的数字特征

从前面的讨论中我们知道，随机变量的分布函数、分布律和概率密度全面描述了随机变量的统计规律性. 但是，要求出随机变量的分布函数有时并不容易，同时，在许多实际问题中，我们只对描述随机变量某一方面的指标感兴趣. 举例来说，要比较两个班级学生的学习情况，如果仅考察某次考试的成绩分布，分数有高有低、参差不齐，难以看出哪个班的学生成绩更好一些，通常是比较平均成绩以及该班每个学生的成绩与平均成绩的偏离程度，一般认为平均成绩高、偏离程度小的班级学习情况好些. 这种**“平均成绩”“偏离程度”**显然不是对考试成绩这个随机变量的全面描述，但它们确实反映了考试成绩这个随机变量的某些特征. 这些数字特征无论在理论上还是在实践上都具有重要意义.

本章将介绍随机变量的几个常用的数字特征：**数学期望、方差、协方差和相关系数等.**

4.1 数学期望

4.1.1 随机变量的数学期望

先举个简单的例子.

进行掷骰子游戏，规定掷出 1 点得 1 分，掷出 2 点或 3 点得 2 分，掷出 4 点或 5 点或 6 点得 4 分. 投掷一次所得的分数 X 是一个随机变量，设 X 的分布律为

X	$x_1=1$	$x_2=2$	$x_3=4$
p_k	$\frac{1}{6}$	$\frac{2}{6}$	$\frac{3}{6}$

问预期平均投掷一次得多少分？

若共掷 N 次，其中得 1 分的共 n_1 次，得 2 分的共 n_2 次，得 4 分的共 n_3 次，所以 $n_1+n_2+n_3=N$，于是平均投掷一次得分为

$$\frac{n_1x_1+n_2x_2+n_3x_3}{N}=\sum_{k=1}^{3}x_k\frac{n_k}{N}.$$

然而这个数事先并不知道，要等游戏结束时才知道. 这里 n_k/N 是事件 $\{X=x_k\}$ 发生的频率. 第 5 章将会讲到，当 N 很大时，n_k/N 接近于事件 $\{X=x_k\}$ 的概率，于是当 N 很大时，随机变量 X 的观察值的算术平均值 $\sum_{k=1}^{3}x_k\frac{n_k}{N}$ 接近于 $\sum_{k=1}^{3}x_kp_k$.

$$\sum_{k=1}^{3}x_kp_k=1\times\frac{1}{6}+2\times\frac{2}{6}+4\times\frac{3}{6}=\frac{17}{6}.$$

这就表明，投掷者可以预期，在投掷的次数 N 很大时，平均投掷一次能得 17/6 分左右.

这样得到的平均值才是理论上的（也是真正意义上的）平均值，它不会随试验的变化而变化.这种平均值称为随机变量的数学期望或简称为期望（均值）. 一般地，有如下定义.

定义 4.1 设离散型随机变量 X 的分布律为

$$P\{X=x_k\}=p_k,\quad (k=1,2,\cdots),$$

若级数 $\sum_{k=1}^{\infty}x_k p_k$ 绝对收敛，则称该级数的和为随机变量 X 的**数学期望**，记为 $E(X)$ 或 EX，即

$$E(X)=\sum_{k=1}^{\infty}x_k p_k. \tag{4.1}$$

设连续型随机变量 X 的概率密度为 $f(x)$，若 $\int_{-\infty}^{+\infty}xf(x)\mathrm{d}x$ 绝对收敛，则称此积分值为随机变量 X 的**数学期望**，记为 $E(X)$，即

$$E(X)=\int_{-\infty}^{+\infty}xf(x)\mathrm{d}x. \tag{4.2}$$

注意

（1）数学期望又简称期望或均值，它反映了随机变量 X 取值的集中位置.

（2）级数的绝对收敛保证了级数的和不随级数各项次序的改变而改变，因为随机变量的平均值稳定在多少应当与随机变量取值的先后次序无关.

【例 4.1】 甲乙两人打靶，所得分数分别记为 X、Y，其分布律如下.

X	0	1	2
p_k	0	0.2	0.8

Y	0	1	2
p_k	0.1	0.8	0.1

试比较两人成绩的好坏.

解
$$E(X)=0\times0+1\times0.2+2\times0.8=1.8,$$
$$E(Y)=0\times0.1+1\times0.8+2\times0.1=1.$$

这意味着，如果进行多次射击，甲得分的平均值接近 1.8 分，而乙得分的平均值接近 1 分，很明显乙的成绩远不如甲.

【例 4.2】 设盒子中有 5 个球，其中 2 个是白球、3 个是黑球，从中随意抽取 3 个球，记 X 为抽取到的白球数，求 $E(X)$.

解 X 的可能取值为 0,1,2，由古典概型得

$$P(X=0)=\frac{C_2^0C_3^3}{C_5^3}=\frac{1}{10},$$

$$P(X=1)=\frac{C_2^1C_3^2}{C_5^3}=\frac{6}{10},$$

$$P(X=2)=\frac{C_2^2C_3^1}{C_5^3}=\frac{3}{10}.$$

因此

$$E(X)=0\times\frac{1}{10}+1\times\frac{6}{10}+2\times\frac{3}{10}=1.2.$$

【例 4.3】 已知某电子元件的寿命 X 服从参数为 $\theta=500$ 的指数分布（单位：小时），求这类电子元件的平均寿命 $E(X)$.

解 随机变量 X 服从参数为 θ 的指数分布，其概率密度为

$$f(x)=\begin{cases}\dfrac{1}{\theta}\mathrm{e}^{-x/\theta}, & x>0,\\ 0, & x\leqslant 0.\end{cases}$$

所以

$$E(X)=\int_{-\infty}^{+\infty}xf(x)\mathrm{d}x=\int_{0}^{+\infty}x\frac{1}{\theta}\mathrm{e}^{-x/\theta}\mathrm{d}x=-\int_{0}^{+\infty}x\mathrm{d}\mathrm{e}^{-x/\theta}$$
$$=-x\mathrm{e}^{-x/\theta}\Big|_{0}^{+\infty}+\int_{0}^{+\infty}\mathrm{e}^{-x/\theta}\mathrm{d}x=0-\theta\mathrm{e}^{-x/\theta}\Big|_{0}^{+\infty}=\theta.$$

此时$\theta=500$，所以这类电子元件的平均寿命$E(X)=500$（小时）.

【例 4.4】 设随机变量X的概率密度为

$$f(x)=\begin{cases}\dfrac{k}{\sqrt{1-x^2}} & |x|<1,\\ 0 & |x|\geqslant 1.\end{cases}$$

求：（1）系数k；（2）$E(X)$.

解 （1）由概率密度的性质知$\int_{-\infty}^{+\infty}f(x)\mathrm{d}x=1$，从而

$$\int_{-\infty}^{+\infty}f(x)\mathrm{d}x=\int_{-\infty}^{-1}0\mathrm{d}x+\int_{-1}^{1}\frac{k}{\sqrt{1-x^2}}\mathrm{d}x+\int_{1}^{+\infty}0\mathrm{d}x$$
$$=k\arcsin x\Big|_{-1}^{1}=k\pi=1,$$

得$k=1/\pi$；

（2）$E(X)=\int_{-\infty}^{+\infty}xf(x)\mathrm{d}x=\int_{-1}^{1}\dfrac{x}{\pi\sqrt{1-x^2}}\mathrm{d}x=0$.

【例 4.5】 已知连续型随机变量X的概率密度$f(x)$为

$$f(x)=\begin{cases}a\mathrm{e}^{x}, & x<0,\\ \dfrac{b}{4}, & 0\leqslant x<2,\\ 0, & x\geqslant 2,\end{cases}$$

且$E(X)=0$．求a,b的值，并写出分布函数$F(x)$.

解 由密度函数的性质及$E(X)=0$，有

$$1=\int_{-\infty}^{+\infty}f(x)\mathrm{d}x=\int_{-\infty}^{0}a\mathrm{e}^{x}\mathrm{d}x+\int_{0}^{2}\frac{b}{4}\mathrm{d}x=a+\frac{b}{2},$$
$$0=\int_{-\infty}^{+\infty}xf(x)\mathrm{d}x=\int_{-\infty}^{0}ax\mathrm{e}^{x}\mathrm{d}x+\int_{0}^{2}\frac{b}{4}x\mathrm{d}x=-a+\frac{b}{2}.$$

解得$a=\dfrac{1}{2},b=1$，于是

$$F(x)=\int_{-\infty}^{x}f(t)\mathrm{d}t=\begin{cases}\dfrac{1}{2}\mathrm{e}^{x}, & x<0,\\ \dfrac{1}{2}+\dfrac{x}{4}, & 0\leqslant x<2,\\ 1, & x\geqslant 2.\end{cases}$$

4.1.2 随机变量函数的数学期望

对于随机变量X，它的函数$Y=g(X)$仍然是一个随机变量. 先求出Y的分布，则Y的数学期望就可按数学期望的定义$E[g(X)]$来计算. 但是，求Y的分布一般是比较烦琐的，而直接利用随机变量X的分布求Y的数学期望，对简化计算显然是非常有利的. 下面给出两个重要的定理.

定理 4.1 设Y是随机变量X的函数，$Y=g(X)$（g是连续函数）.

（1）设X是离散型随机变量，其分布律为

$$P\{X=x_k\}=p_k \quad k=1,2,\cdots,$$

且$\sum_{k=1}^{\infty}g(x_k)p_k$绝对收敛，则

$$E(Y)=E\left[g(X)\right]=\sum_{k=1}^{\infty}g(x_k)p_k . \tag{4.3}$$

（2）设随机变量X是连续型随机变量，其概率密度为$f(x)$，若$\int_{-\infty}^{+\infty}f(x)g(x)\mathrm{d}x$绝对收敛，则

$$E(Y)=E\left[g(X)\right]=\int_{-\infty}^{+\infty}f(x)g(x)\mathrm{d}x . \tag{4.4}$$

对于二维随机变量(X,Y)的函数，同样有如下定理.

定理 4.2 设Z是二维随机向量(X,Y)的函数，即$Z=g(X,Y)$（g是二元连续函数）.

（1）若二维离散型随机变量(X,Y)的联合分布律为

$$P\{X=x_i,Y=y_j\}=p_{ij},\quad i,j=1,2,\cdots ,$$

则

$$E(Z)=E\left[g(x,y)\right]=\sum_{j=1}^{\infty}\sum_{i=1}^{\infty}g(x_i,y_j)p_{ij} . \tag{4.5}$$

这里设式（4.5）右端级数绝对收敛.

（2）若二维连续型随机变量(X,Y)的联合概率密度为$f(x,y)$，则

$$E(Z)=E\left[g(x,y)\right]=\int_{-\infty}^{+\infty}\int_{-\infty}^{+\infty}f(x,y)g(x,y)\mathrm{d}x\mathrm{d}y . \tag{4.6}$$

这里设式（4.6）右端积分绝对收敛.

【例 4.6】 设随机变量X的分布律为

$$\begin{pmatrix} -2 & -1 & 0 & 1 & 2 \\ \dfrac{1}{8} & \dfrac{1}{8} & \dfrac{1}{2} & \dfrac{1}{8} & \dfrac{1}{8} \end{pmatrix},$$

求随机变量$Y=X^2$的数学期望.

解 $E(X^2)=(-2)^2\times\frac{1}{8}+(-1)^2\times\frac{1}{8}+0^2\times\frac{1}{2}+1^2\times\frac{1}{8}+2^2\times\frac{1}{8}=\frac{5}{4}$.

【例 4.7】 设随机变量X在区间$[0,\pi]$上服从均匀分布，求随机变量函数$Y=\sin X$的数学期望.

解 X的密度函数为

$$p(x)=\begin{cases}\dfrac{1}{\pi}, & 0<x<\pi,\\ 0, & 其他,\end{cases}$$

则

$$E(Y)=\int_0^{\pi}\sin x\cdot\frac{1}{\pi}\mathrm{d}x=\frac{2}{\pi}.$$

【例 4.8】 设随机变量 X 的概率密度为

$$f(x)=\begin{cases}\mathrm{e}^{-x}, x>0,\\ 0 \quad , x\leqslant 0.\end{cases}$$

求：（1）$Y=2X$；（2）$Y=\mathrm{e}^{-2X}$ 的数学期望.

解 （1）由式（4.4）知

$$E(Y)=\int_{-\infty}^{+\infty}2xf(x)\mathrm{d}x=\int_0^{+\infty}2x\mathrm{e}^{-x}\mathrm{d}x$$

$$=\left[-2x\mathrm{e}^{-x}-2\mathrm{e}^{-x}\right]_0^{+\infty}=2;$$

（2）

$$E(Y)=\int_{-\infty}^{+\infty}\mathrm{e}^{-2x}f(x)\mathrm{d}x=\int_0^{+\infty}\mathrm{e}^{-2x}\mathrm{e}^{-x}\mathrm{d}x$$

$$=-\frac{1}{3}\left[\mathrm{e}^{-3x}\right]_0^{+\infty}=\frac{1}{3}.$$

【例 4.9】 设随机变量 X 的分布律为

X	0	1	2
p_k	$\frac{1}{2}$	$\frac{1}{4}$	$\frac{1}{4}$

试求 $E(X)$、$E(X^2)$、$E(3X+1)^2$.

解

$$E(X)=0\times\frac{1}{2}+1\times\frac{1}{4}+2\times\frac{1}{4}=\frac{3}{4},$$

$$E(X^2)=0^2\times\frac{1}{2}+1^2\times\frac{1}{4}+2^2\times\frac{1}{4}=\frac{5}{4},$$

$$E(3X+1)^2=(3\times0+1)^2\times\frac{1}{2}+(3\times1+1)^2\times\frac{1}{4}+(3\times2+1)^2\times\frac{1}{4}$$

$$=\frac{67}{4}.$$

【例 4.10】 某车间生产的圆盘直径 X 在区间 (a,b) 上服从均匀分布，具有概率密度

$$f(x)=\begin{cases}\frac{1}{b-a}, a<x<b,\\ 0 \quad ,\text{其他}.\end{cases}$$

试求圆盘面积 Y 的数学期望.

解 因为圆盘面积 $Y=\pi(\frac{X}{2})^2=\frac{\pi X^2}{4}$，

所以

$$E(Y)=\int_{-\infty}^{+\infty}\frac{\pi x^2}{4}f(x)\mathrm{d}x=\int_a^b\frac{\pi x^2}{4(b-a)}\mathrm{d}x$$

$$=\frac{\pi(a^2+b^2+ab)}{12}.$$

【例 4.11】 设二维随机变量 (X,Y) 的联合分布律为

X \ Y	0	1	2
0	$\frac{4}{16}$	$\frac{2}{16}$	$\frac{1}{16}$
1	$\frac{4}{16}$	$\frac{2}{16}$	$\frac{1}{16}$
2	$\frac{2}{16}$	0	0

求：（1）$E(X+Y)$；（2）$E\{\max(X,Y)\}$.

解　（1）由式（4.5）知

$$E(X+Y)=\sum_{j=1}^{3}\sum_{i=1}^{3}(x_i+y_j)p_{ij}$$

$$=(0+0)\times\frac{4}{16}+(0+1)\times\frac{2}{16}+(0+2)\times\frac{1}{16}+(1+0)\times\frac{4}{16}$$

$$+(1+1)\times\frac{2}{16}+(1+2)\times\frac{1}{16}+(2+0)\times\frac{2}{16}+(2+1)\times 0+(2+2)\times 0$$

$$=\frac{19}{16};$$

（2）

$$E\{\max(X,Y)\}=\sum_{j=1}^{3}\sum_{i=1}^{3}\max(x_i,y_j)p_{ij}$$

$$=0\times\frac{4}{16}+1\times\frac{2}{16}+2\times\frac{1}{16}+1\times\frac{4}{16}$$

$$+1\times\frac{2}{16}+2\times\frac{1}{16}+2\times\frac{2}{16}+2\times 0+2\times 0$$

$$=1.$$

【例 4.12】 设二维随机变量(X,Y)的概率密度为

$$f(x.y)=\begin{cases}2, & 0\leqslant x\leqslant 1,0\leqslant y\leqslant x,\\ 0, & \text{其他}.\end{cases}$$

求：（1）$E(X+Y)$；（2）$E(Y)$.

解　（1）由式（4.6）知

$$E(X+Y)=\int_{-\infty}^{+\infty}\int_{-\infty}^{+\infty}(x+y)f(x,y)\mathrm{d}x\mathrm{d}y$$

$$=\int_0^1\mathrm{d}x\int_0^x 2(x+y)\mathrm{d}y=2\int_0^1\frac{3x^2}{2}\mathrm{d}x=1;$$

（2）

$$E(Y)=\int_{-\infty}^{+\infty}\int_{-\infty}^{+\infty}yf(x,y)\mathrm{d}x\mathrm{d}y$$

$$=\int_0^1\mathrm{d}x\int_0^x 2y\mathrm{d}y=\frac{1}{3}.$$

4.1.3　随机变量数学期望的性质

下面讨论随机变量的数学期望的性质（以下设我们遇到的随机变量的数学期望都存在，且只对

连续型随机变量给予证明，对于离散型随机变量的情形，读者可自行验证）.

性质 1 设 C 为常数，则 $E(C)=C$.

性质 2 设 C 为常数，X 是随机变量，则有

$$E(CX)=CE(X).$$

证 设 X 的概率密度为 $f(x)$，则

$$E(CX)=\int_{-\infty}^{+\infty}Cxf(x)\mathrm{d}x=C\int_{-\infty}^{+\infty}xf(x)\mathrm{d}x=CE(X).$$

性质 3 设 X,Y 是两个任意的随机变量，则有

$$E(X+Y)=E(X)+E(Y).$$

证 设二维随机变量 (X,Y) 的概率密度为 $f(x,y)$，则由式（4.6）得

$$\begin{aligned}E(X+Y)&=\int_{-\infty}^{+\infty}\int_{-\infty}^{+\infty}(x+y)f(x,y)\mathrm{d}x\mathrm{d}y\\&=\int_{-\infty}^{+\infty}\int_{-\infty}^{+\infty}xf(x,y)\mathrm{d}x\mathrm{d}y+\int_{-\infty}^{+\infty}\int_{-\infty}^{+\infty}yf(x,y)\mathrm{d}x\mathrm{d}y\\&=E(X)+E(Y).\end{aligned}$$

这一性质可以推广到任意有限个随机变量之和的情况. 即若 $X_1,X_2,\cdots,X_n$ 是 n 个随机变量，则有

$$E(\sum_{i=1}^{n}X_i)=\sum_{i=1}^{n}E(X_i).$$

性质 4 设 X,Y 是两个相互独立的随机变量，则有

$$E(XY)=E(X)E(Y).$$

证 设二维随机变量 (X,Y) 的概率密度为 $f(x,y)$，其边缘概率密度为 $f_X(x),f_Y(y)$. X,Y 相互独立，于是 $f(x,y)=f_X(x)f_Y(y)$，则由式（4.6）得

$$\begin{aligned}E(XY)&=\int_{-\infty}^{+\infty}\int_{-\infty}^{+\infty}xyf(x,y)\mathrm{d}x\mathrm{d}y\\&=\int_{-\infty}^{+\infty}\int_{-\infty}^{+\infty}xyf_X(x)f_Y(y)\mathrm{d}x\mathrm{d}y\\&=\left[\int_{-\infty}^{+\infty}xf_X(x)\mathrm{d}x\right]\left[\int_{-\infty}^{+\infty}yf_Y(y)\mathrm{d}y\right]=E(X)E(Y).\end{aligned}$$

这一性质可以推广到任意有限个相互独立的随机变量之积的情况. 即若 $X_1,X_2,\cdots,X_n$ 相互独立时，有

$$E(X_1X_2\cdots X_n)=E(X_1)E(X_2)\cdots E(X_n).$$

性质 1 表明：常数的数学期望等于常数本身，从直观上讲，不论试验结果是什么，这个随机变量的取值总是常数 C，所以其理论平均值还是常数 C.

性质 3 的逆命题不真，即：$E(XY)=E(X)E(Y)$，但 X,Y 不一定相互独立.

4.1.4 几个常用分布的数学期望

1. (0-1)分布

设随机变量 X 的分布律为

X	0	1
p_k	$1-p$	p

其中 $0<p<1$，有

$$E(X)=0\times q+1\times p=p.$$

2. 二项分布

设随机变量 X 的分布律为

$$P\{X=k\}=C_n^k p^k(1-p)^{n-k},\quad k=0,1,2,\cdots,n,\ 0<p<1.$$

n 为自然数，则

$$E(X)=\sum_{k=0}^{n}kP\{X=k\}=\sum_{k=0}^{n}kC_n^k p^k(1-p)^{n-k}=\sum_{k=1}^{n}\frac{k\cdot n!}{k!(n-k)!}p^k(1-p)^{n-k}$$

$$=\sum_{k=1}^{n}\frac{n(n-1)!}{(k-1)![(n-1)-(k-1)]!}p\cdot p^{k-1}(1-p)^{(n-1)-(k-1)}$$

$$=np\sum_{k=1}^{n}C_{n-1}^{k-1}p^{k-1}(1-p)^{(n-1)-(k-1)}=np[p+(1-p)]^{n-1}=np.$$

3. 泊松分布

设随机变量 X 的分布律为

$$P\{X=k\}=\frac{\lambda^k e^{-\lambda}}{k!},\quad \lambda>0,\ k=0,1,2,\cdots,$$

则

$$E(X)=\sum_{k=0}^{\infty}k\cdot\frac{\lambda^k e^{-\lambda}}{k!}=\lambda e^{-\lambda}\sum_{k=1}^{\infty}\frac{\lambda^{k-1}}{(k-1)!}\ (令k-1=i)$$

$$=\lambda e^{-\lambda}\sum_{i=0}^{\infty}\frac{\lambda^i}{i!}=\lambda e^{-\lambda}e^{\lambda}=\lambda.$$

4. 均匀分布

设随机变量 X 的概率密度为

$$f(x)=\begin{cases}\dfrac{1}{b-a}, & a\leqslant x\leqslant b\\ 0, & 其他.\end{cases},$$

则

$$E(X)=\int_{-\infty}^{+\infty}xf(x)dx=\int_a^b\frac{x}{b-a}dx=\frac{a+b}{2}.$$

在区间 $[a,b]$ 上服从均匀分布的随机变量的期望是该区间的中点.

5. 指数分布

随机变量 X 服从参数为 θ 的指数分布，其概率密度为

$$f(x)=\begin{cases}\dfrac{1}{\theta}e^{-x/\theta}, & x>0,\\ 0, & x\leqslant 0.\end{cases}$$

所以

$$E(X)=\int_{-\infty}^{+\infty}xf(x)dx=\int_0^{+\infty}x\frac{1}{\theta}e^{-x/\theta}dx=-\int_0^{+\infty}x\,de^{-x/\theta}$$

$$=-xe^{-x/\theta}\Big|_0^{+\infty}+\int_0^{+\infty}e^{-x/\theta}dx=0-\theta e^{-x/\theta}\Big|_0^{+\infty}=\theta.$$

6. 正态分布 $N(\mu,\sigma^2)$

设随机变量 X 的概率密度为

$$f(x)=\frac{1}{\sqrt{2\pi}\sigma}e^{-\frac{(x-\mu)^2}{2\sigma^2}},\qquad -\infty<x<+\infty,\ \sigma>0,$$

则

$$\begin{aligned}E(X)&=\int_{-\infty}^{+\infty}x\frac{1}{\sqrt{2\pi}\sigma}e^{-\frac{(x-\mu)^2}{2\sigma^2}}dx\\&=\int_{-\infty}^{+\infty}\mu\frac{1}{\sqrt{2\pi}\sigma}e^{-\frac{(x-\mu)^2}{2\sigma^2}}dx+\int_{-\infty}^{+\infty}(x-u)\frac{1}{\sqrt{2\pi}\sigma}e^{-\frac{(x-\mu)^2}{2\sigma^2}}dx\\&=\mu+\int_{-\infty}^{+\infty}(x-u)\frac{1}{\sqrt{2\pi}\sigma}e^{-\frac{(x-\mu)^2}{2\sigma^2}}dx\ （令\ t=\frac{x-\mu}{\sigma}）\\&=\mu+\int_{-\infty}^{+\infty}t\frac{\sigma}{\sqrt{2\pi}}e^{-\frac{t^2}{2}}dt=\mu+0=\mu.\end{aligned}$$

这几个常用分布的数学期望都和参数有关，结论很有规律，上述结论在概率学习中经常用到，必须熟记.

【例 4.13】 一工厂生产的某种设备的寿命 X（单位：年）服从指数分布，概率密度为 $f(x)=\begin{cases}\frac{1}{4}e^{-\frac{1}{4}x}, & x>0,\\ 0, & x\leqslant 0.\end{cases}$ 工厂规定出售的设备若在一年内损坏，可予以调换. 若工厂出售一台设备可赢利 100 元，调换一台设备厂方需花费 300 元. 试求厂方出售一台设备净赢利的数学期望.

解 一台设备在一年内损坏的概率为

$$P\{X<1\}=\int_{-\infty}^{1}f(x)dx=\frac{1}{4}\int_{0}^{1}e^{-\frac{1}{4}x}dx=-e^{-\frac{x}{4}}\Big|_0^1=1-e^{-\frac{1}{4}},$$

故

$$P\{X\geqslant 1\}=1-P\{X<1\}=1-(1-e^{-\frac{1}{4}})=e^{-\frac{1}{4}}.$$

设 Y 表示出售一台设备的净赢利，则

$$Y=\begin{cases}(-300+100)=-200, & X<1,\\ 100, & X\geqslant 1.\end{cases}$$

所以 Y 的分布律为

Y	-200	100
p_k	$1-e^{-\frac{1}{4}}$	$e^{-\frac{1}{4}}$

于是 Y 的期望为

$$E(Y)=-200+200e^{-\frac{1}{4}}+100e^{-\frac{1}{4}}$$

$$=300e^{-\frac{1}{4}}-200\approx 33.64;$$

所以厂方出售一台设备净赢利的数学期望为 33.64 元.

【例 4.14】 将 n 只球（1~n 号）随机地放进 n 只盒子（1~n 号），1 只盒子装 1 只球. 将 1 只球装入与球同号的盒子，称为一个配对，记 X 为配对的个数，求 $E(X)$.

解 引进随机变量 $X_i=\begin{cases}1, & 第i号盒装第i号球,\\ 0, & 第i号盒装非i号球.\end{cases}$ $i=1,2,\cdots,n.$

则 X_i 的分布律为

X_i	0	1
p_k	$\frac{n-1}{n}$	$\frac{1}{n}$

$$E(X_i)=1\cdot\frac{1}{n}+0\cdot\frac{n-1}{n}=\frac{1}{n},\quad i=1,2,\cdots,n.$$

则所有的球放入与球同号的盒中，即总配对数为 $X=\sum_{i=1}^{n}X_i$.

由数学期望的性质 3 得

$$E(X)=E(\sum_{i=1}^{n}X_i)=\sum_{i=1}^{n}E(X_i)=n\times\frac{1}{n}=1,\ i=1,2,\cdots,n.$$

【例4.14】是将 X 分解成数个随机变量之和，然后利用随机变量和的数学期望等于随机变量的数学期望之和来求数学期望的，这种处理方法具有一定的普遍意义.

4.2 方差

4.2.1 方差的概念

我们知道数学期望反映了随机变量的均值，而在许多实际问题中，仅仅知道数学期望是不够的，还需要研究随机变量与其均值的偏离程度，例如，检查一批棉花的质量，不仅需要了解这批棉花的平均纤维长度，还要知道这批棉花的纤维长度与平均纤维长度的偏离程度. 若偏离程度较小，表示质量比较稳定，或者说质量较好. 我们容易看到，$E\{|X-E(X)|\}$ 能度量随机变量与其均值 $E(X)$ 的偏离程度. 但由于上式带有绝对值，运算不方便，通常用 $E\{[X-E(X)]^2\}$ 来度量随机变量 X 与其均值 $E(X)$ 的偏离程度.

定义 4.2 若随机变量 X^2 的数学期望 $E(X^2)$ 存在，则称偏差平方 $\left(X-E(X)\right)^2$ 的数学期望 $E\left(X-E(X)\right)^2$ 为随机变量 X 的**方差**，记为 $D(X)$ 或 $Var(X)$，即

$$D(X)=E\{[X-E(X)]^2\}. \tag{4.7}$$

称 $\sqrt{D(X)}$ 为随机变量 X 的**标准差或均方差**.

按定义 4.2，当随机变量的取值相对集中在期望附近时，方差较小；取值相对分散时，方差较大. 因此 $D(X)$ 是刻画随机变量取值离散程度的一个数量指标.

方差 $D(X)$ 是随机变量 X 的函数 $(X-E(X))^2$ 的数学期望，若 X 是离散型随机变量，分布律为

$$P\{X=x_k\}=p_k,\quad k=1,2,\cdots,,$$

则
$$D(X)=\sum_{k=1}^{\infty}[x_k-E(X)]^2p_k. \tag{4.8}$$
若 X 是连续型随机变量，概率密度为 $f(x)$，则
$$D(X)=\int_{-\infty}^{+\infty}[x-E(X)]^2f(x)\mathrm{d}x. \tag{4.9}$$

【例 4.15】 设甲乙两家灯泡厂生产的灯泡的寿命（单位：小时）X 和 Y 的分布律分别为

X	900	1000	1100
p_i	0.1	0.8	0.1

Y	950	1000	1050
p_i	0.3	0.4	0.3

问：哪家工厂生产的灯泡质量较好？

解 $E(X)=900\times0.1+1000\times0.8+1100\times0.1=1000$，

$E(Y)=950\times0.3+1000\times0.4+1050\times0.3=1000$.

甲乙两厂生产的灯泡的寿命均值都为 1000 小时，又
$$D(X)=(900-1000)^2\times0.1+(1000-1000)^2\times0.8+(1100-1000)^2\times0.1=2000,$$
$$D(Y)=(950-1000)^2\times0.3+(1000-1000)^2\times0.4+(1050-1000)^2\times0.3=1500,$$
显然 $D(X)>D(Y)$，由此可见，甲厂产品的寿命偏离均值的程度远大于乙厂，从产品稳定程度看，乙厂生产的产品寿命稳定，乙厂生产的灯泡质量优于甲厂.

随机变量 X 的方差还可按以下公式计算：
$$D(X)=E(X^2)-[E(X)]^2. \tag{4.10}$$
事实上，由随机变量数学期望的性质得
$$\begin{aligned}D(X)&=E[X-E(X)]^2=E\{X^2-2XE(X)+[E(X)]^2\}\\&=E(X^2)-2E(X)\cdot E(X)+[E(X)]^2=E(X^2)-[E(X)]^2.\end{aligned}$$

【例 4.16】 设 X 的分布律为
$$\begin{pmatrix}-2 & -1 & 0 & 1 & 2\\ \frac{1}{8} & \frac{1}{8} & \frac{1}{2} & \frac{1}{8} & \frac{1}{8}\end{pmatrix},$$
求 $D(X)$.

解
$$E(X)=(-2)\times\frac{1}{8}+(-1)\times\frac{1}{8}+0\times\frac{1}{2}+1\times\frac{1}{8}+2\times\frac{1}{8}=0,$$
$$E(X^2)=(-2)^2\times\frac{1}{8}+(-1)^2\times\frac{1}{8}+0^2\times\frac{1}{2}+1^2\times\frac{1}{8}+2^2\times\frac{1}{8}=\frac{5}{4},$$
则
$$D(X)=E(X^2)-(EX)^2=\frac{5}{4}.$$

【例 4.17】 设随机变量 X 具有概率密度 $f(x)=\begin{cases}1+x, & -1\leqslant x<0,\\ 1-x, & 0\leqslant x<1,\\ 0, & \text{其他}.\end{cases}$ 试求 $D(X)$.

解 $E(X)=\int_{-\infty}^{+\infty}xf(x)\mathrm{d}x=\int_{-1}^{0}x(1+x)\mathrm{d}x+\int_{0}^{1}x(1-x)\mathrm{d}x=0$，

$E(X^2)=\int_{-\infty}^{+\infty}x^2f(x)\mathrm{d}x=\int_{-1}^{0}x^2(1+x)\mathrm{d}x+\int_{0}^{1}x^2(1-x)\mathrm{d}x=\frac{1}{6}$，

$D(X)=E(X^2)-[E(X)]^2=\frac{1}{6}$.

4.2.2 方差的性质

性质 1 设 C 为常数，则 $D(C)=0$.

证 $D(C)=E(C-E(C))^2=E(C-C)^2=0$.

性质 2 设 C 为常数，X 是随机变量，则

$$D(CX)=C^2D(X)\text{ ， }D(X+C)=D(X)\text{ .}$$

证 $D(CX)=E[CX-E(CX)]^2=E[C^2(X-EX)^2]$

$$=C^2E[(X-EX)^2]=C^2D(X)\text{ .}$$

$$D(X+C)=E[(X+C)-E(X+C)]^2=E(X-EX)^2=D(X)\text{ .}$$

性质 3 设 X,Y 为相互独立的随机变量，则

$$D(X\pm Y)=D(X)+D(Y)\text{ .}$$

证

$$\begin{aligned}D(X+Y)&=E\{[(X+Y)-E(X+Y)]^2\}\\&=E\{[(X-E(X))+(Y-E(Y))]^2\}\\&=E[X-E(X)]^2+E[Y-E(Y)]^2+2E\{[X-E(X)][Y-E(Y)]\}\text{ .}\end{aligned}\tag{4.11}$$

式（4.11）最后一项

$$\begin{aligned}E\{[X-E(X)][Y-E(Y)]\}&=E[XY-XE(Y)-YE(X)+E(X)E(Y)]\\&=E(XY)-E(X)E(Y)-E(Y)E(X)+E(X)E(Y)\\&=E(XY)-E(X)E(Y)\text{ ,}\end{aligned}$$

因为 X,Y 为相互独立的随机变量，$E(XY)=E(X)E(Y)$，从而

$$D(X+Y)=E[(X-EX)^2]+E[(Y-EY)^2]=D(X)+D(Y)\text{ .}$$

同理可证

$$D(X-Y)=D(X)+D(Y)-2E[(X-E(X))(Y-E(Y))]\text{ .}$$

若 X,Y 为相互独立，则

$$D(X-Y)=D(X)+D(Y)\text{ .}$$

这条性质可推广到任意有限多个相互独立的随机变量之和的情况.

【例 4.18】 设随机变量 X 服从二项分布 $X\sim b(n,p)$，求 $E(X)$、$D(X)$.

解 由二项分布的定义知，随机变量 X 是 n 重伯努利试验中事件 A 发生的次数，且在每次试验中 A 发生的概率为 p，引入随机变量

$$X_k=\begin{cases}1, & A\text{在第}k\text{次实验中发生,}\\0, & A\text{在第}k\text{次实验中不发生,}\end{cases}\qquad k=1,2,\cdots,n.$$

易知

$$X=X_1+X_2+\cdots+X_n.$$

由于 X_k 只依赖于第 k 次试验，而各次试验相互独立，于是 $X_1,X_2,\cdots,X_n$ 是相互独立的，又知 X_k 服从(0-1)分布，其分布律为

X_k	0	1
p_k	$1-p$	p

$k=1,2,\cdots,n.$

先求(0-1)分布的数学期望和方差：

$$E(X_k)=1\cdot p+0\cdot(1-p)=p\text{ ,}$$

$$E(X_k^2)=1^2\cdot p+0^2\cdot(1-p)=p,$$
$$D(X_k)=E(X_k^2)-[E(X_k)]^2=p-p^2=p(1-p)=pq.$$

由期望的性质得

$$E(X)=E(X_1)+E(X_2)+\cdots+E(X_n)=np.$$

又由于$X_1,X_2,\cdots,X_n$相互独立，由方差的性质得

$$D(X)=D(X_1)+D(X_2)+\cdots+D(X_n)=npq.$$

因此二项分布的期望为np，二项分布的方差为npq.

【例 4.19】 设随机变量X具有数学期望$E(X)=\mu$，方差$D(X)=\sigma^2$，令

$$X^*=\frac{X-\mu}{\sigma},$$

证明$E(X^*)=0$，$D(X^*)=1$.

证 应用数学期望和方差的性质得

$$E(X^*)=E\left(\frac{X-\mu}{\sigma}\right)=\frac{E(X)-\mu}{\sigma}=0.$$
$$D(X^*)=D\left(\frac{X-\mu}{\sigma}\right)=\frac{D(X)}{\sigma^2}=1.$$

通常把X^*称为随机变量X的**标准化随机变量**.

4.2.3 几个常用分布的方差

1. **(0-1)分布**

设X服从(0-1)分布，则$D(X)=pq$.

因为$E(X)=p$，

$$E(X^2)=0^2\times(1-p)+1^2\times p=p,$$
$$D(X)=E(X^2)-[E(X)]^2=p-p^2=pq.$$

2. **二项分布**

设X服从参数为n,p的二项分布，由本节的【例 4.13】得：$D(X)=np(1-p)=npq$.

3. **泊松分布**

设随机变量X的分布律为

$$P\{X=k\}=\frac{\lambda^k e^{-\lambda}}{k!},\quad \lambda>0,\ k=0,1,2,\cdots,$$

因为$E(X)=\lambda$，所以有

$$\begin{aligned}E(X^2)&=E[X(X-1)+X]=E[X(X-1)]+E(X)\\&=\sum_{k=0}^{\infty}k(k-1)\cdot\frac{\lambda^k e^{-\lambda}}{k!}+\lambda\\&=\lambda^2 e^{-\lambda}\sum_{k=2}^{\infty}\frac{\lambda^{k-2}}{(k-2)!}+\lambda=\lambda^2 e^{-\lambda}e^{\lambda}+\lambda\\&=\lambda^2+\lambda.\end{aligned}$$
$$D(X)=E(X^2)-[E(X)]^2=\lambda^2+\lambda-\lambda^2=\lambda.$$

即泊松分布变量的数学期望与方差都等于参数λ.

4. **均匀分布**

设随机变量X的概率密度为

$$f(x)=\begin{cases}\dfrac{1}{b-a}, & a\leqslant x\leqslant b,\\ 0, & 其他.\end{cases}$$

因为$E(X)=\dfrac{b+a}{2}$，且

$$E(X^2)=\int_{-\infty}^{+\infty}x^2f(x)\mathrm{d}x=\int_a^b\frac{x^2}{b-a}\mathrm{d}x=\frac{a^2+b^2+ab}{3},$$

$$D(X)=E(X^2)-[E(X)]^2=\frac{(b-a)^2}{12}.$$

5. **指数分布**

随机变量X服从参数为θ的指数分布，其概率密度为

$$f(x)=\begin{cases}\dfrac{1}{\theta}\mathrm{e}^{-x/\theta}, & x>0,\\ 0, & x\leqslant 0.\end{cases}$$

因为$E(X)=\theta$，所以有

$$E(X^2)=\int_{-\infty}^{+\infty}x^2f(x)\mathrm{d}x=\int_0^{+\infty}x^2\frac{1}{\theta}\mathrm{e}^{-x/\theta}\mathrm{d}x=-\int_0^{+\infty}x^2\mathrm{d}\mathrm{e}^{-x/\theta}$$

$$=-x^2\mathrm{e}^{-x/\theta}\Big|_0^{+\infty}+2\int_0^{+\infty}x\mathrm{e}^{-x/\theta}\mathrm{d}x=2\theta^2.$$

$$D(X)=E(X^2)-[E(X)]^2=2\theta^2-\theta^2=\theta^2.$$

6. **正态分布$N(\mu,\sigma^2)$**

设随机变量X的概率密度为

$$f(x)=\frac{1}{\sqrt{2\pi}\sigma}\mathrm{e}^{-\frac{(x-\mu)^2}{2\sigma^2}},\quad -\infty<x<+\infty,\ \sigma>0,$$

因为$E(X)=\mu$，所以有

$$DX=E[X-E(X)]^2=E[(X-\mu)^2]=\int_{-\infty}^{+\infty}(x-\mu)^2\cdot\frac{1}{\sqrt{2\pi}\sigma}\mathrm{e}^{-\frac{(x-\mu)^2}{2\sigma^2}}\mathrm{d}x\quad（令\ t=\frac{x-\mu}{\sigma}）$$

$$=\int_{-\infty}^{+\infty}\frac{\sigma^2}{\sqrt{2\pi}}t^2\mathrm{e}^{-\frac{t^2}{2}}\mathrm{d}t=-\int_{-\infty}^{+\infty}\frac{\sigma^2t}{\sqrt{2\pi}}\mathrm{d}(\mathrm{e}^{-\frac{t^2}{2}})$$

$$=-\frac{\sigma^2}{\sqrt{2\pi}}\left(t\mathrm{e}^{-\frac{t^2}{2}}\right)\Bigg|_{-\infty}^{+\infty}+\int_{-\infty}^{+\infty}\frac{\sigma^2}{\sqrt{2\pi}}\mathrm{e}^{-\frac{t^2}{2}}\mathrm{d}t$$

$$=0+\sigma^2\int_{-\infty}^{+\infty}\frac{1}{\sqrt{2\pi}}\mathrm{e}^{-\frac{t^2}{2}}\mathrm{d}t=\sigma^2.$$

最后一个等式用到概率密度的性质$\int_{-\infty}^{+\infty}f(x)\mathrm{d}x=1$.

由此可见，正态分布$N(\mu,\sigma^2)$的两个参数是正态分布的期望和方差，因而，正态分布完全可由它的数学期望和方差所确定.

由3.5节可知，n个**独立正态随机变量的线性组合仍服从正态分布.**

若$X_1,X_2,\cdots,X_n$是相互独立的随机变量，$X_i\sim N(\mu_i,\sigma_i^2),(i=1,2,\cdots,n)$，有

$$X=a_1X_1+a_2X_2+\cdots+a_nX_n\sim N(\sum_{i=1}^{n}a_i\mu_i,\sum_{i=1}^{n}a_i^2\sigma_i^2).$$

【例4.20】一架小飞机可载客12人，其载重量为750kg，设人的体重（单位：kg）服从正态分布$N(51,10^2)$，求飞机超载的概率.

解 设第i个人的体重为X_i，$i=1,2,\cdots,12$，由题意，$X_i\sim N(51,10^2)$，且$X_1,X_2,\cdots,X_n$是相互独立的，所以乘客的总重量

$$\sum_{i=1}^{12}X_i\sim N(51\times 12,10^2\times 12).$$

故飞机超载的概率为

$$P\{\sum_{i=1}^{12}X_i>750\}=1-\Phi(\frac{750-51\times 12}{\sqrt{10^2\times 12}})=1-\Phi(3.98)=0.$$

【例4.21】已知X,Y独立，且都服从$N(0,0.5)$，求$E(|X-Y|)$.

解 由于$X\sim N(0,0.5)$，$Y\sim N(0,0.5)$，且X,Y独立，$X-Y$也服从正态分布，有

$$E(X-Y)=E(X)-E(Y)=0,$$

$$D(X-Y)=D(X)+D(Y)=0.5+0.5=1,$$

因此$Z=X-Y\sim N(0,1)$，于是

$$\begin{aligned}E(|X-Y|)=E(|Z|)&=\int_{-\infty}^{+\infty}|z|f(z)\mathrm{d}z\\&=\int_{-\infty}^{+\infty}|z|\frac{1}{\sqrt{2\pi}}\mathrm{e}^{-\frac{z^2}{2}}\mathrm{d}z\\&=\frac{2}{\sqrt{2\pi}}\int_{0}^{+\infty}z\mathrm{e}^{-\frac{z^2}{2}}\mathrm{d}z=-\frac{2}{\sqrt{2\pi}}\mathrm{e}^{-\frac{z^2}{2}}\Big|_{0}^{+\infty}=\sqrt{\frac{2}{\pi}}.\end{aligned}$$

几个重要分布的数学期望和方差如表4.1所示.

表4.1 几个重要分布的数学期望和方差

分布	参数	期望	方差
(0-1)分布	$0<p<1$	p	pq
二项分布	$n\geqslant 1$ $0<p<1$	np	npq
泊松分布	$\lambda>0$	λ	λ
均匀分布	$a<b$	$(a+b)/2$	$(b-a)^2/12$
指数分布	$\theta>0$	θ	θ^2
正态分布	$\mu,\sigma>0$	μ	σ^2

表4.1的结论非常重要，希望读者能够熟记，并学会应用.

【例4.22】设随机变量X,Y相互独立，X服从均匀分布$U[0,6]$，Y服从正态分布$N(0,2^2)$，记$Z=2X-5Y+4$，求$E(Z)$、$D(Z)$.

解 由表4.1直接得出

$$E(X)=3,D(X)=3,E(Y)=0,D(Y)=4,$$

$$E(2X-5Y+4)=2E(X)-5E(Y)+4=2\times 3-5\times 0+4=10,$$

$$D(2X-5Y+4)=D(2X-5Y)=2^2DX+5^2DY=4\times3+25\times4=112.$$

4.3 协方差与相关系数

类似于一维情形，可以定义二维随机变量(X,Y)关于X和Y的数学期望与方差. 例如，对于离散型随机变量有

$$E(X)=\sum_i\sum_j x_i p_{ij},$$

$$E(Y)=\sum_j\sum_i y_j p_{ij},$$

$$D(X)=\sum_i\sum_j (x_i-EX)^2 p_{ij},$$

$$D(Y)=\sum_j\sum_i (y_j-EY)^2 p_{ij},$$

其中$p_{ij}=P(X=x_i,Y=y_j)$ $(i,j=1,2,\cdots)$为(X,Y)的联合分布律.

对于连续型随机变量有

$$E(X)=\int_{-\infty}^{+\infty}\int_{-\infty}^{+\infty} xf(x,y)\mathrm{d}x\mathrm{d}y,$$

$$E(Y)=\int_{-\infty}^{+\infty}\int_{-\infty}^{+\infty} yf(x,y)\mathrm{d}x\mathrm{d}y,$$

$$D(X)=\int_{-\infty}^{+\infty}\int_{-\infty}^{+\infty} (x-EX)^2 f(x,y)\mathrm{d}x\mathrm{d}y,$$

$$D(Y)=\int_{-\infty}^{+\infty}\int_{-\infty}^{+\infty} (y-EY)^2 f(x,y)\mathrm{d}x\mathrm{d}y,$$

其中$f(x,y)$为(X,Y)的联合密度函数.

除了讨论X和Y的数学期望与方差以外，还需要讨论两个随机变量之间关系的数字特征，即协方差与相关系数.

4.3.1 协方差与相关系数的概念

对于二维随机变量(X,Y)来说，数学期望$E(X),E(Y)$仅仅反映了X与Y各自的平均值，而方差$D(X),D(Y)$也仅反映了X与Y各自离开均值的偏离程度，它们没有提供X与Y之间相互联系的任何信息. 因此，我们希望有一个数字特征能够在一定程度上反映这种联系. 这便是下面要讨论的问题.

如果X与Y相互独立，有$D(X+Y)=D(X)+D(Y)$，那么由4.2节中式（4.11）可得

$$D(X+Y)=D(X)+D(Y)+2E[(X-E(X))(Y-E(Y))].$$

其中$E[(X-E(X))(Y-E(Y))]\neq0$时X与Y肯定不相互独立，它们之间存在着一定的关系.

定义 4.3 设X,Y是两个随机变量，若$E[(X-E(X))(Y-E(Y))]$存在，则称

$$\mathrm{Cov}(X,Y)=E[(X-E(X))(Y-E(Y))] \tag{4.12}$$

为 X 与 Y 的协方差，而

$$\rho_{XY}=\frac{\mathrm{Cov}(X,Y)}{\sqrt{D(X)}\cdot\sqrt{D(Y)}} \tag{4.13}$$

称为随机变量 X 与 Y 的**相关系数**. ρ_{XY} 是一个无量纲的量.

由定义 4.3 可知，对于二维离散型的随机变量 (X,Y)，有

$$\mathrm{Cov}(X,Y)=\sum_{i=1}^{\infty}\sum_{j=1}^{\infty}(x_i-E(X))(y_j-E(Y))p_{ij}.$$

而对于二维连续型的随机变量 (X,Y)，有概率密度 $f(x,y)$，且

$$\mathrm{Cov}(X,Y)=\int_{-\infty}^{+\infty}\int_{-\infty}^{+\infty}(x-E(X))(y-E(Y))f(x,y)\mathrm{d}y\mathrm{d}x.$$

协方差有下列计算公式：

$$\mathrm{Cov}(X,Y)=E(XY)-E(X)E(Y) \tag{4.14}$$

证

$$\begin{aligned}\mathrm{Cov}(X,Y)&=E[(X-EX)(Y-EY)]\\&=E[XY-XE(Y)-YE(X)+E(X)E(Y)]\\&=E(XY)-E(X)E(Y)-E(Y)E(X)+E(X)E(Y)\\&=E(XY)-E(X)E(Y).\end{aligned}$$

【例 4.23】 设随机变量 (X,Y) 的分布律为

X \ Y	0	1	2	3
1	0	$\frac{3}{8}$	$\frac{3}{8}$	0
3	$\frac{1}{8}$	0	0	$\frac{1}{8}$

求 $\mathrm{Cov}(X,Y)$.

解 容易算出

$$E(X)=E(Y)=\frac{3}{2},\quad E(XY)=\frac{9}{4},$$

所以

$$\mathrm{Cov}(X,Y)=E(XY)-E(X)E(Y)=\frac{9}{4}-\frac{3}{2}\cdot\frac{3}{2}=0.$$

4.3.2 协方差与相关系数的性质

1. 随机变量 X,Y 的协方差的性质

性质 1 $D(X+Y)=D(X)+D(Y)+2\mathrm{Cov}(X,Y)$.

证 由式（4.11）得

$$\begin{aligned}D(X+Y)&=E[X-E(X)]^2+E[Y-E(Y)]^2+2E[(X-E(X))(Y-E(Y))]\\&=D(X)+D(Y)+2\mathrm{Cov}(X,Y).\end{aligned}$$

性质 2 $\mathrm{Cov}(X,Y)=\mathrm{Cov}(Y,X)$.

性质 3 $\mathrm{Cov}(X,X)=D(X)$.

性质 4 $\mathrm{Cov}(X,C)=0$. C 是常数.

性质 5 $\mathrm{Cov}(aX,bY)=ab\,\mathrm{Cov}(X,Y)$.

性质 6 $\mathrm{Cov}(X+Y,Z)=\mathrm{Cov}(X,Z)+\mathrm{Cov}(Y,Z)$.

性质 7 若 X,Y 相互独立，则 $\mathrm{Cov}(X,Y)=0$.

证 若 X,Y 相互独立，$E(XY)=E(X)\cdot E(Y)$，则

$$\mathrm{Cov}(X,Y)=E(XY)-E(X)\cdot E(Y)=0.$$

下面举几个利用上述协方差性质的例子.

【**例 4.24**】 已知 $D(X)=4$，$D(Y)=1$，$\rho_{XY}=0.6$，求 $\mathrm{Cov}(X,Y)$、$D(3X-2Y)$.

解 因为 $\rho_{XY}=\dfrac{\mathrm{Cov}(X,Y)}{\sqrt{D(X)}\cdot\sqrt{D(Y)}}$，所以有

$$\mathrm{Cov}(X,Y)=\rho_{XY}\sqrt{D(X)}\cdot\sqrt{D(Y)}=0.6\times2\times1=1.2,$$

$$\begin{aligned}D(3X-2Y)&=9D(X)+4D(Y)+2\mathrm{Cov}(3X,-2Y)\\&=9D(X)+4D(Y)-12\mathrm{Cov}(X,Y)\\&=9\times4+4\times1-12\times1.2=25.6.\end{aligned}$$

【**例 4.25**】 设 X,Y 是随机变量，a,b 是常数，$Y=aX+b$，$a\neq0$，$D(X)>0$，求 X,Y 的相关系数.

解 因为

$$\begin{aligned}\mathrm{Cov}(X,Y)&=\mathrm{Cov}(X,aX+b)\\&=a\mathrm{Cov}(X,X)+\mathrm{Cov}(X,b)=aD(X)+0=aD(X),\end{aligned}$$

$$D(Y)=D(aX+b)=a^2D(X),$$

所以 X,Y 的相关系数为

$$\rho_{XY}=\frac{\mathrm{Cov}(X,Y)}{\sqrt{D(X)}\cdot\sqrt{D(Y)}}=\frac{aD(X)}{\sqrt{D(X)}\cdot\sqrt{D(Y)}}=\frac{a}{|a|}=\begin{cases}1, & a>0,\\-1, & a<0.\end{cases}$$

【例 4.25】说明，如果 X 与 Y 成直线关系，即 $Y=aX+b$，则相关系数 $\rho_{XY}=\pm1$.

2. 随机变量 X,Y 的相关系数的性质

性质 1 $\rho_{X,Y}=\rho_{Y,X}$.

性质 2 $\rho_{X,X}=1$.

性质 3 $|\rho_{X,Y}|\leqslant1$.

性质 4 若 $X=aY+b$，则当 $a>0$ 时 $\rho_{X,Y}=1$，当 $a<0$ 时 $\rho_{X,Y}=-1$.

性质 5 $|\rho_{XY}|=1$ 的充要条件是存在 a,b 且 $a\neq0$，使得 $P\{Y=aX+b\}=1$.

下面证明性质 3，其他性质的证明略.

证 由于对任何随机变量，方差非负，所以对任意的实数 t，有

$$\begin{aligned}f(t)=D(tX+Y)&=D(tX)+D(Y)+2\mathrm{Cov}(tX,Y)\\&=t^2D(X)+D(Y)+2t\mathrm{Cov}(X,Y).\end{aligned}$$

因为方差 $f(t)=D(tX+Y)\geqslant0$，所以判别式

$$\Delta=[2\mathrm{Cov}(X,Y)]^2-4D(X)D(Y)\leqslant0,$$

即

$$|\mathrm{Cov}(X,Y)|\leqslant\sqrt{D(X)}\cdot\sqrt{D(Y)},$$

从而

$$\left|\rho_{XY}\right|=\left|\frac{\operatorname{Cov}(X,Y)}{\sqrt{D(X)}\cdot\sqrt{D(Y)}}\right|\leqslant 1.$$

说明 相关系数满足$0\leqslant\left|\rho_{XY}\right|\leqslant 1$，且当$\left|\rho_{XY}\right|$值越接近1时，$X,Y$的线性相关程度越高，当$\left|\rho_{XY}\right|$值越接近0时，$X,Y$的线性相关程度越低. 当$\left|\rho_{XY}\right|=1$，称$X,Y$完全线性相关，即$Y=aX+b$；当$\left|\rho_{XY}\right|=0$，称$X,Y$之间无线性关系.

定义 4.4 若相关系数$\rho_{XY}=0$，称X,Y**不相关.**

若随机变量X与Y相互独立，则$\operatorname{Cov}(X,Y)=0$，因此$X,Y$不相关，反之，**随机变量$X,Y$不相关，$X,Y$不一定相互独立**. 现举例说明.

【例 4.26】 已知随机变量X的分布律为

X	-1	0	1
p_k	$\frac{1}{3}$	$\frac{1}{3}$	$\frac{1}{3}$

记$Y=X^2$. 证明：X与Y不相关，X与Y不相互独立.

证 X与Y不相互独立是显然的，因为Y的值完全由X的值决定. 但

$$E(XY)=E(X^3)=(-1)^3\times\frac{1}{3}+0^3\times\frac{1}{3}+1^3\times\frac{1}{3}=0.$$

因为$E(X)=0$，所以

$$E(X)\cdot E(Y)=0,$$

$$\rho_{XY}=\frac{\operatorname{Cov}(X,Y)}{\sqrt{D(X)}\cdot\sqrt{D(Y)}}=\frac{E(XY)-E(X)\cdot E(Y)}{\sqrt{D(X)}\cdot\sqrt{D(Y)}}=0.$$

故X与Y线性不相关.

容易说明下面四个结论是等价的：

（1）$\operatorname{Cov}(X,Y)=0$；

（2）X与Y线性无关；

（3）$E(X,Y)=E(X)E(Y)$；

（4）$D(X+Y)=D(X)+D(Y)$.

【例 4.27】 设随机变量(X,Y)的分布律为

X \ Y	-1	1
-1	0.25	0
1	0.5	0.25

求$\operatorname{Cov}(X,Y)$、ρ_{XY}.

解 X,Y的分布律分别为

X	-1	1
p_k	0.25	0.75

Y	-1	1
p_k	0.75	0.25

$$E(X)=-1\times 0.25+1\times 0.75=0.5,$$

$$E(X^2)=(-1)^2\times 0.25+1^2\times 0.75=1,$$
$$D(X)=E(X^2)-[E(X)]^2=0.75,$$

同理可得

$$E(Y)=-0.5, E(Y^2)=1, D(Y)=0.75,$$
$$E(XY)=1\times 0.25+(-1)\times 0.5+1\times 0.25=0,$$
$$\mathrm{Cov}(X,Y)=E(XY)-E(X)E(Y)=0.25,$$
$$\rho_{XY}=\frac{\mathrm{Cov}(X,Y)}{\sqrt{D(X)}\cdot\sqrt{D(Y)}}=\frac{0.25}{\sqrt{0.75}\times\sqrt{0.75}}=\frac{1}{3}.$$

【例 4.28】 设随机变量(X,Y)具有概率密度

$$f(x,y)=\begin{cases}6x, & 0<x<y<1,\\ 0, & \text{其他}.\end{cases}$$

求$E(X)$、$E(Y)$、$\mathrm{Cov}(X,Y)$、ρ_{XY}.

解 如图 4.1 所示，

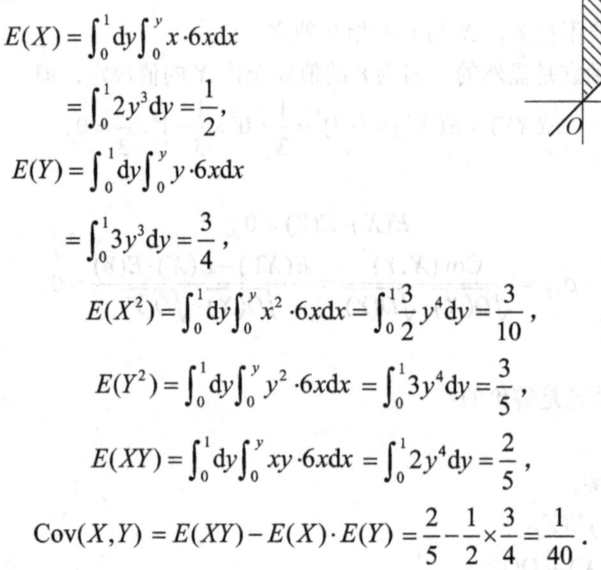

图 4.1

$$E(X)=\int_0^1\mathrm{d}y\int_0^y x\cdot 6x\mathrm{d}x$$
$$=\int_0^1 2y^3\mathrm{d}y=\frac{1}{2},$$
$$E(Y)=\int_0^1\mathrm{d}y\int_0^y y\cdot 6x\mathrm{d}x$$
$$=\int_0^1 3y^3\mathrm{d}y=\frac{3}{4},$$
$$E(X^2)=\int_0^1\mathrm{d}y\int_0^y x^2\cdot 6x\mathrm{d}x=\int_0^1\frac{3}{2}y^4\mathrm{d}y=\frac{3}{10},$$
$$E(Y^2)=\int_0^1\mathrm{d}y\int_0^y y^2\cdot 6x\mathrm{d}x=\int_0^1 3y^4\mathrm{d}y=\frac{3}{5},$$
$$E(XY)=\int_0^1\mathrm{d}y\int_0^y xy\cdot 6x\mathrm{d}x=\int_0^1 2y^4\mathrm{d}y=\frac{2}{5},$$
$$\mathrm{Cov}(X,Y)=E(XY)-E(X)\cdot E(Y)=\frac{2}{5}-\frac{1}{2}\times\frac{3}{4}=\frac{1}{40}.$$

或由式（4.12）得

$$\mathrm{Cov}(X,Y)=E[(X-E(X))(Y-E(Y))]$$
$$=\int_0^1\mathrm{d}y\int_0^y(x-\frac{1}{2})\cdot(y-\frac{3}{4})\cdot 6x\mathrm{d}x$$
$$=\int_0^1(2y^4-3y^3+\frac{9}{8}y^2)\mathrm{d}y=\frac{1}{40},$$
$$D(X)=E(X^2)-[E(X)]^2=\frac{3}{10}-\left(\frac{1}{2}\right)^2=\frac{1}{20},$$
$$D(Y)=E(Y^2)-[E(Y)]^2=\frac{3}{5}-\left(\frac{3}{4}\right)^2=\frac{3}{80},$$
$$\rho_{XY}=\frac{\mathrm{Cov}(X,Y)}{\sqrt{D(X)}\sqrt{D(Y)}}=\frac{\frac{1}{40}}{\sqrt{\frac{1}{20}}\cdot\sqrt{\frac{3}{80}}}=\frac{1}{\sqrt{3}}.$$

除了前面介绍的数学期望、方差、协方差、相关系数等随机变量的数字特征外，还有其他一些

数字特征. 现在给出数理统计涉及的矩的概念.

定义 4.5 设 X 是随机变量，若

$$\mu_k = E(X^k), \quad k = 1,2,\cdots$$

存在，称它为 X 的 **k 阶原点矩**，简称 **k 阶矩**；若

$$\upsilon_k = E(X - E(X))^k, \quad k = 1,2,\cdots$$

存在，称它为 X 的 **k 阶中心矩**.

$E(X^k)$ 可以看成 X 与原点横坐标 0 的差的 k 次方的数学期望，即 $E(X-0)^k$，所以称为原点矩，而 $X-E(X)$ 称为 X 的中心化，所以称 $E(X-E(X))^k$ 为中心矩，显然，一阶原点矩是数学期望，二阶中心矩是方差，而一阶中心矩等于零.

4.4 应用案例及分析

【例 4.29】 某俱乐部的篮球队将在某一赛季举行 44 场比赛. 其中有 26 场比赛要和 A 级队进行，有 18 场比赛要和 B 级队进行，假如这个球队每场比赛打赢 A 级队的概率为 0.4，每场比赛打赢 B 级队的概率为 0.7，同时假设不同比赛的结果是相互独立的，估计以下概率.

（1）球队至少打赢 25 场比赛.

（2）球队打赢 A 级队的比赛要比打赢 B 级队的比赛多.

解 （1）记 X_A, X_B 分别表示打赢 A 级队和打赢 B 级队的比赛场数，X_A, X_B 是相互独立的随机变量且都服从二项分布，则有

$$E(X_A) = 26\times 0.4 = 10.4,\ D(X_A) = 26\times 0.4\times 0.6 = 6.24,$$
$$E(X_B) = 18\times 0.7 = 12.6,\ D(X_B) = 18\times 0.7\times 0.3 = 3.78.$$

根据二项分布的正态逼近推导出 X_A, X_B 相互独立、将近似服从具有前面给定的期望值和方差的正态分布. 因此，$X_A + X_B$ 将近似服从均值为 23、方差为 10.02 的正态分布，即

$$X_A + X_B \sim N(23, 10.02).$$

因而，以 Z 来表示一个标准正态随机变量，则有

$$P\{X_A + X_B \geqslant 25\} = P\left\{\frac{X_A + X_B - 23}{\sqrt{10.02}} \geqslant \frac{25-23}{\sqrt{10.02}}\right\}$$
$$\approx P\left\{Z \geqslant \frac{2}{\sqrt{10.02}}\right\} \approx 1 - P\{Z \leqslant 0.6319\} \approx 1 - \Phi\ (0.6319) = 0.2643.$$

（2）注意到 $X_A - X_B$ 将近似服从均值为-2.2、方差为 10.02 的正态分布，即

$$X_A - X_B \sim N(-2.2, 10.02),$$

因而有

$$P\{X_A - X_B \geqslant 1\} = P\left\{\frac{X_A - X_B + 2.2}{\sqrt{10.02}} \geqslant \frac{1+2.2}{\sqrt{10.02}}\right\}$$
$$\approx P\left\{Z \geqslant \frac{3.2}{\sqrt{10.02}}\right\} \approx 1 - P\{Z \leqslant 1.011\} \approx 0.1562.$$

因此，球队至少打赢 25 场比赛的机会约占 26.43%，打赢 A 级队要比打赢 B 级队的比赛场数多的机会约占 15.62%.

【例 4.30】 （市场货源组织与随机模拟）通过经济预测，国际市场每年对我国某出口商品的需

求量为随机变量 X（单位：吨），它服从[2000,4000]上的均匀分布，设售出商品可获利 3 万元/吨，如售不出囤积于仓库，则需支付保养费 1 万元/吨，问：组织多少货源可使收益最佳？

解 由题可知需求量 X 的密度函数为

$$p_x(x)=\begin{cases}\dfrac{1}{2000}, & 2000\leqslant x\leqslant 4000,\\ 0, & \text{其他}.\end{cases}$$

设 y 为所组织的货源数量（它是确定的，且显然可令 $2000\leqslant y\leqslant 4000$），则总收益 Z 为 X 与 y 的函数，即

$$Z=f(X,y)=\begin{cases}3y, & y\leqslant X,\\ 3X-(y-X), & y>X.\end{cases}$$

为使 Z 最佳，最容易的就是考虑其均值，并使它最大化．显然 $E(Z)$ 为 y 的函数，即

$$E(Z)=\int_{-\infty}^{+\infty}f(x,y)p_X(x)\mathrm{d}x=\int_{2000}^{y}\left[3x-(y-x)\right]\frac{1}{2000}\mathrm{d}x+\int_{y}^{4000}3y\frac{1}{2000}\mathrm{d}x$$

$$=\frac{1}{1000}\left(-y^2+7000y-4\times10^6\right).$$

为方便计，令 $y=t\times10^3$，则 $E(Z)$ 可视为 t 的函数，即

$$E(Z)=\frac{1}{1000}\left(-t^2+7t-4\right)\times10^6=\left(-t^2+7t-4\right)\times10^3.$$

为使 $E(Z)$ 达最大，考虑 $E(Z)$ 对 t 的导数，并令其为 0，这样由 $\frac{\mathrm{d}}{\mathrm{d}t}\left(-t^2+7t-4\right)=-2t+7=0$，可解出 $t^*=3.5$，再注意到 $E(Z)$ 对 t 的二阶导数小于 0，故当 $t=t^*$ 或 $y=y^*=3.5\times10^3$ 时，$E(Z)$ 达最大．

思考

在概率论与数理统计教学中，用数学期望和方差来解释水桶定律，水桶定律核心内容：一只水桶能装多少水是由桶壁上最短的那块板来决定的．“水桶理论”有如下两种解读：其一，只有水桶的所有板足够高，水桶才能盛更多的水；其二，水桶壁上即使只有一块短板，水桶的容量也由这块短板决定．这也说明团队的力量很重要，大家需要培养团队协作精神．

小　结

随机变量的数字特征是由随机变量的分布确定的、能描述随机变量某一个方面的特征的常数．最重要的数字特征是数学期望和方差．数学期望 $E(X)$ 描述随机变量 X 取值的平均大小，方差 $D(X)=E\left\{\left[X-E(X)\right]^2\right\}$ 描述随机变量 X 与它自己的数学期望 $E(X)$ 的偏离程度.数学期望和方差在应用和理论上都非常重要.

相关系数 ρ_{XY} 有时也称为线性相关系数，它是一个可以用来描述随机变量 (X,Y) 的两个分量 X,Y 之间的线性关系紧密程度的数字特征．当 $|\rho_{XY}|$ 较小时，X,Y 的线性相关程度较低；当 $\rho_{XY}=0$ 时，称 X,Y 不相关．不相关是指 X,Y 之间不存在线性关系，X,Y 不相关，它们之间还可能存在除线性关系之外的关系．又由于 X,Y 相互独立是对 X,Y 的一般关系而言的，因此有以下结论：X,Y 相互独立，则 X,Y 一定不相关；反之，若 X,Y 不相关，则 X,Y 不一定相互独立.

本章的基本要求如下.

1．掌握随机变量的函数 $Y=g(X)$ 的数学期望 $E(Y)=E\left[g(X)\right]$ 的计算公式．式（4.3）和式（4.4）这两个公式的意义在于，我们求 $E(Y)$ 时，不必先求出 $Y=g(X)$ 的分布律或概率密度，而只需利用 X 的分布律或概率密度.

2．掌握数学期望和方差的性质.

（1）当 X_1,X_2 相互独立或 X_1,X_2 不相关时，才有 $E\left(X_1X_2\right)=E\left(X_1\right)E\left(X_2\right)$.

（2）设 C 为常数，则有 $D\left(CX\right)=C^2D\left(X\right)$，右边的系数是 C^2，不是 C .

（3）$D\left(X_1+X_2\right)=D\left(X_1\right)+D\left(X_2\right)+2\operatorname{Cov}\left(X_1,X_2\right)$，当 X_1,X_2 相互独立或 X_1,X_2 不相关时，才有

$$D\left(X_1+X_2\right)=D\left(X_1\right)+D\left(X_2\right).$$

例如，若 X_1,X_2 相互独立，则有 $D\left(2X_1-3X_2\right)=4D\left(X_1\right)+9D\left(X_2\right)$.

习 题 四

1．设随机变量 X 的分布律为

X	-1	0	1	2	3
p_k	0.1	0.2	0.2	0.3	0.2

求：（1）$E(X)$；（2）$E(X^2)$.

2．设随机变量 X 的分布律为

X	-1	0	1
p_k	a	b	c

已知 $E(X)=0.2$，$E(X^2)=0.6$，求常数 a,b,c .

3．一袋中有 3 个红球和 2 个白球，现不放回地从袋中摸 4 个球，以 X 表示摸到的红球数，试求 X 的数学期望 $E(X)$.

4．设 $X\sim P(\lambda)$，且 $P\{X=3\}=P\{X=4\}$，求 $E(X)$.

5．某一地区一个月内发生重大交通事故次数 X 的分布律为

X	0	1	2	3	4	5
p_k	0.301	0.362	0.218	0.087	0.026	0.006

求该地区这个月内发生交通事故的月平均次数.

6．设随机变量 X 的分布律为

X	-2	0	2
p_k	a	0.4	0.3

求：（1）a；（2）$E(X)$；（3）$E(3X^2+5)$.

7．设随机变量 X 的概率密度为

（1）$f(x)=\begin{cases}2x, 0\leqslant x\leqslant 1\\ 0\ \ ,其他\end{cases}$；

（2）$f(x)=\dfrac{1}{2}\mathrm{e}^{-|x|}$，$-\infty<x<+\infty$.

求$E(X)$.

8．设随机变量X的概率密度为

$$f(x)=\begin{cases}\frac{1}{8}x, & 0\leqslant x\leqslant 4,\\ 0, & \text{其他}.\end{cases}$$

求：（1）$E(X)$；（2）$E(\frac{1}{X+1})$；（3）$E(X^2)$.

9．已知随机变量X的概率密度为

$$f(x)=\begin{cases}a+bx^2, & 0\leqslant x\leqslant 1,\\ 0, & \text{其他}.\end{cases}$$

且$E(X)=\frac{3}{5}$，试求a和b的值.

10．某商店对某家用电器的销售采用先使用后付款的方式，记使用寿命为X（单位：年），规定：

$X\leqslant 1$，一台付款1500元；$1<X\leqslant 2$，一台付款2000元；

$2<X\leqslant 3$，一台付款2500元；$3<X$，一台付款3000元.

设寿命X服从指数分布，概率密度为

$$f(x)=\begin{cases}\frac{1}{10}\mathrm{e}^{-x/10}, & x>0,\\ 0, & \text{其他}.\end{cases}$$

试求该商店一台这种家用电器收费Y的数学期望$E(Y)$.

11．设在某一规定的时间段里，某电气设备用于最大负荷的时间X（单位：分）是一个连续型随机变量．其概率密度为

$$f(x)=\begin{cases}\frac{1}{(1500)^2}x, & 0\leqslant x\leqslant 1500,\\ \frac{-1}{(1500)^2}(x-3000), & 1500<x\leqslant 1500,\\ 0, & \text{其他}.\end{cases}$$

求$E(X)$.

12．将n封信随机地放入n个写了不同地址的信封，每个信封放一封信，求正确的信封数的数学期望.

13．一个农资商店经营化肥，若销售一吨则获利300元，若销售不出，待到第二年时，由于贷款利息、保管费用及损耗，每吨亏100元，根据以往资料，销售量$X\sim U[2000,3000]$，问：进货多少吨使得利润最高?

14．设(X,Y)的密度函数为

$$f(x,y)=\begin{cases}\frac{3}{2x^3y^2}, & x>1,\frac{1}{x}<y<x,\\ 0, & \text{其他}.\end{cases}$$

求$E(Y)$、$E(\frac{1}{XY})$.

15．一民航送客车载有20位旅客自机场开出，旅客有10个车站可以下车，如到达一个车站没有旅客下车就不停车，以X表示停车次数，求$E(X)$．(设每位旅客在各站下车是等可能的，并设各位旅客是否下车相互独立．)

16．设(X,Y)的分布律为

Y \ X	1	2	3
−1	0.2	0.1	0
0	0.1	0	0.3
1	0.1	0.1	0.1

(1) 求$E(X)$、$E(Y)$．

(2) 设$Z=\dfrac{Y}{X}$，求$E(Z)$．

(3) 设$Z=(X-Y)^2$，求$E(Z)$．

17．设(X,Y)的概率密度为

$$f(x,y)=\begin{cases}e^{-y}, & 0\leqslant x\leqslant 1, y>0,\\ 0, & \text{其他}.\end{cases}$$

求$E(X+Y)$．

18．设(X,Y)的概率密度为

$$f(x,y)=\begin{cases}12y^2, & 0\leqslant y\leqslant x\leqslant 1,\\ 0, & \text{其他}.\end{cases}$$

求：(1) $E(X)$；(2) $E(Y)$；(3) $E(XY)$．

19．对球的直径做近似测量，其值均匀分布在区间$(2,4)$上，试计算球的体积的期望．

20．设随机变量X_1,X_2的概率密度分别为

$$f_1(x)=\begin{cases}2e^{-2x}, & x>0,\\ 0, & x\leqslant 0.\end{cases}\qquad f_2(x)=\begin{cases}4e^{-4x}, & x>0,\\ 0, & x\leqslant 0.\end{cases}$$

(1) 求$E(X_1+X_2)$、$E(2X_1-3X_2^2)$．(2) 设X_1，X_2相互独立，求$E(X_1X_2)$．

21．有一个醉汉用n把钥匙去开门，其中只有一把能打开门上的锁，每把钥匙经试开一次后除去．设抽取钥匙是相互独立的、等可能性的．求试开次数X的数学期望．

22．设连续型随机变量X的概率密度为

$$f(x)=\begin{cases}ax^2+bx+c, & 0\leqslant x\leqslant 1,\\ 0, & \text{其他}.\end{cases}$$

已知$EX=0.5$，$DX=0.15$，求系数a,b,c．

23．设随机变量X的分布律为

X	−2	0	2
p_k	0.3	0.4	0.3

求$D(X)$．

24．设连续型随机变量X的概率密度为

$$f(x)=\begin{cases}x, & 0<x\leqslant 1,\\ 2-x, & 1<x\leqslant 2,\\ 0, & \text{其他}.\end{cases}$$

求$E(X)$、$D(X)$.

25．设二维随机变量(X,Y)的概率密度为

$$f(x,y)=\begin{cases}\dfrac{1}{2}, & 0<x<1,0<y<2,\\ 0, & \text{其他}.\end{cases}$$

求：（1）$E(X)$，$D(X)$；（2）$E(Y)$，$D(Y)$.

26．设$X\sim N(-1,4^2)$，$Y\sim N(3,2^2)$，且X,Y相互独立，求：（1）$E(2X+Y+2)$，$D(2X+Y+2)$；（2）$E(-2X+5Y)$，$D(-2X+5Y)$.

27．设随机变量X_1,X_2,X_3相互独立，其中$X_1\sim U(0,6)$，$X_2\sim N(1,4)$，X_3服从参数为$\lambda=3$的指数分布，$Y=X_1-2X_2+3X_3$，求$E(Y)$、$D(Y)$.

28．设$X_1,X_2,\cdots,X_n$是相互独立的随机变量且有$E(X_i)=\mu$，$D(X_i)=\sigma^2$，$i=1,2,\cdots,n$. 记$\bar{X}=\dfrac{1}{n}\sum_{i=1}^{n}X_i$，求$E(\bar{X})$、$D(\bar{X})$.

29．设随机变量X和Y的联合分布律为

X \ Y	−1	0	1
−1	$\frac{1}{8}$	$\frac{1}{8}$	$\frac{1}{8}$
0	$\frac{1}{8}$	0	$\frac{1}{8}$
1	$\frac{1}{8}$	$\frac{1}{8}$	$\frac{1}{8}$

（1）求$\mathrm{Cov}(X,Y)$.（2）验证：X和Y不相关，但X和Y不是相互独立的.

30．设随机变量X和Y的联合分布律为

X \ Y	−1	0	1
0	0.07	0.18	0.15
1	0.08	0.32	0.20

求：（1）$\mathrm{Cov}(X,Y)$；（2）ρ_{XY}.

31．设随机变量(X,Y)具有概率密度

$$f(x,y)=\begin{cases}\dfrac{1}{8}(x+y), & 0\leqslant x\leqslant 2,0\leqslant y\leqslant 2,\\ 0, & \text{其他}.\end{cases}$$

求：（1）$E(X)$；（2）$E(Y)$；（3）$\mathrm{Cov}(X,Y)$；（4）ρ_{XY}；（5）$D(X+Y)$.

32．设随机变量(X,Y)具有概率密度

$$f(x,y)=\begin{cases}6, & x^2\leqslant y\leqslant x,\\ 0, & \text{其他}.\end{cases}$$

求：（1）$E(X)$；（2）$E(Y)$；（3）$\mathrm{Cov}(X,Y)$；（4）$D(X+Y)$.

33．设随机变量(X,Y)具有概率密度

$$f(x,y)=\begin{cases}1, & 0\leqslant x\leqslant 1, 0\leqslant y\leqslant 2x,\\ 0, & \text{其他}.\end{cases}$$

求：（1）$E(X)$；（2）$E(Y)$；（3）$\mathrm{Cov}(X,Y)$；（4）ρ_{XY}.

34．设$X\sim N(\mu,\sigma^2), Y\sim N(\mu,\sigma^2)$，且$X,Y$相互独立. 试求$Z_1=\alpha X+\beta Y$和$Z_2=\alpha X-\beta Y$的相关系数（其中$\alpha,\beta$是不为零的常数）.

35．卡车装运水泥，设每袋水泥重量（单位：公斤）服从$N(50,2.5^2)$，问最多装多少袋水泥使总重量超过2000的概率不大于0.05.

第5章　大数定律与中心极限定理

第 1 章从直观上描述了频率的稳定性：当随机试验的次数无限增大时，频率总是在其概率附近摆动，而在大量随机试验中，由于众多随机偏差相互抵消和补偿，使得总的平均结果趋于稳定. 有关此类问题的一系列定理统称为大数定律. 另一类问题：研究大量随机变量之和的极限分布在什么条件下为正态分布，所得到的一系列定理统称为中心极限定理.

大数定律叙述随机变量序列的前一些项的算术平均值在某种条件下收敛到这些项的均值的算术平均值；中心极限定理则是确定在什么条件下，大量随机变量之和的分布逼近于正态分布. 本章主要介绍大数定律与中心极限定理.

5.1　大数定律

在前面我们已经指出，人们经过长期实践认识到，个别随机事件虽然在某次试验中可能发生也可能不发生，但是在大量重复试验中却呈现明显的规律性，即随着试验次数的增大，一个随机事件发生的频率在某一固定值附近摆动，也就是说频率具有稳定性. 同时，人们通过实践发现大量测量值的算术平均值也具有稳定性. 而这些稳定性如何从理论上证明，我们可以通过本节的大数定律来解决. 首先介绍一个著名的不等式——切比雪夫不等式，然后介绍大数定律.

5.1.1　切比雪夫不等式

定理 5.1（切比雪夫不等式）　设随机变量 X 具有数学期望 $E(X)=\mu, D(X)=\sigma^2$，则对任意 $\varepsilon>0$，不等式

$$P\{|X-\mu| \geqslant \varepsilon\} \leqslant \frac{\sigma^2}{\varepsilon^2}$$

成立.

证　若 X 是连续型随机变量，设 X 的概率密度为 $f(x)$，则有

$$P\{|X-\mu| \geqslant \varepsilon\} = \int_{|x-\mu|\geqslant\varepsilon} f(x)\mathrm{d}x \leqslant \int_{|x-\mu|\geqslant\varepsilon} \frac{|x-\mu|^2}{\varepsilon^2} f(x)\mathrm{d}x$$

$$\leqslant \frac{1}{\varepsilon^2}\int_{-\infty}^{+\infty}[x-\mu]^2 f(x)\mathrm{d}x = \frac{\sigma^2}{\varepsilon^2}.$$

若 X 是离散型随机变量，请读者自己证明.

上述切比雪夫不等式也可表示为

$$P\{|X-\mu| < \varepsilon\} \geqslant 1-\frac{\sigma^2}{\varepsilon^2}.$$

由此不等式得到在随机变量 X 的分布未知的情况下事件 $\{|X-E(X)|<\varepsilon\}$ 的概率的下限估计. 例如，在切比雪夫不等式中，令 $\varepsilon=3\sqrt{D(X)}$，$\varepsilon=4\sqrt{D(X)}$ 分别可得到

$$P\{|X-E(X)|<3\sqrt{D(X)}\}\geqslant 0.8889,$$
$$P\{|X-E(X)|<4\sqrt{D(X)}\}\geqslant 0.9375.$$

【例 5.1】 已知随机变量 X 的期望 $E(X)=100$，方差 $D(X)=10$，试利用切比雪夫不等式估计 $P\{80<X<120\}$.

解 直接利用切比雪夫不等式知

$$P\{80<X<120\}=P\{|X-100|<20\}\geqslant 1-\frac{10}{20^2}=\frac{39}{40}.$$

【例 5.2】 某局域网内有 10000 台计算机，每台机器开机上网的概率均为 0.7，且各机器上下网是相互独立的，试用切比雪夫不等式估计网内同时上网的计算机台数在 6800 与 7200 之间的概率.

解 设 X 为局域网内同时上网的计算机的台数，依题意，$X\sim B(10000,0.7)$，这时 $EX=np=7000, DX=npq=2100$. 由切比雪夫不等式，可得

$$P\{6800<X<7200\}=P\{|X-7000|<200\}\geqslant 1-\frac{2100}{200^2}\approx 0.95.$$

结果表明，局域网内 10000 台计算机中同时上网的计算机台数在 6800 与 7200 之间的概率大于 0.95，而实际上此概率的精确值可由伯努利公式求得，为 0.99999. 可见，由切比雪夫不等式估计出的概率精确度不高，但切比雪夫不等式的重要意义是在理论上的应用，尤其是在大数定律的证明中，采用切比雪夫不等式可使证明非常简洁.

5.1.2 大数定律

定义 5.1 设 $Y_1,Y_2,\cdots,Y_n,\cdots$ 是一个随机变量序列，a 是一个常数，若对于任意正数 ε，有

$$\lim_{n\to\infty}P\{|Y_n-a|<\varepsilon\}=1,$$

则称序列 $Y_1,Y_2,\cdots,Y_n,\cdots$ 依概率收敛于 a，记为 $Y_n\xrightarrow{P}a$（$n\to\infty$）.

定理 5.2（辛钦大数定律） 设 $X_1,X_2,\cdots$ 相互独立，服从同一分布的随机变量序列，且具有数学期望 $E(X_k)=\mu(k=1,2,\cdots)$，做前 n 个变量的算术平均 $\frac{1}{n}\sum_{k=1}^{n}X_k$，则对于任意 $\varepsilon>0$，有

$$\lim_{n\to\infty}P\left\{\left|\frac{1}{n}\sum_{k=1}^{n}X_k-\mu\right|<\varepsilon\right\}=1. \tag{5.1}$$

证 我们只在随机变量的方差 $D(X_k)=\sigma^2\,(k=1,2,\cdots)$ 存在这一条件下证明定理 5.2. 因为

$$E\left(\frac{1}{n}\sum_{k=1}^{n}X_k\right)=\frac{1}{n}E\left(\sum_{k=1}^{n}X_k\right)=\frac{1}{n}(n\mu)=\mu,$$

又由独立性得

$$D\left(\frac{1}{n}\sum_{k=1}^{n}X_k\right)=\frac{1}{n^2}D\left(\sum_{k=1}^{n}X_k\right)=\frac{1}{n^2}(n\sigma^2)=\frac{\sigma^2}{n},$$

由切比雪夫不等式得

$$1\geqslant P\left\{\left|\frac{1}{n}\sum_{k=1}^{n}X_k-\mu\right|<\varepsilon\right\}\geqslant 1-\frac{\sigma^2/n}{\varepsilon^2}.$$

在上式中令 $n\to\infty$，即得

$$\lim_{n\to\infty}P\left\{\left|\frac{1}{n}\sum_{k=1}^{n}X_k-\mu\right|<\varepsilon\right\}=1.$$

$\left\{\left|\frac{1}{n}\sum_{k=1}^{n}X_k-\mu\right|<\varepsilon\right\}$是一个随机事件，式（5.1）表明，当$n\to\infty$时这个事件的概率趋于1，即对于任意正数$\varepsilon$，当$n$充分大时，不等式$\left|\frac{1}{n}\sum_{k=1}^{n}X_k-\mu\right|<\varepsilon$成立的概率很大. 通俗地说，辛钦大数定律是说，对于独立同分布且具有均值μ的随机变量$X_1,X_2,\cdots,X_n$，当n很大时它们的算术平均值$\frac{1}{n}\sum_{k=1}^{n}X_k$很可能接近$\mu$.

下面介绍辛钦大数定律的推论.

定理 5.3（伯努利大数定律） 设n_A是n次独立重复试验中事件A发生的次数. p是事件A在每次试验中发生的概率，则对于任意正数ε，有

$$\lim_{n\to\infty}P\left\{\left|\frac{n_A}{n}-p\right|<\varepsilon\right\}=1, \tag{5.2}$$

或

$$\lim_{n\to\infty}P\left\{\left|\frac{n_A}{n}-p\right|\geqslant\varepsilon\right\}=0.$$

证 因为$n_A\sim b(n,p)$，有$n_A=\sum_{k=1}^{n}X_k$. 其中$X_1,X_2,\cdots,X_n$是相互独立的，且X_k服从(0-1)分布，因而

$$E(X_k)=p,\quad k=1,2,\cdots,n.$$

由式（5.1）知

$$\lim_{n\to\infty}P\left\{\left|\frac{1}{n}\sum_{k=1}^{n}X_i-p\right|<\varepsilon\right\}=1,$$

即

$$\lim_{n\to\infty}P\left\{\left|\frac{n_A}{n}-p\right|<\varepsilon\right\}=1.$$

由伯努利大数定律知，事件A发生的频率$\frac{n_A}{n}$依概率收敛于事件A发生的概率p，所以此定律从理论上证明了大量重复独立试验中，事件A发生的频率具有稳定性，正因为这种稳定性，概率的概念才有实际意义. 伯努利大数定律还提供了通过试验来确定事件的概率的方法，即频率$\frac{n_A}{n}$与概率p有较大偏差的可能性很小，于是我们就可以通过做试验确定某事件发生的频率，并把它作为相应概率的估计. 因此，在实际应用中，如果试验的次数很大时，就可以用事件发生的频率代替事件发生的概率.

显然，伯努利大数定律是辛钦大数定律的特殊情况.

此外，伯努利定律使算术平均值的法则有了理论根据. 若要测定某一物理量a，在不变的条件下重复测量n次，得观测值$X_1,X_2,\cdots,X_n$，求得实测值的算术平均值$\frac{1}{n}\sum_{i=1}^{n}X_i$，根据此定律，当$n$足够大时，取$\frac{1}{n}\sum_{i=1}^{n}X_i$作为$a$的近似值，可以认为所发生的误差是很小的，所以实用上往往用某物体的

某一指标值的一系列实测值的算术平均值来作为该指标值的近似值.

【例 5.3】 设随机变量序列$\{X_i\}$相互独立且服从参数为 3 的指数分布，则当$n\to\infty$时，$Y_n=\frac{1}{n}\sum_{i=1}^{n}X_i^2$依概率收敛于多少?

解 因为$\{X_i\}$相互独立且服从参数为3的指数分布，则

$$EX_i=\frac{1}{3},\ DX_i=\frac{1}{9},\qquad i=1,2,\cdots.$$

由于$\{X_i^2\}$也相互独立服从同一分布，且

$$EX_i^2=DX_i+(EX_i)^2=\frac{1}{9}+\left(\frac{1}{3}\right)^2=\frac{2}{9},$$

由辛钦大数定律知，$Y_n=\frac{1}{n}\sum_{i=1}^{n}X_i^2$依概率收敛于$\frac{2}{9}$.

5.2 中心极限定理

客观实际中有许多随机变量，它们是大量相互独立的偶然因素，每一个因素在总的影响中所起的作用是非常小的，但总起来说，这些因素对总和有着显著的影响. 这种随机变量往往近似地服从正态分布，这种现象就是中心极限定理的客观背景. 概率论中有关论证独立随机变量的和的极限分布是正态分布的一系列定理称为中心极限定理，本节只介绍几个常用的中心极限定理.

定理 5.4（独立同分布的中心极限定理） 设随机变量$X_1,X_2,\cdots,X_n,\cdots$相互独立且服从同一分布，且具有数学期望和方差$E(X_k)=\mu$，$D(X_k)=\sigma^2$，$k=1,2,\cdots$，则随机变量

$$Y_n=\frac{\sum_{k=1}^{n}X_k-E\left(\sum_{k=1}^{n}X_k\right)}{\sqrt{D(\sum_{k=1}^{n}X_k)}}=\frac{\sum_{k=1}^{n}X_k-n\mu}{\sqrt{n}\sigma}$$

的分布函数$F_n(x)$，对于任意x满足

$$\lim_{n\to\infty}F_n(x)=\lim_{n\to\infty}P\left\{\frac{\sum_{k=1}^{n}X_k-n\mu}{\sqrt{n}\sigma}\leqslant x\right\}=\int_{-\infty}^{x}\frac{1}{\sqrt{2\pi}}e^{-\frac{t^2}{2}}dt.\tag{5.3}$$

证明略.

从定理5.4的结论可知，当n充分大时，近似地有

$$Y_n=\frac{\sum_{k=1}^{n}X_k-n\mu}{\sqrt{n}\sigma}\sim N(0,1),$$

或者说，当n充分大时，近似地有

$$\sum_{k=1}^{n}X_k\sim N\left(n\mu,n\sigma^2\right).\tag{5.4}$$

如果用$X_1,X_2,\cdots,X_n$表示相互独立的各随机因素. 假定它们都服从相同的分布（不论服从什么

分布），且都有有限的期望与方差（每个因素的影响有一定限度），则式（5.4）说明，作为总和的$\sum_{k=1}^{n}X_k$这个随机变量，当n充分大时，便近似地服从正态分布.

【例 5.4】 一个螺丝钉的重量是一个随机变量，期望值是 1 两，标准差是 0.1 两. 求一盒（100个）同型号螺丝钉的重量超过 10.2 斤的概率.

解 设一盒螺丝钉的重量为X，盒中第i个螺丝钉的重量为X_i（$i=1,2,\cdots,100$），则

$$E(X_i)=1,\quad D(X_i)=0.1^2.$$

从而有$X=\sum_{i=1}^{100}X_i$，且$E(X)=100E(X_i)=100$，$D(X)=100D(X_i)=1$.

根据定理 5.4，$X\sim N(100,1)$，有

$$P\{X>100\}=P\left\{\frac{X-100}{1}>\frac{102-100}{1}\right\}=1-P\{X-100\leqslant 2\}$$

$$\approx 1-\Phi(2)=1-0.9772=0.0228.$$

定理 5.5（李雅普诺夫定理） 设随机变量$X_1,X_2,\cdots,X_n,\cdots$相互独立，它们具有数学期望和方差$E(X_k)=\mu_k$，$D(X_k)=\sigma_k^2>0,k=1,2,\cdots$，记$B_n^{\ 2}=\sum_{k=1}^{n}\sigma_k^2$，若存在正数$\delta$，使得当$n\to\infty$时，有

$$\frac{1}{B_n^{2+\delta}}\sum_{k=1}^{n}E\left\{\left|X_k-\mu_k\right|^{2+\delta}\right\}\to 0,$$

则随机变量

$$Y_n=\frac{\sum_{k=1}^{n}X_k-E\left(\sum_{k=1}^{n}X_k\right)}{\sqrt{D(\sum_{k=1}^{n}X_k)}}=\frac{\sum_{k=1}^{n}X_k-\sum_{k=1}^{n}\mu_k}{B_n}$$

的分布函数$F_n(x)$对于任意x满足

$$\lim_{n\to\infty}F_n(x)=\lim_{n\to\infty}P\left\{\frac{\sum_{k=1}^{n}X_k-\sum_{k=1}^{n}\mu_k}{B_n}\leqslant x\right\}=\int_{-\infty}^{x}\frac{1}{\sqrt{2\pi}}\mathrm{e}^{-\frac{t^2}{2}}\mathrm{d}t=\Phi(x). \tag{5.5}$$

证明略.

由定理 5.5 可知，随机变量

$$Y_n=\frac{\sum_{k=1}^{n}X_k-\sum_{k=1}^{n}\mu_k}{B_n}$$

当n很大时，近似地服从正态分布$N(0,1)$.

因此，当n很大时，

$$\sum_{k=1}^{n}X_k=B_nY_n+\sum_{k=1}^{n}\mu_k$$

近似地服从正态分布$N\left(\sum_{k=1}^{n}\mu_k,B_n^{\ 2}\right)$.

这表明无论随机变量X_k（$k=1,2,\cdots$）具有怎样的分布，只要满足定理 5.5 的条件，它们的和$\sum_{k=1}^{n}X_k$

当n很大时就近似地服从正态分布．而在许多实际问题中，所考虑的随机变量往往可以表示为多个独立的随机变量之和，因此它们常常近似服从正态分布．这就是正态随机变量在概率论与数理统计中占有非常重要地位的原因．

下面介绍另一个中心极限定理．

定理 5.6（德莫佛-拉普拉斯定理） 设随机变量X服从参数为n,p $(0<p<1)$的二项分布，则对于任意的x，有

$$\lim_{n\to\infty}P\left\{\frac{X-np}{\sqrt{np(1-p)}}\leqslant x\right\}=\int_{-\infty}^{x}\frac{1}{\sqrt{2\pi}}\mathrm{e}^{-\frac{t^2}{2}}\mathrm{d}t=\Phi(x). \tag{5.6}$$

由定理 5.6 可知，二项分布以正态分布为极限．当n充分大时，我们可以利用式（5.6）来计算二项分布的概率．

【例 5.5】 某公司有 200 名员工参加一种资格考试，按往年经验，该考试通过率为 0.8. 试计算这 200 名员工至少有 150 人考试通过的概率．

解 令

$$X_i=\begin{cases}1,\text{第}i\text{人通过考试},\\0,\text{第}i\text{人未通过考试}.\end{cases}\quad i=1,2,\cdots,200.$$

依题设知，$P\{X_i=1\}=0.8$，$np=200\times0.8=160$，$np(1-p)=32$. $\sum_{i=1}^{200}X_i$是考试通过人数，因为X_i满足定理 5.6 的条件，故近似地有

$$\frac{\sum_{i=1}^{200}X_i-160}{\sqrt{32}}\sim N(0,1).$$

于是

$$P\left\{\sum_{i=1}^{200}X_i\geqslant150\right\}=P\left\{\frac{\sum_{i=1}^{200}X_i-160}{\sqrt{32}}\geqslant\frac{150-160}{\sqrt{32}}\right\}=P\left\{\frac{\sum_{i=1}^{200}X_i-160}{\sqrt{32}}\geqslant-1.77\right\}$$
$$=1-\Phi(-1.77)=\Phi(1.77)=0.96,$$

即至少有 150 名员工通过这种资格考试的概率为 0.96.

【例 5.6】 已知红黄两种番茄杂交的第二代结红果的植株与结黄果的植株的比例为 3∶1，现种植杂交种 400 株，求结黄果植株数介于 83 到 117 之间的概率．

解 由题意知，任意一株杂交种或结红果或结黄果，只有两种可能性，且结黄果的概率$p=\frac{1}{4}$；种植杂交种 400 株，相当于做了 400 次伯努利试验，若记X为 400 株杂交种结黄果的株数，则$X\sim b\left(400,\ \frac{1}{4}\right)$，由于$n=400$较大，故由中心极限定理所求的概率为

$$P\{83\leqslant X\leqslant117\}\approx\Phi\left(\frac{117-400\times\frac{1}{4}}{\sqrt{400\times\frac{1}{4}\times\frac{3}{4}}}\right)-\Phi\left(\frac{83-400\times\frac{1}{4}}{\sqrt{400\times\frac{1}{4}\times\frac{3}{4}}}\right)$$
$$=\Phi(1.96)-\Phi(-1.96)=2\Phi(1.96)-1=0.975\times2-1=0.95,$$

即结黄果植株数介于 83 到 117 之间的概率为 0.95.

5.3 应用案例及分析

【例 5.7】（游轮套餐供应问题）我们在一艘游轮上做调查．游轮上每天平均有 300 名旅客，提供 2 种热的套餐，套餐 A 和套餐 B，游客可以在这 2 种套餐中任选 1 种．我们从调查结果和历史数据记录中了解到，大约有 60%的游客喜欢套餐 A，其余喜欢套餐 B．如果游轮上只备 180 份套餐 A 是不足以应对的．另一个极端是备有 300 份套餐 A 和 300 份套餐 B，这意味着其中的 300 份将被倒掉．经商议，我们订立了一个标准：以 99%的概率让每个游客选到自己所要的套餐．现知道今天上午将要起航的游轮上恰有 300 名游客，按照标准，应当提供多少份套餐 A，多少份套餐 B 呢？

解　先计算套餐 A 的份数．游客们的选择可以近似用一列相互独立的随机变量 $X_1,\cdots,X_{300}$ 来表示，其中

$$X_i=\begin{cases}1,\text{如果第}i\text{个游客选择套餐A},\\0,\text{如果第}i\text{个游客选择套餐B},\end{cases}$$

其服从两点分布，即 $P\{X_i=1\}=0.6$，$P\{X_i=0\}=0.4$，因此套餐 A 需要的份数 $S_{300}=\sum_{i=1}^{300}X_i$ 服从二项分布 $b(300,0.6)$，并且 $P\{0\leqslant S_{300}\leqslant m\}=\sum_{i=0}^{m}C_{300}^{i}0.6^{i}\times 0.4^{300-i}$．按照标准，$P\{0\leqslant S_{300}\leqslant m\}=99\%$，我们要找到相应的 m，它就是所求的套餐 A 的份数．直接计算并不容易，但可以利用德莫佛-拉普拉斯定理，当 n 很大时，$\dfrac{S_n-np}{\sqrt{np(1-p)}}$ 近似服从标准正态分布，于是有

$$P\{0\leqslant S_{300}\leqslant m\}=P\left\{\frac{-300\times 0.6}{\sqrt{300\times 0.6\times 0.4}}\leqslant\frac{S_{300}-300\times 0.6}{\sqrt{300\times 0.6\times 0.4}}\leqslant\frac{m-300\times 0.6}{\sqrt{300\times 0.6\times 0.4}}\right\}$$

$$=P\left\{\frac{-180}{\sqrt{72}}\leqslant\frac{S_{300}-180}{\sqrt{72}}\leqslant\frac{m-180}{\sqrt{72}}\right\}=\Phi\left(\frac{m-180}{\sqrt{72}}\right)-\Phi\left(\frac{-180}{\sqrt{72}}\right)$$

$$\approx\Phi\left(\frac{m-180}{\sqrt{72}}\right)=0.99,$$

$$\frac{m-180}{\sqrt{72}}\approx 2.326,\ m\approx 180+19.7=199.7.$$

这就是说，只要提供 200 份套餐 A 就可以 99%的概率满足游客的需要．如果把标准降低到 95%与 90%的话，那么只需要提供 194 份与 191 份即可．用同样的方法可计算套餐 B 的提供数量分别为 140 份、134 份和 131 份．

思考

中心极限定理体现了量变到质变的转化规律．李雅普诺夫定理中的各个随机变量 $X_1,X_2,\cdots,X_n$ 不管服从什么分布，只要满足定理条件，那么它们的和 $\sum_{k=1}^{n}X_k$ 这个随机变量当 n 很大时就会产生质

的变化——近似服从正态分布. 所以提醒读者，做事要有恒心，“锲而不舍，金石可镂”.

小　结

人们在长期实践中认识到频率具有稳定性，即当试验次数不断增大时，频率稳定在一个数的附近. 这一事实显示了可以用一个数来表征事件发生的可能性的大小. 这使人们认识到概率是客观存在的，进而由频率的性质的启发和抽象给出了概率的定义，因而频率的稳定性是概率定义的客观基础. 伯努利大数定律则以严密的数学形式论证了频率的稳定性.

中心极限定理表明，在相当一般的条件下，当独立随机变量的个数不断增加时，其和的分布趋于正态分布. 这一事实阐明了正态分布的重要性，也揭示了为什么我们在实际应用中会经常遇到正态分布，也就是揭示了产生正态分布变量的源头. 另一方面，它提供了独立同分布随机变量之和 $\sum_{k=1}^{n} X_k$（其中 X_k 的方差存在）的近似分布，只要和式中加项的个数充分大，就可以不必考虑和式中的随机变量服从什么分布，都可以用正态分布来近似，这在应用上是有效且重要的.

本章重要术语及主题如下.

依概率收敛，伯努利大数定律，辛钦大数定律，独立同分布的中心极限定理，李雅普诺夫定理，德莫佛-拉普拉斯定理.

习 题 五

1. 有一批建筑房屋用的木柱，其中 80%长度不小于 3 米. 现从这批木柱中随机地取出 100 根，问：其中至少有 30 根短于 3 米的概率是多少？

2. 某药厂断言，该厂生产的某种药品医治一种疑难血液病的治愈率为 0.8. 检验员任意抽查 100 个服用此药品的病人，如果其中多于 75 人治愈，就接受这一断言，否则就拒绝这一断言.

（1）若实际上此药品对这种疾病的治愈率是 0.8，问：接受这一断言的概率是多少？

（2）若实际上此药品对这种疾病的治愈率是 0.7，问：接受这一断言的概率是多少？

3. 用中心极限定理近似计算，从一批废品率为 0.05 的产品中任取 1000 件，其中有 20 件废品的概率.

4. 一颗骰子连续掷 4 次，点数总和记为 X. 估计 $P\{10 < X < 18\}$.

5. 假设一条生产线生产的产品合格率是 0.8. 要使一批产品的合格率达到在 76%与 84%之间的概率不小于 90%，问：这批产品至少要生产多少件？

6. 某车间有同型号机床 200 部，每部机床开动的概率为 0.7，假定各机床开动与否互不影响，开动时每部机床消耗电能 15 个单位. 问至少供应多少单位电能才可以 95%的概率保证不致因供电不足而影响生产.

7. 一加法器同时收到 20 个噪声电压 $V_k(k=1,2,\cdots,20)$，设它们是相互独立的随机变量，且都在区间(0，10)上服从均匀分布. 记 $V=\sum_{k=1}^{20} V_k$，求 $P\{V > 105\}$ 的近似值.

8. 设有 30 个电子器件. 它们的使用寿命 $T_1,\cdots,T_{30}$ 服从参数 $\lambda=10$（单位：小时）的指数分布，其使用情况是第 1 个损坏第 2 个立即使用，以此类推. 令 T 为 30 个器件使用的总计时间，求 T 超过 350 小时的概率.

9. 上题中的电子器件若每件为 a 元，那么在年计划中一年至少需多少元才能以 95%的概率保证够用（假定一年有 306 个工作日，每个工作日工作 8 小时）.

10. 就一个学生而言，来参加家长会的家长人数是一个随机变量，设一个学生无家长、1 名家长、2 名家长来参加会议的概率分别为 0.05、0.8、0.15. 若学校共有 400 名学生，设各学生参加会议的家长数相互独立，且服从同一分布.

（1）求参加会议的家长数 X 超过 450 的概率.

（2）求有 1 名家长来参加会议的学生数不多于 340 的概率.

11. 设男孩出生率为 0.515，求在 10000 个新生婴儿中女孩不少于男孩的概率.

12. 一家保险公司有 10000 人参加保险，每人每年付 12 元保险费，在一年内一个人死亡的概率为 0.006，死亡者家属可向保险公司领得 1000 元赔偿费. 求：

（1）保险公司没有利润的概率；

（2）保险公司一年的利润不少于 60000 元的概率.

13. 设随机变量 X 和 Y 的数学期望都是 2，方差分别为 1 和 4，而相关系数为 0.5. 试根据切比雪夫不等式给出 $P\{|X-Y|\geqslant 6\}$ 的估计.

14. 设某单位内部有 1000 台电话分机，每台分机有 5%的时间使用外线通话，假定各台分机是否使用外线是相互独立的，该单位总机至少需要安装多少条外线，才能以 95%以上的概率保证每台分机需要使用外线时都不必等待？

第6章 样本及抽样分布

通过前面的学习，我们知道概率论是研究如何定量地描述随机现象及其规律的学科，而我们即将学习的数理统计是以数据为基础的学科．数理统计通过数据的收集、整理、分析和建模，得出数据的某些规律．概率论和数理统计的研究对象都是随机现象，但二者研究方法不同，概率论是在对随机现象进行大量观察后得出相关数学模型，并通过研究数学模型的性质和特点，来得出随机现象的统计规律性；数理统计是通过概率论的方法研究从随机现象的试验中获取的数据，并通过对数据的分析整理推断随机现象．

数理统计的核心问题是由样本推断总体，我们首先要理解统计的一些基本概念，它们是总体、简单随机样本、统计量及样本数字特征．统计量是样本的函数，统计量的选择和运用在统计推断中占据核心地位．本书所涉及的统计量主要是样本的数字特征（如样本均值、样本方差、样本原点矩与样本中心矩等）．

本章首先讨论总体、随机样本及统计量等基本概念，然后着重介绍几个常用的统计量及抽样分布．

6.1 随机样本

用概率论的方法研究随机现象，必然涉及对随机变量观测结果的处理．对随机现象的大量观测数据进行收集、整理、分析，由此形成的各种方法构成数理统计的基本内容．数理统计研究的就是如何进行观测以及如何根据观测得到的统计资料，对被研究的随机现象的一般概率特征，如概率分布、数学期望、方差等做出统计推断．

在数理统计中，我们将研究对象的某项数量指标值的全体称为**总体**，总体中的每个元素称为**个体**．例如，研究工厂生产的某种产品的质量时，该工厂的这种产品的全体是总体，每件产品为一个个体；在对某大学在校学生情况进行调查时．该大学的全体在校学生是一个总体，每个学生是一个个体．为了便于数学处理，我们将总体定义为随机变量．总体所包含的个体的个数称为总体的容量，容量有限的总体称为有限总体，容量无限的总体称为无限总体．随机变量的分布称为总体分布．

总体中的每一个个体是随机试验的一个观察值，因此它是某一随机变量 X 的值．于是，一个总体对应于一个随机变量 X．我们对总体的研究就是对随机变量 X 的研究．

一般地，我们都是从总体中抽取一部分个体进行观察，然后根据所得的数据来推断总体的性质．被抽出的部分个体，叫作**总体的一个样本**．

所谓从总体抽取一个个体，就是对总体 X 进行一次观察（即进行一次试验），并记录其结果．我们在相同的条件下对总体 X 进行 n 次重复的、独立的观察，将 n 次观察结果按试验的次序记为 $X_1, X_2, \cdots, X_n$．由于 $X_1, X_2, \cdots, X_n$ 是对随机变量 X 观察的结果，且各次观察是在相同的条件下独立进行的，因此我们引出以下的样本定义．

定义 6.1 设总体 X 是具有分布函数 F 的随机变量，若 $X_1, X_2, \cdots, X_n$ 是与 X 具有同一分布 $F(x)$，且相互独立的随机变量，则称 $X_1, X_2, \cdots, X_n$ 为从总体 X 得到的容量为 n 的简单随机样本，简称为**样本**．

n 次观察一经完成，我们就得到一组实数 $x_1, x_2, \cdots, x_n$．它们依次是随机变量 $X_1, X_2, \cdots, X_n$ 的观察值，称为**样本值**.

对于有限总体，采用放回抽样就能得到简单样本，当总体中个体的总数 N 比要得到的样本的容量 n 大得多时（一般当 $\frac{N}{n} \geqslant 10$ 时），在实际应用中可将不放回抽样近似地当作放回抽样来处理.

若 $X_1, X_2, \cdots, X_n$ 为总体 X 的一个样本，X 的分布函数为 $F(x)$，则 $X_1, X_2, \cdots, X_n$ 的联合分布函数为

$$F^*(x_1, x_2, \cdots, x_n) = \prod_{i=1}^{n} F(x_i).$$

若 X 为连续型随机变量，具有概率密度 $f(x)$，则 $X_1, X_2, \cdots, X_n$ 的联合概率密度为

$$f^*(x_1, x_2, \cdots, x_n) = \prod_{i=1}^{n} f(x_i).$$

若 X 为离散型随机变量，具有分布律 $P\{X=x\}$，则 $X_1, X_2, \cdots, X_n$ 的联合分布律为

$$P^*(x_1, x_2, \cdots x_n) = \prod_{i=1}^{n} P\{X=x_i\}.$$

【例 6.1】 设总体服从参数为 p 的(0-1)分布，$X_1, X_2, \cdots, X_n$ 为来自总体的一个样本，求 $X_1, X_2, \cdots, X_n$ 的联合分布律.

解 因为 $X \sim b(1, p)$，所以

$$P\{X=x\} = p^x (1-p)^{1-x}, \quad x = 0, 1.$$

从而 $X_1, X_2, \cdots, X_n$ 的联合分布律为

$$P^*(x_1, x_2, \cdots x_n) = \prod_{i=1}^{n} P\{X=x_i\} = \prod_{i=1}^{n} p^{x_i}(1-p)^{1-x_i} = p^{\sum\limits_{i=1}^{n} x_i}(1-p)^{n-\sum\limits_{i=1}^{n} x_i}, \quad x_i = 0, 1.$$

【例 6.2】 设某种灯泡的寿命 X 服从指数分布，其概率密度为

$$f_X(x) = \begin{cases} \dfrac{1}{\theta} e^{-\frac{x}{\theta}}, & x > 0, \\ 0, & x \leqslant 0. \end{cases}$$

求来自总体的一个样本 $X_1, X_2, \cdots, X_n$ 的概率密度.

解
$$\begin{aligned} f^*(x_1, x_2, \cdots, x_n) &= \prod_{i=1}^{n} f(x_i) \\ &= \begin{cases} \theta^{-n} e^{-\frac{1}{\theta}\sum\limits_{i=1}^{n} x_i}, & x_i > 0 (i=1, 2, \cdots, n), \\ 0, & \text{其他}. \end{cases} \end{aligned}$$

样本来自总体，样本的观测值中含有总体各方面的信息.

下面我们介绍统计量和样本矩的概念.

定义 6.2 设 $X_1, X_2, \cdots, X_n$ 是来自总体 X 的一个样本，$g(X_1, X_2, \cdots, X_n)$ 是 $X_1, X_2, \cdots, X_n$ 的函数，若 g 中不含任何未知参数，则称 $g(X_1, X_2, \cdots, X_n)$ 为一个统计量.

设 $x_1, x_2, \cdots, x_n$ 是相应于样本 $X_1, X_2, \cdots, X_n$ 的样本值，则称 $g(x_1, x_2, \cdots, x_n)$ 是 $g(X_1, X_2, \cdots, X_n)$ 的观察值.

下面我们定义一些常用的统计量. 设 $X_1, X_2, \cdots, X_n$ 是来自总体 X 的一个样本，$x_1, x_2, \cdots, x_n$ 是这一样本的观察值.

样本均值

$$\overline{X}=\frac{1}{n}\sum_{i=1}^{n}X_i\ ;$$

其观测值为

$$\overline{x}=\frac{1}{n}\sum_{i=1}^{n}x_i.$$

样本方差

$$S^2=\frac{1}{n-1}\sum_{i=1}^{n}(X_i-\overline{X})^2=\frac{1}{n-1}\left[\sum_{i=1}^{n}X_i^{\ 2}-n\overline{X}^2\right];$$

其观测值为

$$s^2=\frac{1}{n-1}\sum_{i=1}^{n}(x_i-\overline{x})^2=\frac{1}{n-1}\left[\sum_{i=1}^{n}x_i^{\ 2}-n\overline{x}^2\right].$$

样本标准差

$$S=\sqrt{S^2}=\sqrt{\frac{1}{n-1}\sum_{i=1}^{n}(X_i-\overline{X})^2}\ ;$$

其观测值为

$$s=\sqrt{s^2}=\sqrt{\frac{1}{n-1}\sum_{i=1}^{n}(x_i-\overline{x})^2}\ .$$

样本 k 阶（原点）矩

$$A_k=\frac{1}{n}\sum_{i=1}^{n}X_i^k,\quad k=1,2,\cdots;$$

其观测值为

$$a_k=\frac{1}{n}\sum_{i=1}^{n}x_i^k,\quad k=1,2,\cdots.$$

样本 k 阶中心矩

$$B_k=\frac{1}{n}\sum_{i=1}^{n}(X_i-\overline{X})^k,\quad k=1,2,\cdots;$$

其观察值为

$$b_k=\frac{1}{n}\sum_{i=1}^{n}(x_i-\overline{x})^k,\qquad k=1,2,\cdots.$$

这些观察值仍分别称为样本均值、样本方差、样本标准差、样本 k 阶矩、样本 k 阶中心矩.

【例 6.3】 设在一本书中随机地检查 10 页，发现每页上的错误数为

$$4,5,6,0,3,1,4,2,1,4.$$

试计算其样本均值 $\overline{x}$、样本方差 s^2 和样本标准差 s.

解 $\overline{x}=\frac{1}{n}\sum_{i=1}^{n}x_i=\frac{1}{10}(4+5+6+0+3+1+4+2+1+4)=3$.

$$s^2=\frac{1}{10-1}[(4-3)^2+(5-3)^2+(6-3)^2+(0-3)^2+(3-3)^2+(1-3)^2+(4-3)^2+(2-3)^2+(1-3)^2+(4-3)^2]=\frac{34}{9}.$$

$$s=\frac{\sqrt{34}}{3}.$$

6.2 抽样分布

统计量是随机变量，统计量的分布是数理统计中的基本理论课题，它对统计方法的应用起着举足轻重的作用. 通常称统计量的分布为抽样分布. 一般说来，确定一个统计量的分布是比较复杂的. 不过在实际问题中，用正态随机变量来刻画的随机现象比较普遍，因此，来自正态总体的样本的统计量在数理统计中占有重要的地位. 本节将在已知总体 X 服从正态分布的条件下，给出一系列常用统计量的分布.

1. χ^2 分布

定义 6.3 设 $X_1, X_2, \cdots, X_n$ 是来自总体 $N(0,1)$ 的样本，则统计量

$$\chi^2 = X_1^2 + X_2^2 + \cdots + X_n^2 \tag{6.1}$$

所服从的分布称为自由度为 n 的 χ^2 分布，记为 $\chi^2 \sim \chi^2(n)$.

$\chi^2(n)$ 分布的概率密度为

$$f(y) = \begin{cases} \dfrac{1}{2^{n/2}\Gamma(n/2)} y^{n/2-1} \mathrm{e}^{-y/2}, & y > 0, \\ 0, & \text{其他}. \end{cases}$$

$f(y)$ 的图形如图 6.1 所示，$\Gamma(\alpha)$ 称为伽马函数，定义为

$$\Gamma(\alpha) = \int_0^{+\infty} x^{\alpha-1} \mathrm{e}^{-x} \mathrm{d}x, \quad \alpha > 0.$$

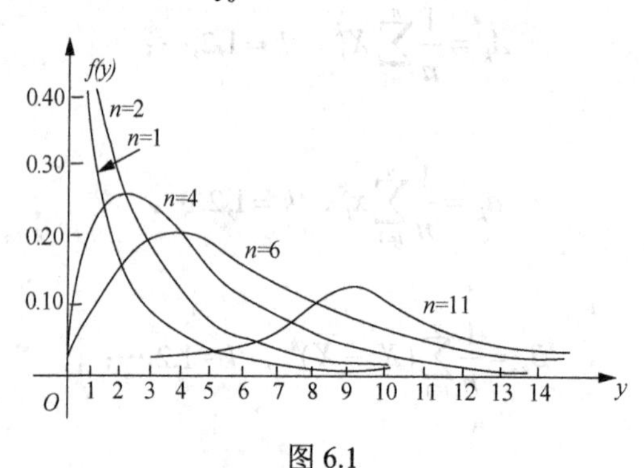

图 6.1

χ^2 分布具有如下性质.

(1) χ^2 分布的可加性 如果 $\chi_1^2 \sim \chi^2(n_1)$，$\chi_2^2 \sim \chi^2(n_2)$，且它们相互独立，则有

$$\chi_1^2 + \chi_2^2 \sim \chi^2(n_1 + n_2). \tag{6.2}$$

这一性质称为 χ^2 分布的可加性.

(2) χ^2 分布的数学期望和方差 如果 $\chi^2 \sim \chi^2(n)$，则有

$$E(\chi^2) = n, \quad D(\chi^2) = 2n. \tag{6.3}$$

证

证明（1）略.

只证（2）. 因为 $X_i \sim N(0,1)$，故

$$E(X_i^2) = D(X_i) = 1,$$

$$D(X_i^2)=E(X_i^4)-\left[E(X_i^2)\right]^2=3-1=2, i=1,2,\cdots,n.$$

于是

$$E(\chi^2)=E(\sum_{i=1}^{n}X_i^2)=\sum_{i=1}^{n}E(X_i^2)=n,$$

$$D(\chi^2)=D(\sum_{i=1}^{n}X_i^2)=\sum_{i=1}^{n}D(X_i^2)=2n.$$

（3）χ^2 分布的上 α 分位点 对于给定的正数 α，$0<\alpha<1$，称满足条件

$$P\left\{\chi^2>\chi_\alpha^{\ 2}(n)\right\}=\int_{\chi_\alpha^{\ 2}(n)}^{\infty}f(y)\mathrm{d}y=\alpha \tag{6.4}$$

的点 $\chi_\alpha^{\ 2}(n)$ 为 $\chi^2(n)$ 分布的上 α 分位点（Percentile of α），如图 6.2 所示，对于不同的 α、n，上 α 分位点的值已制成表格，可以查用（见附表 3），例如，对于 α =0.05，n=16，查附表 3 得 $\chi_{0.05}^{\ 2}(16)$ =26.296．但该表只详列到 n=40.

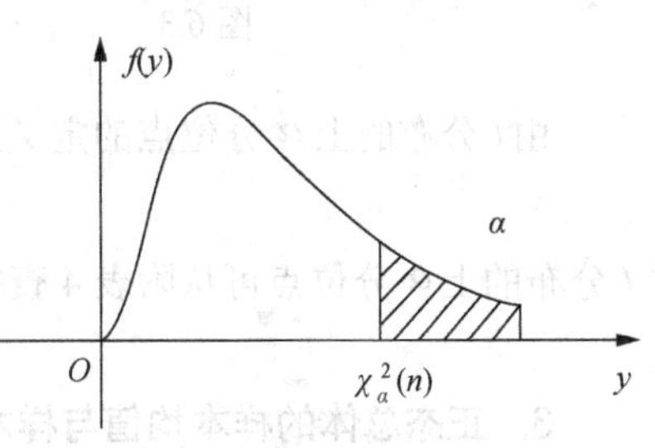

图 6.2

当 n 充分大时，近似地有 $\chi_\alpha^{\ 2}(n)\approx\frac{1}{2}(z_\alpha+\sqrt{2n-1})^2$，其中 z_α 是标准正态分布的上 α 分位点. 例如

$$\chi_{0.05}^{\ 2}(50)\approx\frac{1}{2}(1.645+\sqrt{99}\ )^2=67.221.$$

【例 6.4】 设总体 $X\sim N(0,0.25)$，$X_1,X_2,\cdots,X_n$ 为来自总体的一个样本，要使 $a\sum_{i=1}^{7}X_i^2\sim\chi^2(7)$，则应取常数 a 为多少?

解 因为 $X\sim N(0,0.25)$，所以

$$\frac{X}{0.5}\sim N(0,1),$$

从而 $\sum_{i=1}^{7}\left(\frac{X_i}{0.5}\right)^2\sim\chi^2(7)$．故 a=4．

2. t 分布

设随机变量 $X\sim N(0,1)$，$Y\sim\chi^2(n)$，并且 X,Y 独立，则称随机变量

$$t=\frac{X}{\sqrt{Y/n}} \tag{6.5}$$

服从自由度为 n 的 t 分布（t–distribution)，记为 $t\sim t(n)$.

$t(n)$ 分布的概率密度为

$$h(t)=\frac{\Gamma[(n+1)/2]}{\sqrt{n\pi}\Gamma(n/2)}\left(1+\frac{t^2}{n}\right)^{-(n+1)/2}, \qquad -\infty<t<\infty.$$

证明略.

图 6.3 中所示为当 n=2,9,25 时 $h(t)$ 的图形. $h(t)$ 的图形关于 t=0 对称，当 n 充分大时其图形类似于标准正态变量概率密度的图形. 但对于较小的 n，t 分布与 $N(0,1)$ 分布相差很大（见附表 4）.

t 分布的上分位点 对于给定的 α，$0<\alpha<1$，称满足条件

$$P\{t>t_\alpha(n)\}=\int_{t_\alpha(n)}^{\infty}h(t)\mathrm{d}t=\alpha \tag{6.6}$$

的点$t_\alpha(n)$为$t(n)$分布的上α分位点，如图 6.4 所示.

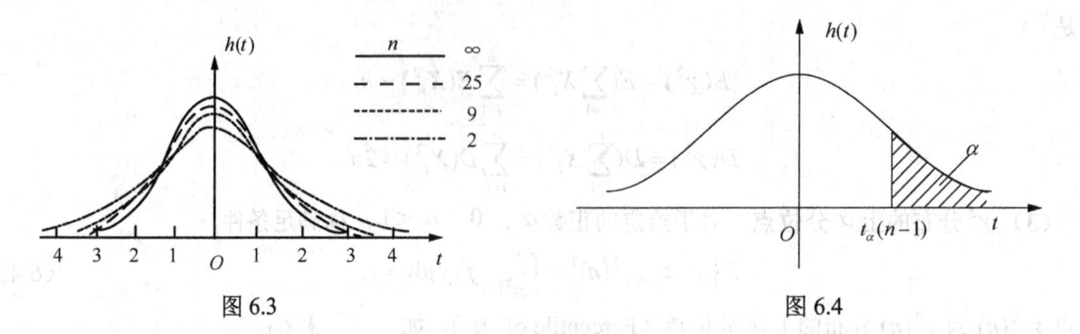

图 6.3　　图 6.4

由t分布的上α分位点的定义及$h(t)$图形的对称性知

$$t_{1-\alpha}(n)=-t_\alpha(n).$$

t分布的上α分位点可从附表 4 查得. 在$n>45$时，就用正态分布近似：

$$t_\alpha(n)\approx z_\alpha(n).$$

3. 正态总体的样本均值与样本方差的分布

定理 6.1 设正态总体的均值为μ，方差为σ^2，$X_1,X_2,\cdots,X_n$是来自正态总体X的一个简单样本，则总有

$$E\left(\overline{X}\right)=\mu,$$

$$D\left(\overline{X}\right)=\frac{\sigma^2}{n},$$

$$\overline{X}\sim N(\mu,\frac{\sigma^2}{n}). \tag{6.7}$$

对于正态总体$N(\mu,\sigma^2)$的样本方差S^2，有以下的性质.

定理 6.2 设$X_1,X_2,\cdots,X_n$是总体$N(\mu,\sigma^2)$的样本，$\overline{X}$、S^2分别是样本均值和样本方差，则有

（1）$\dfrac{(n-1)S^2}{\sigma^2}\sim\chi^2(n-1)$；　(6.8)

（2）$\overline{X}$与S^2相互独立.

证明略.

定理 6.3 设$X_1,X_2,\cdots,X_n$是总体$N(\mu,\sigma^2)$的样本，$\overline{X}$、S^2分别是样本均值和样本方差，则有

$$\frac{\overline{X}-\mu}{S/\sqrt{n}}\sim t(n-1). \tag{6.9}$$

证 因为

$$\frac{\overline{X}-\mu}{\sigma/\sqrt{n}}\sim N(0,1),$$

$$\frac{(n-1)S^2}{\sigma^2}\sim\chi^2(n-1),$$

且二者独立，由t分布的定义可知

$$\frac{\overline{X}-\mu}{\sigma/\sqrt{n}}\Big/\sqrt{\frac{(n-1)S^2}{\sigma^2(n-1)}}\sim t(n-1).$$

化简可得

$$\frac{\overline{X}-\mu}{S/\sqrt{n}}\sim t(n-1).$$

本节所介绍的抽样分布以及相关定理，在第 7 章和第 8 章中都起着重要的作用. 应注意，它们都是在总体为正态总体这一基本假定下得到的.

【例 6.5】 设总体 $X\sim N(60,15^2)$，从总体中抽取一个容量为 100 的样本，求样本均值与总体均值之差的绝对值大于 3 的概率.

解 因为 $X\sim N(60,15^2)$，所以 $\overline{X}\sim N(60,\frac{15^2}{100})$，有

$$P\{|\overline{X}-60|>3\}=1-P\{|\overline{X}-60|\leqslant 3\}=1-P\left\{\frac{|\overline{X}-60|}{15/10}\leqslant\frac{3\times 10}{15}\right\}=1-[\varPhi(2)-\varPhi(-2)]=0.0456.$$

【例 6.6】 设总体 X 服从正态分布 $N(72,100)$，为使样本均值大于 70 的概率不小于 0.9，样本容量 n 至少应取多大？

解 设需要样本容量为 n，则 $\overline{X}\sim N\left(72,\frac{100}{n}\right)$，有

$$P\left\{\frac{\overline{X}-72}{10/\sqrt{n}}>\frac{70-72}{10/\sqrt{n}}\right\}=1-\varPhi\left(\frac{-2}{10/\sqrt{n}}\right)=\varPhi\left(0.2\sqrt{n}\right)\geqslant 0.9.$$

查标准正态分布表，得 $0.2\sqrt{n}\geqslant 1.29$，$n\geqslant 41.6$，故样本容量至少应取 42.

【例 6.7】 设总体 $X\sim N(\mu,16)$，$X_1,X_2,\cdots,X_{10}$ 是来自总体 X 的一个容量为 10 的简单随机样本，S^2 为其样本方差，且 $P\{S^2>a\}=0.1$，求 a 之值.

解 因为 $\frac{(n-1)S^2}{\sigma^2}\sim\chi^2(n-1)$，所以 $\frac{9S^2}{16}\sim\chi^2(9)$，从而

$$P\{S^2>a\}=P\{\frac{9}{16}S^2>\frac{9}{16}a\}=0.1.$$

又 $\chi^2_{0.1}(9)=14.684$，于是，$\frac{9}{16}a=14.684$，故 $a=26.105$.

思考

数理统计以概率论为基础，研究随机现象的统计规律性，通过对样本数据进行整理、分组、计算、归纳，对总体做出推测和预测. 它是一种由经验到理性的认识，是一种运用偶然性、发现规律性的科学. 偶然中蕴含着必然，这是属于统计学的哲学. 统计学不能够给你 100%的正确，而是寻求着一个合理的精确范围；统计学不能够告诉你未来的模样，而是诉说着一种趋势.

小 结

本章是数理统计的基础知识，其主要内容包括总体、样本、统计量等概念以及几个很有用的抽样分布，如 χ^2 分布、t 分布的概念、性质以及服从这些分布的随机变量的典型模式，特别是来自正态总体的抽样分布. 以上知识读者需要熟练掌握.

本章的基本要求如下。

1．理解总体、简单随机样本、统计量、样本均值、样本方差和样本矩的概念，其中样本方差定义为$S^2=\dfrac{1}{n-1}\sum\limits_{k=1}^{n}(X_k-\overline{X})^2$．

2．了解χ^2分布和t分布的概念和性质，了解标准正态分布、χ^2分布和t分布的上α分位点，会查相应的数值表.

3．了解正态总体的抽样分布.

本章重要术语及主题如下。

总体，个体，简单随机样本，统计量，样本均值，样本方差和样本矩，χ^2分布，t分布，分位数，正态总体的常用抽样分布.

习 题 六

1．从正态总体$N(4.2,5^2)$中抽取容量为n的样本，若要求其样本均值位于区间$(2.2,6.2)$内的概率不小于0.95，则样本容量n至少取多大？

2．设某厂生产的灯泡的使用寿命$X\sim N(1000,\sigma^2)$（单位：小时），随机抽取一容量为9的样本，并测得样本均值及样本方差，但是由于工作上的失误，事后失去了此试验的结果，只记得样本方差为$S^2=1002$，试求$P\{\overline{X}>1062\}$.

3．从一正态总体中抽取容量为10的样本，假定有2%的样本均值与总体均值之差的绝对值在4以上，求总体的标准差.

4．求总体$X\sim N(20,3)$的容量分别为10、15的两个独立随机样本均值差的绝对值大于0.3的概率.

5．设总体$X\sim N(\mu_1,\sigma^2)$，总体$Y\sim N(\mu_2,\sigma^2)$，$X_1,X_2,\cdots,X_{n_1}$和$Y_1,Y_2,\cdots,Y_{n_2}$分别来自总体X和Y的简单随机样本，则

$$E\left[\frac{\sum\limits_{i=1}^{n_1}(X_i-\overline{X})^2+\sum\limits_{j=1}^{n_2}(Y_j-\overline{Y})^2}{n_1+n_2-2}\right]=\underline{\qquad\qquad}.$$

6．设总体$X\sim N(\mu,\sigma^2)$，$X_1,X_2,\cdots,X_{2n}$（$n\geqslant 2$）是总体X的一个样本，$\overline{X}=\dfrac{1}{2n}\sum\limits_{i=1}^{2n}X_i$，令$Y=\sum\limits_{i=1}^{n}(X_i+X_{n+i}-2\overline{X})^2$，求$E(Y)$.

7．设总体X的概率密度为$f(x)=\dfrac{1}{2}\mathrm{e}^{-|x|}$（$-\infty<x<+\infty$），$X_1,X_2,\cdots,X_n$为总体$X$的简单随机样本，其样本方差为$S^2$，求$E(S^2)$.

8．设总体$X\sim\chi^2(n)$，$X_1,X_2,\cdots,X_{10}$是来自总体X的简单随机样本，求$E(\overline{X})$、$D(\overline{X})$、$E(S^2)$.

9．设在总体$N(\mu,\sigma^2)$中抽得一容量为16的样本，这里μ,σ^2均未知.

（1）求$P\{S^2/\sigma^2\leqslant 2.041\}$，其中$S^2$为样本方差.

（2）求$D(S^2)$.

第7章 参数估计

在第 6 章中，我们主要讲述了几个常用统计量的抽样分布. 引进统计量的目的在于对感兴趣的问题进行统计推断，而在现实中，我们感兴趣的问题多与分布中的未知参数有关. 本章我们将讨论统计推断，所谓统计推断就是由样本来推断总体，从研究的问题和内容来看，统计推断可以分为参数估计和假设检验两个主要类型，本章介绍参数估计.

当所研究的总体分布类型已知，但分布中有一个或多个未知参数时，如何根据样本观测值来估计未知参数？这就是参数估计问题.

参数估计问题分为点估计问题与区间估计问题两类. 所谓点估计就是用某一个函数值作为总体未知参数的估计值；区间估计就是对于未知参数给出一个范围，并且在一定的可靠度下使这个范围包含未知参数.

7.1 点估计

如何选取样本来对总体的种种统计特征做出判断，这类问题是数理统计问题. 知道随机变量（总体）的分布类型，但确切的形式不知道，根据样本来估计总体的参数，这类问题称为**参数估计**.

设 $X_1, X_2, \cdots, X_n$ 是取自总体 X 的一个样本，$x_1, x_2, \cdots, x_n$ 是相应的一个样本值. θ 是总体分布中的未知参数，所谓 θ 的点估计，就是构造一个适当的统计量

$$\hat{\theta}(X_1, X_2, \cdots, X_n),$$

然后用其观察值

$$\hat{\theta}(x_1, x_2, \cdots, x_n)$$

来估计 θ 的值. 称 $\hat{\theta}(X_1, X_2, \cdots, X_n)$ **为 θ 的估计量**. 称 $\hat{\theta}(x_1, x_2, \cdots, x_n)$ **为 θ 的估计值**. 在不致混淆的情况下，估计量与估计值统称为**点估计**，简称为**估计**，并简记为 $\hat{\theta}$. 本节介绍两种常见的点估计方法，它们是矩估计法和最大似然估计法.

7.1.1 矩估计法

1. 矩估计法的思想

矩估计法是由英国统计学家皮尔逊在 19 世纪末、20 世纪初根据辛钦大数定律提出的，具体做法是把矩作为总体矩的估计，从而得出总体分布中的未知参数.

设 $X_1, X_2, \cdots, X_n$ 是取自总体 X 的一个样本，若总体 X 的 k 阶矩 $\mu_k = E(X^k)$ 存在，由辛钦大数定律知，当 $n \to \infty$ 时，有

$$A_k = \frac{1}{n}\sum_{i=1}^{n} X_i^k \xrightarrow{P} \mu_k, \quad k = 1, 2, \cdots.$$

基于样本矩 A_k 依概率收敛于相应的总体矩 μ_k，样本矩的连续函数依概率收敛于相应的总体矩的连

续函数，所以用相应的样本矩 A_k 去替换总体矩 μ_k，用样本矩的函数去替换总体矩的函数，这种方法称为**矩估计法**. 用矩估计法确定的估计量称为**矩估计量**. 相应的估计值称为**矩估计值**.

2. 矩估计法的步骤

（1）求出总体 X 的前 k 阶总体矩和前 k 阶样本矩，k 为未知参数的个数.

设 X 为离散型的随机变量，其分布律为 $P\{X=x\}=p(x;\theta_1,\theta_2,\cdots,\theta_k)$，或 X 为连续型的随机变量，其概率密度为 $f(x;\theta_1,\theta_2,\cdots,\theta_k)$，其中 $\theta_1,\cdots,\theta_k$ 为未知参数，设总体 X 的前 k 阶矩 $\mu_1,\cdots,\mu_k$ 都存在，且都是这 k 个未知参数的函数，即

$$\mu_i=E(X^i)=\mu_i(\theta_1,\cdots,\theta_k),\ i=1,2,\cdots,k,$$

其中

$$E(X^i)=\begin{cases}\sum\limits_{x\in R_X}x^i p(x;\theta_1,\theta_2,\cdots,\theta_k), & X\text{为离散型},\\ \int_{-\infty}^{+\infty}x^i f(x;\theta_1,\theta_2,\cdots,\theta_k)\mathrm{d}x, & X\text{为连续型}.\end{cases}\quad i=1,2,\cdots,k.$$

这里，R_X 是 X 可能取值的范围.

（2）由替换原则，用样本矩替换总体矩，令 k 阶总体矩和 k 阶样本矩相等，从而得到如下方程：

$$A_i=\frac{1}{n}\sum_{j=1}^{n}X_j^i=\mu_i(\theta_1,\theta_2,\cdots,\theta_k),\ i=1,2,\cdots k. \tag{7.1}$$

从上述方程组中求解，就得到未知参数 $\theta_1,\cdots,\theta_k$ 的矩估计量：

$$\hat{\theta}_i=\hat{\theta}_i(A_1,\cdots,A_k),\quad i=1,2,\cdots,k. \tag{7.2}$$

【**例 7.1**】设总体 X 在 $[0,\theta]$ 上服从均匀分布，θ 未知，$X_1,X_2,\cdots,X_n$ 是取自总体 X 的一个样本，求 θ 的矩估计量.

解 因为 $\mu_1=E(X)=\dfrac{\theta}{2}$，$A_1=\overline{X}$，所以由矩估计法，令 $A_1=\mu_1$，求得 θ 的矩估计量为 $\hat{\theta}=2\overline{X}$.

【**例 7.2**】设 $X_1,X_2,\cdots,X_n$ 是取自某总体 X 的一个样本，且总体均值位 μ 和方差为 σ^2，$\sigma^2>0$，试求 μ 和 σ^2 的矩估计量.

解 由题意知

$$\mu_1=E(X)=\mu,$$

$$\mu_2=E(X^2)=D(X)+[E(X)]^2=\sigma^2+\mu^2,$$

$$A_1=\frac{1}{n}\sum_{i=1}^{n}X_i=\overline{X},\quad A_2=\frac{1}{n}\sum_{i=1}^{n}X_i^2.$$

令 $A_1=\mu_1,A_2=\mu_2$，得

$$\begin{cases}\overline{X}=\mu,\\ \dfrac{1}{n}\sum\limits_{i=1}^{n}X_i^2=\sigma^2+\mu^2.\end{cases}$$

解得 μ 和 σ^2 的矩估计量分别为

$$\hat{\mu}=\overline{X},\quad \hat{\sigma}^2=\frac{1}{n}\sum_{i=1}^{n}(X_i-\overline{X})^2=\frac{n-1}{n}S^2.$$

【**例 7.3**】设总体 X 服从二项分布 $B(m,p)$，其中 m,p 都是未知参数，$X_1,X_2,\cdots,X_n$ 为取自总体 X 的样本，试求 p 的矩估计量.

解 由于

$$\mu_1 = E(X) = mp,$$

$$\mu_2 = E(X^2) = D(X) + [E(X)]^2 = mp(1-p) + (mp)^2,$$

$$A_1 = \frac{1}{n}\sum_{i=1}^{n} X_i = \overline{X},\quad A_2 = \frac{1}{n}\sum_{i=1}^{n} X_i^2,$$

令 $A_1 = \mu_1, A_2 = \mu_2$，得

$$\begin{cases} \overline{X} = mp, \\ \dfrac{1}{n}\sum_{i=1}^{n} X_i^2 = mp(1-p) + (mp)^2. \end{cases}$$

解方程组得 p 的矩估计量为

$$\hat{p} = 1 + \overline{X} - \frac{1}{n\overline{X}}\sum_{i=1}^{n} X_i^2 .$$

7.1.2 最大似然估计法

1. 最大似然估计法的思想

最大似然估计法是点估计中最常用的另外一种方法，它是由德国数学家高斯最早提出的，后来英国数学家费希尔又在其文章中重新提出，并完善了这个参数估计法. 最大似然估计法是建立在最大似然原理的基础上的一个统计方法. 最大似然原理的直观想法是，一个随机试验有若干个可能的结果 $A,B,C,\cdots$，若在一次试验中，结果 A 出现，则一般认为试验条件对 A 有利，即 A 出现的概率很大. 例如，设甲厂和乙厂生产同一种产品，各 100 件，甲厂生产的 100 个产品中，有 98 个正品，2 个次品，乙厂生产的 100 个产品中，有 2 个正品，98 个次品，现随机地从这 200 个产品中抽取 1 个产品，发现是次品，这时我们倾向于认为这个次品是由乙厂生产的.

由费希尔引进的最大似然估计法的思想就是，在已经得到试验结果的情况下，应该寻找使这个结果出现的可能性最大的那个 θ 作为 θ 的估计 $\hat{\theta}$.

下面分别就离散型总体和连续型总体两种情形做具体讨论.

（1）离散型总体的情形.

设总体 X 的概率分布为

$$P\{X = x\} = p(x,\theta)\text{，其中 } \theta \text{ 为未知参数.}$$

如果 $X_1,X_2,\cdots,X_n$ 是取自总体 X 的样本，样本的观察值为 $x_1,x_2,\cdots,x_n$，则随机事件 $\{X_1 = x_1, X_2 = x_2, \cdots, X_n = x_n\}$ 发生的概率为

$$P\{X_1 = x_1,\cdots,X_n = x_n\} = \prod_{i=1}^{n} P\{X_i = x_i\} = \prod_{i=1}^{n} p(x_i,\theta),$$

记为

$$L(\theta) = L(x_1,x_2,\cdots,x_n,\theta) = \prod_{i=1}^{n} p(x_i,\theta). \tag{7.3}$$

这里 $x_1,x_2,\cdots,x_n$ 是已知的样本值，它们是常数，所以 $L(\theta)$ 是 θ 的函数，并称其为样本的**似然函数**.

对于离散型总体，如果样本观测值 $x_1,x_2,\cdots,x_n$ 出现了，从直观上来看，这个随机事件 $\{X_1 = x_1, X_2 = x_2, \cdots, X_n = x_n\}$ 发生的概率 $P\{X_1 = x_1,,\cdots,X_n = x_n\}$ 应该很大，所以我们应当选取参数 θ 的值，使这组样本观测值出现的可能性最大，也就是使似然函数 $L(\theta)$ 达到最大值，从而求得参数 θ

的估计 $\hat{\theta}$. 这种求点估计的方法称为最大似然估计法.

（2）连续型总体的情形.

设总体 X 的概率密度为 $f(x,\theta)$，其中 θ 为未知参数，设 $X_1,X_2,\cdots,X_n$ 是取自总体 X 的样本，则 $X_1,X_2,\cdots,X_n$ 的联合密度为

$$\prod_{i=1}^{n} f(x_i,\theta).$$

对于连续型总体，样本观测值 $x_1,x_2,\cdots,x_n$ 出现的概率总是为 0，但我们可以用联合概率密度函数来表示随机变量在观测值附近出现的可能性，也将之称为似然函数. 记为

$$L(\theta)=L(x_1,x_2,\cdots,x_n,\theta)=\prod_{i=1}^{n} f(x_i,\theta). \tag{7.4}$$

定义 7.1 若对任意给定的样本值 $x_1,x_2,\cdots,x_n$，存在

$$\hat{\theta}=\hat{\theta}(x_1,x_2,\cdots,x_n)$$

使

$$L(\hat{\theta})=\max_{\theta} L(\theta),$$

则称 $\hat{\theta}=\hat{\theta}(x_1,x_2,\cdots,x_n)$ 为 θ 的**最大似然估计值**. 称相应的统计量 $\hat{\theta}(X_1,X_2,\cdots,X_n)$ 为 θ 的**最大似然估计量**. 它们统称为 θ 的**最大似然估计**.

2. 最大似然估计法的一般步骤

求未知参数 θ 的最大似然估计问题，归结为求似然函数 $L(\theta)$ 的最大值点的问题. 当似然函数关于未知参数可微时，可利用微分学中求最大值的方法求之. 其主要步骤如下.

（1）构造似然函数 $L(\theta)=L(x_1,x_2,\cdots,x_n,\theta)$.

（2）令 $\dfrac{\mathrm{d}L(\theta)}{\mathrm{d}\theta}=0$ 或 $\dfrac{\mathrm{d}\ln L(\theta)}{\mathrm{d}\theta}=0$，求出驻点.

注意

因函数 $\ln L$ 是 L 的单调增加函数，且函数 $\ln L(\theta)$ 与函数 $L(\theta)$ 有相同的极值点，故转化为求函数 $\ln L(\theta)$ 的最大值点较方便.

（3）判断并求出最大值点，在最大值点的表达式中代入样本值就得参数的最大似然估计值.

注意

当似然函数关于未知参数不可微时，只能按最大似然估计法的基本思想求出最大值点.

上述方法易推广至多个未知参数的情形.

【例 7.4】 设 $X_1,X_2,\cdots,X_n$ 是来自几何分布

$$P(X=k)=p(1-p)^{k-1},\ k=1,2,\cdots,\quad 0<p<1$$

的样本，试求未知参数 p 的最大似然估计值.

解 似然函数为

$$L(p)=\prod_{i=1}^{n}\left[(1-p)^{x_i-1}p\right]=(1-p)^{\sum_{i=1}^{n}x_i-n}p^n,$$

取对数，得

$$\ln L(p)=\left(\sum_{i=1}^{n}x_i-n\right)\ln(1-p)+n\ln p,$$

求导且令

$$\frac{\mathrm{d}\ln L(p)}{\mathrm{d}p}=\frac{n}{p}-\frac{\sum_{i=1}^{n}x_i-n}{1-p}=0,$$

得到 p 的最大似然估计值为

$$\hat{p}=\frac{n}{\sum_{i=1}^{n}x_i}=\frac{1}{\overline{x}}.$$

【例 7.5】 设总体 X 的概率分布为

X	0	1	2	3
P	θ^2	$2\theta(1-\theta)$	θ^2	$1-2\theta$

其中 $\theta(0<\theta<0.5)$ 是未知参数，利用总体 X 的样本值 3, 1, 3, 0, 3, 1, 2, 3，求 θ 的矩估计值和最大似然估计值.

解 先求 θ 的矩估计.

总体一阶矩为 $E(X)=0\times\theta^2+1\times2\theta(1-\theta)+2\theta^2+3\times(1-2\theta)=3-4\theta$，令总体一阶矩等于样本一阶矩，求得 θ 的矩估计量为 $\hat{\theta}=\frac{3-\overline{X}}{4}$，所以 θ 的矩估计值为

$$\hat{\theta}=\frac{3-\overline{x}}{4}=\frac{3-(3+1+3+3+1+2+3)/8}{4}=\frac{1}{4}.$$

再求 θ 的最大似然估计.

似然函数为

$$L(\theta)=\prod_{i=1}^{8}P\{X_i=x_i\}=4\theta^6(1-\theta)^2(1-2\theta)^4,$$

对数似然函数为

$$\ln L(\theta)=\ln4+6\ln\theta+2\ln(1-\theta)+4\ln(1-2\theta),$$

令 $\frac{\mathrm{d}\ln L(\theta)}{\mathrm{d}\theta}=\frac{6}{\theta}-\frac{2}{1-\theta}-\frac{8}{1-2\theta}=0$，则 θ 的最大似然估计值为 $\hat{\theta}=\frac{7-\sqrt{13}}{12}$.

【例 7.6】 设总体的概率密度为

$$f(x;\theta)=\begin{cases}\theta x^{\theta-1}, & 0<x<1,\\ 0\ , & \text{其他}.\end{cases}$$

其中参数 $\theta>0$，试用来自总体的样本 $x_1,x_2,\cdots,x_n$，求未知参数 θ 的矩估计量和最大似然估计量.

解 先求矩估计.

$$\mu_1=E(X)=\int_0^1\theta x^{\theta}\mathrm{d}x=\frac{\theta}{\theta+1},$$

令 $A_1=\overline{X}$，得 θ 的矩估计量为

$$\hat{\theta}=\frac{\overline{X}}{1-\overline{X}}.$$

再求最大似然估计.

似然函数为

$$L(x_1,\cdots,x_n;\theta)=\prod_{i=1}^{n}\theta x_i^{\theta-1}=\theta^n(x_1\cdots x_n)^{\theta-1},$$

取对数，得

$$\ln L=n\ln\theta+(\theta-1)\sum_{i=1}^{n}\ln x_i ,$$

求导且令

$$\frac{\mathrm{d}\ln L(\theta)}{\mathrm{d}\theta}=\frac{n}{\theta}+\sum_{i=1}^{n}\ln x_i=0,$$

θ的最大似然估计值为

$$\hat{\theta}=-\frac{1}{\frac{1}{n}\sum_{i=1}^{n}\ln x_i}.$$

所以θ的最大似然估计量为

$$\hat{\theta}=-\frac{1}{\frac{1}{n}\sum_{i=1}^{n}\ln X_i}.$$

【例 7.7】 设$X_1,X_2,\cdots,X_n$是正态总体$N(\mu,\sigma^2)$的一个样本，求μ,σ^2的最大似然估计量.

解 X的概率密度为

$$f(x;\mu,\sigma^2)=\frac{1}{\sqrt{2\pi}\sigma}\mathrm{e}^{-\frac{(x-\mu)^2}{2\sigma^2}},$$

似然函数为

$$L(\mu,\sigma^2)=\prod_{i=1}^{n}\left[\frac{1}{\sqrt{2\pi}\sigma}\mathrm{e}^{-\frac{(x_i-\mu)^2}{2\sigma^2}}\right]=\frac{1}{\left(\sqrt{2\pi}\right)^n(\sigma^2)^{\frac{n}{2}}}\mathrm{e}^{-\frac{\sum_{i=1}^{n}(x_i-\mu)^2}{2\sigma^2}},$$

取对数得

$$\ln L=-\frac{\sum_{i=1}^{n}(x_i-\mu)^2}{2\sigma^2}-\frac{n}{2}\ln(2\pi)-\frac{n}{2}\ln\sigma^2.$$

因为有两个未知参数求极值，所以根据偏导方程

$$\begin{cases}\dfrac{\partial\ln L}{\partial\mu}=\dfrac{1}{\sigma^2}\left(\sum_{i=1}^{n}x_i-n\mu\right)=0\\[2ex]\dfrac{\partial\ln L}{\partial\sigma^2}=-\dfrac{n}{2\sigma^2}+\dfrac{1}{2(\sigma^2)^2}\sum_{i=1}^{n}(x_i-\mu)^2=0\end{cases}$$

解方程组得μ,σ^2的最大似然估计值为

$$\hat{\mu}=\frac{\sum_{i=1}^{n}x_i}{n}=\overline{x}\,,\ \hat{\sigma}^2=\frac{1}{n}\sum_{i=1}^{n}(x_i-\overline{x})^2.$$

因此μ,σ^2的最大似然估计量分别为

$$\hat{\mu}=\frac{\sum_{i=1}^{n}X_i}{n}=\overline{X},$$

$$\hat{\sigma}^2 = \frac{1}{n}\sum_{i=1}^{n}(X_i - \bar{X})^2 .$$

它们与相应的矩估计量相同.

【例 7.8】设总体 X 在 $[a,b]$ 上服从均匀分布，a,b 未知，$X_1, X_2, \cdots, X_n$ 是总体 X 的样本，求 a,b 的最大似然估计量.

解 X 的概率密度为

$$f(x;a,b) = \begin{cases} \dfrac{1}{b-a}, & a \leqslant x \leqslant b, \\ 0, & \text{其他}. \end{cases}$$

似然函数为

$$L(a,b) = \begin{cases} \dfrac{1}{(b-a)^n}, & a \leqslant x_1, x_2, \cdots, x_n \leqslant b, \\ 0, & \text{其他}. \end{cases}$$

当 $a \leqslant x_1, x_2, \cdots, x_n \leqslant b$，似然函数取对数得

$$\ln L(a,b) = -n\ln(b-a) .$$

令

$$\begin{cases} \dfrac{\partial \ln L}{\partial a} = \dfrac{n}{b-a} = 0, \\ \dfrac{\partial \ln L}{\partial b} = -\dfrac{n}{b-a} = 0, \end{cases}$$

此时方程组无解，所以只能用最大似然估计的定义来求.

记 $x_{(1)} = \min\{x_1, x_2, \cdots, x_n\}, x_{(n)} = \max\{x_1, x_2, \cdots, x_n\}$，似然函数可以写成

$$L(a,b) = \begin{cases} \dfrac{1}{(b-a)^n}, & a \leqslant x_{(1)}, b \geqslant x_{(n)}, \\ 0, & \text{其他}. \end{cases}$$

显然

$$L(a,b) = \frac{1}{(b-a)^n} \leqslant \frac{1}{(x_{(n)} - x_{(1)})^n},$$

即 $L(a,b)$ 在 $a = x_{(1)}, b = x_{(n)}$ 时取到最大值 $(x_{(n)} - x_{(1)})^{-n}$，故 a,b 的最大似然估计值为

$$\hat{a} = x_{(1)} = \min\{x_1, x_2, \cdots, x_n\}, \hat{b} = x_{(n)} = \max\{x_1, x_2, \cdots, x_n\} ,$$

a,b 的最大似然估计量为

$$\hat{a} = X_{(1)} = \min\{X_1, X_2, \cdots, X_n\}, \hat{b} = X_{(n)} = \max\{X_1, X_2, \cdots, X_n\} .$$

最大似然估计有一个简单而有用的性质：如果 $\hat{\theta}$ 是 θ 的最大似然估计，$\mu = g(\theta)$ 存在单值反函数，则 $g(\theta)$ 的最大似然估计为 $g(\hat{\theta})$．该性质称为最大似然估计的不变性，它使具有复杂结构的参数最大似然估计的计算变得容易了.例如，例 7.7 中 σ^2 的最大似然估计量为

$$\hat{\sigma}^2 = \frac{1}{n}\sum_{i=1}^{n}(X_i - \bar{X})^2 ,$$

则 σ 的最大似然估计量为

$$\hat{\sigma} = \sqrt{\frac{1}{n}\sum_{i=1}^{n}(X_i - \bar{X})^2} .$$

7.2 点估计的评价标准

在 7.1 节中，我们介绍了两种求总体分布中未知参数的点估计的方法. 可以看到，对于同一个参数，用不同的估计法得到的点估计量不一定相同，那么哪种估计法好呢？为回答这个问题，应当建立衡量估计量好坏的标准，参数θ的所谓“最佳估计量”$\hat{\theta}(x_1,x_2,\cdots,x_n)$应当在某种意义下最接近于$\theta$. 下面介绍几个常用的标准.

7.2.1 无偏性

估计量是随机变量，对于不同的样本值会得到不同的估计值. 一个自然的要求是希望估计值在未知参数真值的附近，不要偏高也不要偏低. 由此引入无偏性标准.

定义 7.2 设$\hat{\theta}(X_1,\cdots,X_n)$是未知参数$\theta$的估计量，若

$$E(\hat{\theta})=\theta, \tag{7.5}$$

则称$\hat{\theta}$为θ的**无偏估计量**.

显然，用参数θ的无偏估计量$\hat{\theta}$代替参数θ时所产生的误差的数学期望为零，在科学技术中$E(\hat{\theta})-\theta$称为$\hat{\theta}$作为θ的估计的系统误差. 无偏估计的实际意义就是无系统误差.

对一般总体而言，有如下定理.

定理 7.1 设$X_1,\cdots,X_n$为取自总体X的样本，总体X的均值为μ，方差为σ^2. 则：

（1）样本均值$\bar{X}$是总体均值μ的无偏估计量；

（2）样本方差$S^2=\dfrac{1}{n-1}\sum\limits_{i=1}^{n}(X_i-\bar{X})^2$是总体方差$\sigma^2$的无偏估计量.

证 （1）因为样本$X_1,\cdots,X_n$相互独立，且与总体X服从相同的分布，所以有

$$E(X_i)=\mu,D(X_i)=\sigma^2,\ i=1,2,\cdots,n.$$

利用数学期望的性质，得

$$\begin{aligned}E(\bar{X})&=E(\frac{1}{n}\sum_{i=1}^{n}X_i)=\frac{1}{n}E(\sum_{i=1}^{n}X_i)\\&=\frac{1}{n}\sum_{i=1}^{n}E(X_i)=\frac{1}{n}\cdot n\mu=\mu.\end{aligned}$$

所以，$\bar{X}$是μ的无偏估计量：$\hat{\mu}=\bar{X}$.

（2）因为$S^2=\dfrac{1}{n-1}\sum\limits_{i=1}^{n}(X_i-\bar{X})^2=\dfrac{1}{n-1}(\sum\limits_{i=1}^{n}X_i^2-n\bar{X}^2)$，所以

$$\begin{aligned}E(S^2)&=E\left[\frac{1}{n-1}(\sum_{i=1}^{n}X_i^2-n\bar{X}^2)\right]\\&=\frac{1}{n-1}\left[\sum_{i=1}^{n}E(X_i^2)-nE(\bar{X}^2)\right]\\&=\frac{1}{n-1}\sum_{i=1}^{n}\left[D(X_i)+(E(X_i))^2\right]-\frac{n}{n-1}\left[D(\bar{X})+(E(\bar{X}))^2\right]\\&=\frac{1}{n-1}\sum_{i=1}^{n}(\sigma^2+\mu^2)-\frac{n}{n-1}(\frac{\sigma^2}{n}+\mu^2)=\sigma^2.\end{aligned}$$

所以，样本方差 S^2 为总体方差 σ^2 的无偏估计量.

应当指出，无偏性不是衡量估计好坏的唯一标准，样本中的任意分量 X_i 都是 μ 的无偏估计量.

7.2.2 有效性

一个参数 θ 常有多个无偏估计，在这些估计量中，自然应选用对 θ 的偏离程度较小的，即一个较好的估计量的方差应该较小.由此引入评价估计量的另一标准——有效性.

定义 7.3 设 $\hat{\theta}_1=\hat{\theta}_1(X_1,\cdots,X_n)$ 和 $\hat{\theta}_2=\hat{\theta}_2(X_1,\cdots,X_n)$ 都是参数 θ 的无偏估计量，若

$$D(\hat{\theta}_1)<D(\hat{\theta}_2),$$

则称 $\hat{\theta}_1$ **较** $\hat{\theta}_2$ **有效**.

【例 7.9】 设总体 $X\sim N(0,\sigma^2)$，参数未知，$X_1,X_2,\cdots,X_n$ 是取自总体 X 的简单随机样本，估计量为

$$\hat{\sigma}_1^2=s^2=\frac{1}{n-1}\sum_{i=1}^{n}(X_i-\overline{X})^2,\hat{\sigma}_2^2=\frac{1}{n}\sum_{i=1}^{n}X_i^2.$$

（1）验证 $\hat{\sigma}_1^2$ 与 $\hat{\sigma}_2^2$ 的无偏性.（2）求方差 $D(\hat{\sigma}_1^2)$ 与 $D(\hat{\sigma}_2^2)$ 并比较其大小.

解 （1）由于 $X_1,X_2,\cdots,X_n$ 相互独立且总体 X 同分布，故

$$E(X_i)=0,D(X_i)=\sigma^2,E(X_i^2)=\sigma^2,E(\overline{X})=0,E(\overline{X})^2=D(\overline{X})=\frac{\sigma^2}{n},$$

$$E(\hat{\sigma}_1^2)=E(s^2)=\frac{1}{n-1}E[\sum_{i=1}^{n}(X_i-\overline{X})^2]=\frac{1}{n-1}E\left[\sum_{i=1}^{n}X_i^2-n(\overline{X})^2\right]$$

$$=\frac{1}{n-1}\left[\sum_{i=1}^{n}E(X_i^2)-nE(\overline{X})^2\right]=\frac{1}{n-1}\left(n\sigma^2-n\cdot\frac{\sigma^2}{n}\right)=\sigma^2.$$

$$E(\hat{\sigma}_2^2)=E\left[\frac{1}{n}\sum_{i=1}^{n}X_i^2\right]=\frac{1}{n}\sum_{i=1}^{n}E(X_i^2)=\sigma^2.$$

（2）根据抽样分布的有关结论知

$$\frac{1}{\sigma^2}\sum_{i=1}^{n}(X_i-\overline{X})^2=\frac{(n-1)s^2}{\sigma^2}\sim\chi^2(n-1),$$

$$\frac{X_i}{\sigma}\sim N(0,1),\ \frac{(n-1)s^2}{\sigma^2}=\frac{1}{\sigma^2}\sum_{i=1}^{n}X_i^2\sim\chi^2(n),$$

$$D\left(\frac{(n-1)s^2}{\sigma^2}\right)=2(n-1),\left(\frac{n-1}{\sigma^2}\right)D(S^2)=2(n-1),$$

$$D(\hat{\sigma}_1^2)=D(S^2)=\frac{2\sigma^4}{n-1},$$

$$D\left(\frac{1}{\sigma^2}\sum_{i=1}^{n}X_i^2\right)=2n,D\left(\frac{n}{\sigma^2}\cdot\frac{1}{n}\sum_{i=1}^{n}X_i^2\right)=D\left(\frac{n}{\sigma^2}\hat{\sigma}_2^2\right)=2n,$$

$$D(\hat{\sigma}_2^2)=D\left(\frac{1}{n}\sum_{i=1}^{n}X_i^2\right)=\frac{2\sigma^4}{n}.$$

计算可知$D(\hat{\sigma}_2^2) < D(\hat{\sigma}_1^2)$，因此$\hat{\sigma}_2^2$比$\hat{\sigma}_1^2$有效.

【例7.10】设X_1,X_2,X_3,X_4是总体X的样本，且总体X服从参数为θ的指数分布，其中θ未知，设有估计量

$$T_1=\frac{1}{6}(X_1+X_2)+\frac{1}{3}(X_3+X_4),$$

$$T_2=\frac{1}{5}(X_1+2X_2+3X_3+4X_4),$$

$$T_3=\frac{1}{4}(X_1+X_2+X_3+X_4).$$

（1）指出T_1、T_2、T_3中哪几个是θ的无偏估计量.

（2）在上述θ的无偏估计中指出哪一个较为有效.

解 （1）由于X_i服从参数为θ的指数分布，所以

$$E(X_i)=\theta,\quad D(X_i)=\theta^2,\quad i=1,2,3,4.$$

由数学期望的性质，有

$$E(T_1)=\frac{1}{6}[E(X_1)+E(X_2)]+\frac{1}{3}[E(X_3)+E(X_4)]=\theta,$$

$$E(T_2)=\frac{1}{5}[E(X_1)+2E(X_2)+3E(X_3)+4E(X_4)]=2\theta,$$

$$E(T_3)=\frac{1}{4}[E(X_1)+E(X_2)+E(X_3)+E(X_4)]=\theta,$$

即T_1,T_3是θ的无偏估计量.

（2）由方差的性质，并注意到X_1,X_2,X_3,X_4相互独立，知

$$D(T_1)=\frac{1}{36}[D(X_1)+D(X_2)]+\frac{1}{9}[D(X_3)+D(X_4)]=\frac{5}{18}\theta^2,$$

$$D(T_3)=\frac{1}{16}[D(X_1)+D(X_2)+D(X_3)+D(X_4)]=\frac{1}{4}\theta^2.$$

所以$D(T_1)>D(T_3)$，从而T_3较为有效.

7.2.3 相合性

我们不仅希望一个估计量是无偏的，并具有较小的方差，还希望当样本容量无限增大时，估计量能在某种意义下任意接近未知参数的真值，由此引入相合性（一致性）的评价标准.

定义7.4 设$\hat{\theta}=\hat{\theta}(X_1,\cdots,X_n)$为未知参数$\theta$的估计量，若$\hat{\theta}$依概率收敛于$\theta$，即对任意$\varepsilon>0$，有

$$\lim_{n\to\infty}P\{|\hat{\theta}-\theta|<\varepsilon\}=1,$$

或

$$\lim_{n\to\infty}P\{|\hat{\theta}-\theta|\geqslant\varepsilon\}=0,$$

则称$\hat{\theta}$为θ**的相合估计量.**

例如，由第6章知，样本$k(k\geqslant1)$阶矩是总体X的k阶矩$\mu_k=E(X^k)$的相合估计量，进而若待估参数$\theta=g(\mu_1,\mu_2,\cdots,\mu_k)$，其中$g$为连续函数，则$\theta$的矩估计量$\hat{\theta}=g(\hat{\mu}_1,\hat{\mu}_2,\cdots,\hat{\mu}_k)=g(A_1,A_2,\cdots,A_n)$是$\theta$的相合估计量.

由最大似然估计法得到的估计量，在一定条件下也具有相合性.

相合性是对一个估计量的基本要求，若估计量不具有相合性，那么不论将样本容量n取多么大，都不能将θ估计得足够准确，这样的估计量是不可取的.

7.3 置信区间

我们已经讨论了参数的点估计，即怎样根据样本求得未知参数的点估计量（或点估计值）. 参数θ的点估计值$\hat{\theta}(x_1,x_2,\cdots,x_n)$只是$\theta$的一个近似值. 一般来说，无论选用的点估计值$\hat{\theta}(X_1,X_2,\cdots,X_n)$如何好，我们很难估计$\theta$的这个近似值与$\theta$的真值之间的误差. 在实际问题中，我们不仅需要求出参数θ的近似值，而且需要大致估计这个近似值的精确性与可靠性.

若能给出一个估计区间，让我们有较大把握参数的真值被含在这个区间内，这样的估计就是所谓的区间估计. 下面介绍区间估计的概念、方法，并重点讲述正态总体下参数的区间估计.

7.3.1 置信区间的概念

定义 7.5 $X_1,X_2,\cdots,X_n$是取自总体X的一个样本，设θ为未知参数，对给定的数$1-\alpha$ $(0<\alpha<1)$，若存在统计量

$$\underline{\theta}=\underline{\theta}(X_1,X_2,\cdots,X_n),\quad \bar{\theta}=\bar{\theta}(X_1,X_2,\cdots,X_n),$$

使得

$$P\{\underline{\theta}<\theta<\bar{\theta}\}=1-\alpha, \tag{7.6}$$

则称随机区间$(\underline{\theta},\bar{\theta})$为$\theta$的置信水平为$1-\alpha$的**置信区间**，称$1-\alpha$为**置信度**（或**置信水平**），又分别称$\underline{\theta}$与$\bar{\theta}$为$\theta$的**置信下限**与**置信上限**.

如果取$1-\alpha=0.95$，那么$(\underline{\theta},\bar{\theta})$为$\theta$的置信水平为0.95的置信区间，其含义是，重复抽样多次，得到多个样本值$(x_1,x_2,\cdots,x_n)$，对应每个样本值确定一个置信区间$(\underline{\theta},\bar{\theta})$，每个区间要么包含了$\theta$的真值，要么不包含$\theta$的真值. 例如，重复抽样100次，则其中大约有95个区间包含θ的真值，大约有5个区间不包含θ的真值.

对于不同的置信水平，参数θ的置信区间不同；置信区间越小，估计越精确，但置信水平会降低；相反，置信水平越高，估计越可靠，但精确度会降低，置信区间会较大. 在一般情况下，对于固定的样本容量，不能同时做到精确度高（置信区间小），可靠程度也高（$1-\alpha$大）. 如果不降低可靠性而要缩小估计范围，则必须增大样本容量，增加抽样成本.

7.3.2 单个正态总体参数的置信区间

正态总体是最常见的分布，下面我们讨论它的两个参数的置信区间.

1. σ已知时，μ的置信区间

设总体$X\sim N(\mu,\sigma^2)$，其中σ^2已知，而μ为未知参数，$X_1,X_2,\cdots,X_n$是取自总体X的一个样本. 求μ的置信水平为$1-\alpha$的置信区间.

我们知道 $\overline{X}$ 是 μ 的无偏估计，且有

$$\frac{\overline{X}-\mu}{\sigma/\sqrt{n}} \sim N(0,1).$$

$\dfrac{\overline{X}-\mu}{\sigma/\sqrt{n}}$ 所服从的分布 $N(0,1)$ 不依赖于任何未知参数，按标准正态分布的上 α 分位点的定义，如图 7.1 所示，有

$$P\left\{\left|\frac{\overline{X}-\mu}{\sigma/\sqrt{n}}\right| < z_{\alpha/2}\right\} = 1-\alpha,$$

即

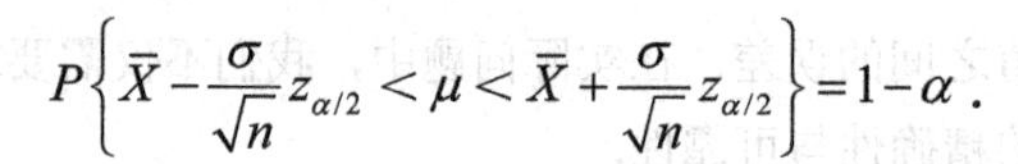

$$P\left\{\overline{X}-\frac{\sigma}{\sqrt{n}}z_{\alpha/2} < \mu < \overline{X}+\frac{\sigma}{\sqrt{n}}z_{\alpha/2}\right\} = 1-\alpha.$$

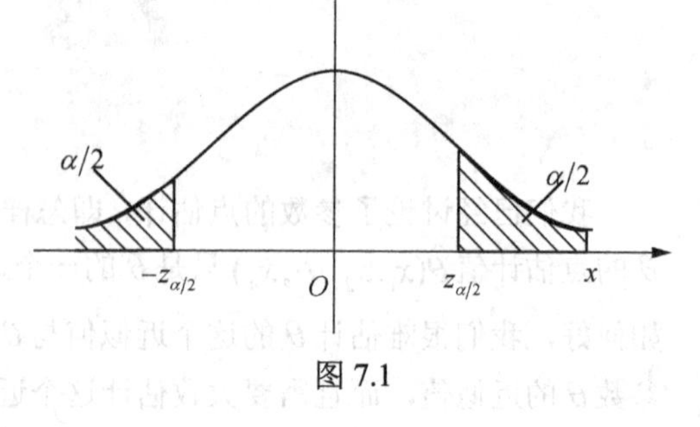

图 7.1

这样就得到了 μ 的一个置信水平为 $1-\alpha$ 的置信区间

$$\left(\overline{X}-\frac{\sigma}{\sqrt{n}}z_{\alpha/2}, \overline{X}+\frac{\sigma}{\sqrt{n}}z_{\alpha/2}\right). \tag{7.7}$$

【例 7.11】 有一大批螺丝钉，现从中随机地取 16 个，测得其长度（单位：cm）为

2.23, 2.21, 2.20, 2.24, 2.22, 2.25, 2.21, 2.24,
2.25, 2.23, 2.25, 2.21, 2.24, 2.23, 2.25, 2.22.

设螺丝钉的长度服从正态分布 $N(\mu,\sigma^2)$，其中 $\sigma=0.01$，求：（1）总体均值 μ 的 90%置信区间；（2）总体均值 μ 的 99%置信区间.

解 $\overline{x}=2.23$，$n=16$，$\sigma=0.01$.

（1）置信水平 $1-\alpha=0.9$ 时，查标准正态分布表得 $z_{\alpha/2}=z_{0.05}=1.645$，由式（7.7）得均值 μ 的置信水平为 90%的置信区间为

$$\left(\overline{x}-\frac{\sigma}{\sqrt{n}}z_{\alpha/2}, \overline{x}+\frac{\sigma}{\sqrt{n}}z_{\alpha/2}\right) = \left(2.23-\frac{0.01}{\sqrt{16}}\times 1.645, 2.23+\frac{0.01}{\sqrt{16}}\times 1.645\right)$$
$$\approx (2.226, 2.234).$$

（2）此处 $1-\alpha=0.99$，$\alpha=0.01$，查表知 $z_{\alpha/2}=z_{0.005}=2.576$，所以均值 μ 的置信水平为 99%的置信区间为

$$\left(2.23-\frac{0.01}{\sqrt{16}}\times 2.576, 2.23+\frac{0.01}{\sqrt{16}}\times 2.576\right) \approx (2.2236, 2.2364).$$

由【例 7.11】可知，在样本容量 n 固定的情况下，当置信水平较高时，置信区间长度较大，即区间估计精度降低；当置信水平较低时，置信区间长度较小，区间估计精度提高.

【例 7.12】 假定某地一旅游者的消费额 X 服从正态分布 $X \sim N(\mu,\sigma^2)$，且标准差 σ=12 元，今对该地旅游者的平均消费额加以估计，为了能以 95%的置信度相信这种估计误差小于 2 元，问：至少要调查多少人？

解 由题意知消费额 $X \sim N(\mu,12)$，设要调查 n 人.

由 $1-\alpha=0.95$，得 $\alpha=0.05$，查表得 $z_{\alpha/2}=1.96$，即

$$P\left\{\left|\frac{\overline{X}-\mu}{\sigma/\sqrt{n}}\right| < 1.96\right\} = 0.95,$$

而$\left|\bar{X}-\mu\right|<2$，解得$n=\left(\dfrac{1.96\times 12}{2}\right)^2=138.29$，至少要调查139人.

2. σ 未知时，μ 的置信区间

设总体$X\sim N(\mu,\sigma^2)$，其中μ，σ^2未知，$X_1,X_2,\cdots,X_n$是取自总体X的一个样本.

此时可用σ^2的无偏估计S^2代替σ^2，构造枢轴量

$$T=\frac{\bar{X}-\mu}{S/\sqrt{n}}.$$

由6.2节的定理知

$$T=\frac{\bar{X}-\mu}{S/\sqrt{n}}\sim t(n-1).$$

如图7.2所示，由t分布的上α分位点，有

$$P\left\{-t_{\alpha/2}(n-1)<\frac{\bar{X}-\mu}{S/\sqrt{n}}<t_{\alpha/2}(n-1)\right\}=1-\alpha,$$

即$P\left\{\bar{X}-t_{\alpha/2}(n-1)\cdot\dfrac{S}{\sqrt{n}}<\mu<\bar{X}+t_{\alpha/2}(n-1)\cdot\dfrac{S}{\sqrt{n}}\right\}=1-\alpha$.

因此，均值μ的一个置信水平为$1-\alpha$的置信区间为

$$\left(\bar{X}-t_{\alpha/2}(n-1)\cdot\frac{S}{\sqrt{n}},\bar{X}+t_{\alpha/2}(n-1)\cdot\frac{S}{\sqrt{n}}\right).\quad(7.8)$$

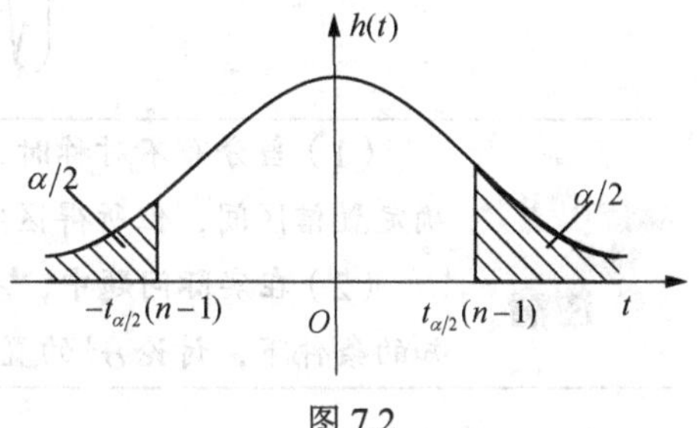

图7.2

【例7.13】 某种零件重量服从正态分布$N(\mu,\sigma^2)$，其中μ,σ^2未知，先从中抽取容量为16的样本，样本观测值（单位：kg）为

4.8,4.7,5.0,5.2,4.7,4.9,5.0,5.0,
4.6,4.7,5.0,5.1,4.7,4.5,4.9,4.9.

求零件均值μ的置信水平为95%的置信区间.

解 $\bar{x}=4.856$，$s^2=\dfrac{1}{n-1}\sum\limits_{i=1}^{n}(x_i-\bar{x})^2=(0.193)^2$.

置信水平$1-\alpha=0.95$时，$\alpha=0.05$，查表得$t_{\alpha/2}(n-1)=t_{0.025}(15)=2.1315$，由式（7.8）得$\mu$的置信水平为95%的置信区间为

$$\left(\bar{x}\pm\frac{s}{\sqrt{n}}t_{0.025}(n-1)\right)=\left(4.856\pm\frac{0.193}{\sqrt{16}}\times 2.1315\right)=(4.753,\ \ 4.959).$$

这就是说零件重量的均值在4.753kg与4.959kg之间，这个估计的可信程度为95%，若以此区间内任一值作为μ的近似值，其误差不大于$\dfrac{0.193}{\sqrt{16}}\times 2.1315\times 2=0.206$，这个误差估计的可信程度为95%.

3. μ 未知时，σ^2 的置信区间

设总体$X\sim N(\mu,\sigma^2)$,其中μ,σ^2未知，$X_1,X_2,\cdots,X_n$是取自总体X的一个样本. 求方差σ^2的置信度为$1-\alpha$的置信区间.

由于σ^2的无偏估计为S^2，且有

$$\frac{n-1}{\sigma^2}S^2\sim\chi^2(n-1),$$

如图 7.3 所示，由 χ^2 分布的上 α 分位点，有

$$P\left\{\chi^2_{1-\alpha/2}(n-1)<\frac{n-1}{\sigma^2}S^2<\chi^2_{\alpha/2}(n-1)\right\}=1-\alpha,$$

即
$$P\left\{\frac{(n-1)S^2}{\chi^2_{\alpha/2}(n-1)}<\sigma^2<\frac{(n-1)S^2}{\chi^2_{1-\alpha/2}(n-1)}\right\}=1-\alpha.$$

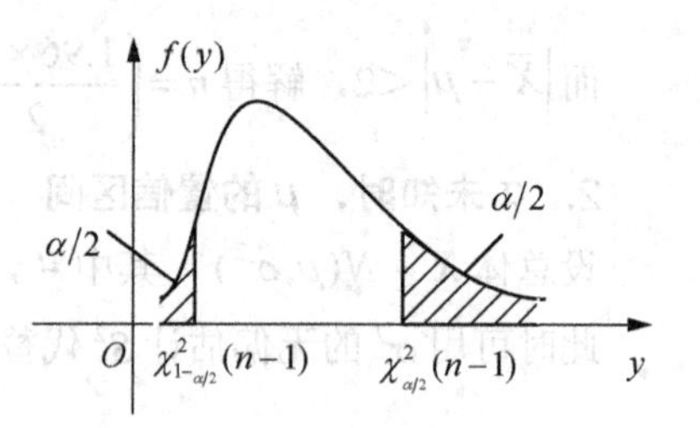

图 7.3

于是方差 σ^2 的一个置信水平为 $1-\alpha$ 的置信区间为

$$\left(\frac{(n-1)S^2}{\chi^2_{\alpha/2}(n-1)},\frac{(n-1)S^2}{\chi^2_{1-\alpha/2}(n-1)}\right),\tag{7.9}$$

而标准差 σ 的一个置信水平为 $1-\alpha$ 的置信区间为

$$\left(\sqrt{\frac{(n-1)S^2}{\chi^2_{\alpha/2}(n-1)}},\sqrt{\frac{(n-1)S^2}{\chi^2_{1-\alpha/2}(n-1)}}\right).\tag{7.10}$$

（1）当分布不对称时，如 χ^2 分布，为了计算方便，习惯上仍取其对称的分位数来确定置信区间，但所得区间不是最短的.

（2）在实际问题中，σ^2 未知时，μ 已知的情况是极为罕见的，所以我们只在 μ 未知的条件下，讨论 σ^2 的置信区间.

【例 7.14】 某种岩石密度的测量误差 $X\sim N(\mu,\sigma^2)$，取样本值 12 个，得样本方差 $s^2=0.04$，求 σ^2 的置信水平为 0.90 的置信区间.

解 置信水平 $1-\alpha=0.9$ 时，$\alpha=0.1$，查表得

$$\chi^2_{\alpha/2}(n-1)=\chi^2_{0.05}(11)=19.675\,,\quad \chi^2_{1-\alpha/2}(n-1)=\chi^2_{0.95}(11)=4.575\,.$$

由式（7.9）得 σ^2 的置信水平为 0.90 的置信区间为

$$\left(\frac{(n-1)S^2}{\chi^2_{\alpha/2}(n-1)},\frac{(n-1)S^2}{\chi^2_{1-\alpha/2}(n-1)}\right)=\left(\frac{11\times0.04}{19.675},\frac{11\times0.04}{4.575}\right)=(0.0224,0.0962)\,.$$

【例 7.15】 设某灯泡的寿命 $X\sim N(\mu,\sigma^2)$，σ^2 未知，现从中任取 5 个灯泡进行寿命试验，得到数据：10.5，11.0，11.2，12.5，12.8（单位：千小时）. 求置信水平为 90%的 σ^2 的区间估计.

解 样本均值及方差分别为 $\bar{x}=11.6, S^2=0.995$. 由 $1-\alpha=0.9$，得 $\alpha=0.1$，查表得

$$\chi^2_{0.05}(4)=0.711,\qquad \chi^2_{1-0.05}(4)=9.488\,.$$

$$\frac{(n-1)S^2}{\chi^2_{0.05}(4)}=\frac{4\times0.995}{0.711}=5.5977\,,\quad \frac{(n-1)S^2}{\chi^2_{0.95}(4)}=0.4195,$$

故 σ^2 的置信区间为（0.4195，5.5977）.

7.4 单侧置信区间

前面讨论的置信区间 $(\underline{\theta},\overline{\theta})$ 称为双侧置信区间，但在有些实际问题中，例如，对于设备、元件的寿命来说，平均寿命长是我们所希望的，我们关心的是平均寿命 θ 的下限；与之相反，在考虑化学药品中杂质含量的均值 μ 时，我们常关心参数 μ 的上限. 这就引出了单侧置信区间的概念.

定义 7.6 设 θ 为总体分布的未知参数，$X_1,X_2,\cdots,X_n$ 是取自总体 X 的一个样本，对给定的数

$1-\alpha(0<\alpha<1)$，若存在统计量

$$\underline{\theta}=\underline{\theta}(X_1,X_2,\cdots,X_n)$$

满足

$$P\{\underline{\theta}<\theta\}=1-\alpha\,, \tag{7.11}$$

则称$(\underline{\theta},+\infty)$为$\theta$的置信度为$1-\alpha$的**单侧置信区间**，称$\underline{\theta}$为$\theta$的**单侧置信下限**；若存在统计量

$$\overline{\theta}=\overline{\theta}(X_1,X_2,\cdots,X_n)$$

满足

$$P\{\theta<\overline{\theta}\}=1-\alpha\,, \tag{7.12}$$

则称$(-\infty,\overline{\theta})$为$\theta$的置信度为$1-\alpha$的**单侧置信区间**，称$\overline{\theta}$为$\theta$的**单侧置信上限**.

例如，对于正态总体X，若均值μ、方差σ^2均未知，设$X_1,X_2,\cdots,X_n$是一个样本，有

$$T=\frac{\overline{X}-\mu}{S/\sqrt{n}}\sim t(n-1).$$

如图7.4所示，有

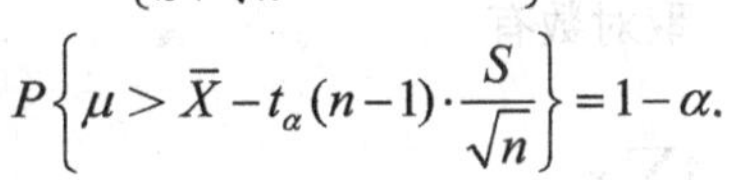

$$P\left\{\frac{\overline{X}-\mu}{S/\sqrt{n}}<t_\alpha(n-1)\right\}=1-\alpha\,,$$

即
$$P\left\{\mu>\overline{X}-t_\alpha(n-1)\cdot\frac{S}{\sqrt{n}}\right\}=1-\alpha.$$

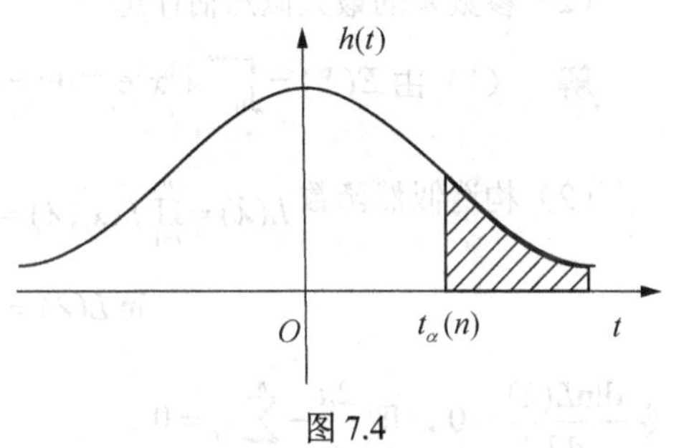

图7.4

于是得到μ的置信水平为$1-\alpha$的单侧置信区间为

$$\left(\overline{X}-t_\alpha(n-1)\cdot\frac{S}{\sqrt{n}},+\infty\right). \tag{7.13}$$

又由

$$\frac{n-1}{\sigma^2}S^2\sim\chi^2(n-1)\,,$$

$$P\left\{\frac{n-1}{\sigma^2}S^2>\chi^2_{1-\alpha}(n-1)\right\}=1-\alpha\,,$$

即
$$P\left\{\sigma^2<\frac{(n-1)S^2}{\chi^2_{1-\alpha}(n-1)}\right\}=1-\alpha\,,$$

于是方差σ^2的置信水平为$1-\alpha$的单侧置信区间为

$$\left(0,\frac{(n-1)S^2}{\chi^2_{1-\alpha}(n-1)}\right). \tag{7.14}$$

【例7.16】 从一批灯泡中随机地取5只做寿命试验，测得寿命（单位：小时）为

$$1050,1100,1120,1250,1280.$$

设灯泡寿命服从正态分布$N(\mu,\sigma^2)$，其中μ,σ^2未知，求灯泡寿命平均值μ的置信水平为95%的单侧置信下限.

解 $\overline{x}=1160$，$s^2=\frac{1}{n-1}\sum_{i=1}^{n}(x_i-\overline{x})^2=9950$.

置信水平$1-\alpha=0.95$时，$\alpha=0.05$，查表得$t_\alpha(n-1)=t_{0.05}(4)=2.1318$，由式（7.13）得$\mu$的置信水平为95%的单侧置信区间为

$$\left(\overline{x}-\frac{s}{\sqrt{n}}t_{0.05}(n-1),+\infty\right)=(1065,+\infty).$$

所以单侧置信下限为$\underline{\mu}=1065$.

7.5 应用案例及分析

【例 7.17】 设总体X的概率密度为

$$f(x)=\begin{cases}\lambda^2 x\mathrm{e}^{-\lambda x}, & x>0,\\ 0, & 其他.\end{cases}$$

其中参数$\lambda(\lambda>0)$未知，$X_1,X_2,\cdots,X_n$是来自总体X的简单随机样本.

求：（1）参数λ的矩估计量；

（2）参数λ的最大似然估计量.

解 （1）由$E(X)=\int_0^{+\infty}\lambda^2x^2\mathrm{e}^{-\lambda x}\mathrm{d}x=\frac{2}{\lambda}$，知$\lambda=\frac{2}{E(X)}$，则$\lambda$的矩阵估计量为$\hat{\lambda}=\frac{2}{\overline{X}}$.

（2）构造似然函数$L(\lambda)=\prod\limits_{i=1}^{n}f(x_i;\lambda)=\lambda^{2n}\prod\limits_{i=1}^{n}x_i\cdot\mathrm{e}^{-\lambda\sum\limits_{i=1}^{n}x_i}$，取对数有

$$\ln L(\lambda)=2n\ln\lambda+\sum_{i=1}^{n}\ln x_i-\lambda\sum_{i=1}^{n}x_i.$$

令$\frac{\mathrm{dln}L(\lambda)}{\mathrm{d}\lambda}=0$，即$\frac{2n}{\lambda}-\sum\limits_{i=1}^{n}x_i=0$，

得

$$\lambda=\frac{2n}{\sum\limits_{i=1}^{n}x_i}=\frac{2}{\frac{1}{n}\sum\limits_{i=1}^{n}x_i},$$

故其最大似然估计量为$\hat{\lambda}=\frac{2}{\overline{X}}$.

【例 7.18】 设某种电子器件的寿命T（单位：小时）服从指数分布，概率密度为

$$f(t)=\begin{cases}\lambda\mathrm{e}^{-\lambda t}, & t>0,\\ 0, & 其他.\end{cases}$$

其中$\lambda>0$未知. 现从这批器件中任取n只，在时刻$t=0$投入独立寿命试验，试验进行到预定时间T_0结束. 此时有$k(0<k<n)$只器件失效，试求λ的最大似然估计.

解 考虑事件A“试验直至时间T_0为止，有k只器件失效，而有$n-k$只未失效”的概率. 记T的分布函数为$F(t)$，$F(t)=P\{T\leqslant t\}=\int_{-\infty}^{t}f(t)\mathrm{d}t$，即有

$$F(t)=\begin{cases}1-\mathrm{e}^{-\lambda t}, & t>0,\\ 0, & 其他.\end{cases}$$

一只器件在$t=0$时投入试验，则在时间T_0以前失效的概率为$P(T\leqslant T_0)=F(T_0)=1-\mathrm{e}^{-\lambda T_0}$，而在时间$T_0$未失效的概率为$P(T>T_0)=1-F(T_0)=\mathrm{e}^{-\lambda T_0}$.

因为各只器件的试验结果是相互独立的，所以事件A的概率为$L(\lambda)=C_n^k(1-\mathrm{e}^{-\lambda T_0})^k(\mathrm{e}^{-\lambda T_0})^{n-k}$，这

就是所求的似然函数.

取对数得

$$\ln L(\lambda)=\ln C_n^k+k\ln(1-\mathrm{e}^{-\lambda T_0})+(n-k)(-\lambda T_0),$$

令

$$\frac{\mathrm{d}\ln L(\lambda)}{\mathrm{d}\lambda}=\frac{kT_0\mathrm{e}^{-\lambda T_0}}{1-\mathrm{e}^{-\lambda T_0}}-(n-k)T_0=0,$$

解得 $n\mathrm{e}^{-\lambda T_0}=n-k$，由此可得 $\lambda=\frac{1}{T_0}\ln\frac{n}{n-k}$.

于是，λ 的最大似然估计为 $\hat{\lambda}=\frac{1}{T_0}\ln\frac{n}{n-k}$.

【例 7.19】 某自动包装机包装洗衣粉，其质量服从正态分布，今随机抽查 12 袋，测得质量（单位：g）分别为

$$1001,1004,1003,1000,997,999,1004,1000,996,1002,998,999.$$

（1）求平均袋重 μ 的矩估计值.

（2）求方差 σ^2 的矩估计值.

（3）求 μ 的 0.95 的置信区间.

（4）求 σ^2 的 0.95 的置信区间.

（5）若已知 $\sigma^2=8$，求 μ 的 0.95 的置信区间.

解 （1）$\hat{\mu}=\bar{x}=\frac{1}{12}(1001+\cdots+999)=1000.25$.

（2）$\hat{\sigma}^2=\frac{1}{12}\sum_{i=1}^{12}(X_i-\bar{X})^2=\frac{1}{12}\left[\sum_{i=1}^{12}X_i^{\,2}-12(\bar{X})^2\right]=76.25/12\approx 6.35$.

（3）因 σ^2 未知，关于 μ 的置信区间为 $\left(\bar{X}-t_{\alpha/2}\frac{S}{\sqrt{n}},\bar{X}+t_{\alpha/2}\frac{S}{\sqrt{n}}\right)$. 查表得

$$t_{0.025}(11)=2.201,\quad \frac{S}{\sqrt{n}}=\sqrt{\frac{6.93}{12}}=0.760.$$

所以置信区间为

$$(1000.25-2.201\times0.760,1000.25-2.201\times0.760)=(998.58,1001.92).$$

（4）因 μ 未知，关于 σ^2 的 0.95 置信区间为 $\left(\frac{(n-1)S^2}{\chi^2_{\alpha/2}(n-1)},\frac{(n-1)S^2}{\chi^2_{1-\alpha/2}(n-1)}\right)$.

查表得 $\chi^2_{\alpha/2}(n-1)=\chi^2_{0.025}(11)=21.920$，$\chi^2_{1-\alpha/2}(n-1)=\chi^2_{0.975}(11)=3.816$. 故置信区间为

$$\left(\frac{76.25}{21.920},\frac{76.25}{3.816}\right)\approx(3.48,19.98).$$

（5）当 $\sigma^2=8$ 时，μ 的置信区间为 $\left(\bar{X}-z_{\alpha/2}\frac{\sigma}{\sqrt{n}},\bar{X}+z_{\alpha/2}\frac{\sigma}{\sqrt{n}}\right)$，代入数据，因 $z_{\alpha/2}=1.96$，于是，μ 的置信区间为

$$\left(1000.25-1.96\sqrt{\frac{8}{12}},1000.25+1.96\sqrt{\frac{8}{12}}\right)=(998.65,1001.85).$$

思考

最大似然估计法体现了看问题不可绝对化的唯物辩证法思想. 最大似然估计法就是利用已知的样本结果，反推最有可能导致这个结果的参数值.因为世间万物，能被绝对肯定或绝对否定的事是很少的，如果苛求获得一个百分之百正确的结论，那或许什么都得不到. 我们要用联系的、发展的观点看问题，思想上避免偏执一端.

小　　结

统计推断，即用样本推断总体，是数理统计学的核心内容. 估计和检验是其中的两大问题. 参数估计就是根据样本对总体中的未知参数或数字特征进行估计，通常分为点估计和区间估计两种.

本章的基本要求如下.

1. 理解参数的点估计、估计量与估计值的概念.
2. 了解估计量的无偏性、有效性和相合性的概念及其证明方法.
3. 掌握求估计量的矩估计法和最大似然估计法.
4. 了解区间估计的概念.
5. 掌握建立未知参数置信区间的一般方法.
6. 掌握正态总体参数及其相关特征值的置信区间的求法.

习 题 七

1. 随机地取 8 只活塞环，测得它们的直径（单位：mm）为

$$74.001,74.005,74.003,74.001,74.000,73.998,74.006,74.002.$$

求总体均值 μ 及方差 σ^2 的矩估计，并求样本方差 S^2.

2. 设 $X_1,X_2,\cdots,X_n$ 是取自总体 X 的一个样本，求下列各总体的密度函数或分布律中的未知参数的矩估计量.

（1）$f(x)=\begin{cases}\theta c^{\theta}x^{-(\theta+1)}, x>c,\\ 0, \quad 其他.\end{cases}$　其中 $c>0$ 为已知，$\theta>1$，θ 为未知参数.

（2）$f(x)=\begin{cases}\sqrt{\theta}x^{\sqrt{\theta}-1}, 0\leqslant x\leqslant 1,\\ 0, 其他.\end{cases}$　其中 $\theta>1$，θ 为未知参数.

（3）$P(X=x)=\binom{m}{x}p^x(1-p)^{m-x}$，$x=0,1,2,\cdots,m$，$0<p<1$，$p$ 为未知参数.

3. 求上题中各未知参数的最大似然估计量.

4. 设总体 X 的概率密度为 $f(x,\theta)=\begin{cases}\dfrac{1}{\theta}\mathrm{e}^{-\frac{x}{\theta}}, & x\geqslant 0,\\ 0, & x<0.\end{cases}$ 其中 $\theta>0$. $X_1,X_2,\cdots,X_n$ 是取自总体 X 的一个样本.（1）求 $E(X)$；（2）求未知参数 θ 的矩估计 $\hat{\theta}$.

5. 设总体 X 的密度函数为

$$f(x)=\begin{cases}(\alpha+1)x^{\alpha}, & 0<x<1,\\ 0, & 其他.\end{cases}$$

样本观察值为$x_1,x_2,\cdots,x_n$．试求参数α的最大似然估计值.

6．设$X_1,X_2,\cdots,X_n$是来自参数为λ的泊松分布总体的一个样本，试求λ的最大似然估计量及矩估计量.

7．设总体X在区间$[0,\beta]$上服从均匀分布，现取得样本值为1.7, 0.6, 1.2, 2, 0.5，试求最大似然估计参数β.

8．设某种元件的使用寿命X密度函数为

$$f(x)=\begin{cases}2\mathrm{e}^{-2(x-\theta)}, & x>0,\\ 0, & 其他.\end{cases}$$

其中$\theta>0$，又$x_1,x_2,\cdots x_n$为样本X的一组观测值，求θ的最大似然估计量.

9．设总体X具有分布律

X	1	2	3
p_k	θ^2	$2\theta(1-\theta)$	$(1-\theta)^2$

其中$\theta(0<\theta<1)$为未知参数. 已知取得了样本值$x_1=1,x_2=2,x_3=1$, 试求θ的矩估计值和最大似然估计值.

10．设总体$X\sim N(\mu,\sigma^2)$，$X_1,X_2,\cdots,X_n$是取自总体X的一个样本，试确定常数c使$c\sum\limits_{i=1}^{n-1}(X_{i+1}-X_i)^2$为$\sigma^2$的无偏估计.

11．设$X_1,X_2,\cdots,X_n$是泊松总体$X\sim\pi(\lambda)$的样本，α为常数，设有统计量

$$\bar{X}=\frac{1}{n}\sum_{i=1}^{n}X_i，\ S^2=\frac{1}{n-1}\sum_{i=1}^{n}\left(X_i-\bar{X}\right)^2，\ \alpha\bar{X}+(1-\alpha)S^2，$$

判断其中哪些是参数λ的无偏估计量.

12．设X_1,X_2,X_3是总体X的样本，且总体X的均值为μ，方差为σ^2，设有估计量

$$T_1=\frac{1}{2}X_1+\frac{1}{3}X_2+\frac{1}{6}X_3，$$

$$T_2=\frac{1}{2}X_1+\frac{1}{3}X_2+\frac{1}{4}X_3，$$

$$T_3=\frac{1}{3}(X_1+X_2+X_3)．$$

（1）指出T_1,T_2,T_3哪几个是μ的无偏估计量；

（2）在上述μ的无偏估计中指出哪一个较为有效.

13．设总体$X\sim N(\mu,0.01^2)$，现取得样本容量为$n=16$，算得样本均值为$\bar{x}=2.125$，试求总体均值μ的置信度为$\alpha=0.1$的置信区间.（$z_{0.05}=1.645$）

14．设某种清漆的9个样品，其干燥时间（单位：小时）分别为

6.0,5.7,5.8,6.5,7.0,6.3,5.6,6.1,5.0.

设干燥时间总体服从正态分布$N(\mu,\sigma^2)$，在下列条件下求μ的置信度为0.95的置信区间.（1）由以往经验知$\sigma=0.6$；（2）σ未知.

15．某厂用自动包装机包装大米，每包大米的重量$X \sim N(\mu,\sigma^2)$，现从包装好的大米中随机抽取 9 袋，测得每袋的平均重量 $\bar{x}=100$，样本方差$s^2=0.09$，求每袋大米平均重量μ的置信度为$\alpha=0.05$的置信区间．（$t_{0.025}(8)=2.306$）

16．设某行业的一项经济指标服从正态分布$N(\mu,\sigma^2)$，其中μ,σ^2均未知．今获取了该指标的 9 个数据作为样本，并算得样本均值$\bar{x}$=56.93，样本方差$s^2=(0.93)^2$．求μ的置信度为95%的置信区间．

17．某厂某种产品的寿命$X \sim N(\mu,\sigma^2)$，现对产品的寿命的稳定性进行测试．从产品中抽出 30 件，测得平均寿命（单位：小时）为$\bar{x}=1500$，样本方差为$s^2=500^2$，试估计产品标准差σ的置信度为95% 的置信区间．

18．随机地取某种炮弹 9 发做试验，得炮弹口速度的样本标准差为$s=11$（m/s）．设炮口速度服从正态分布$N(\mu,\sigma^2)$．求这种炮弹的炮口速度的标准差σ的置信度为 0.95 的置信区间．

19．投资的年回报率的方差常常用来衡量投资的风险，随机地调查 26 个年回报率（%），得样本标准差$S=15(\%)$，设年回报率服从正态分布，求它的方差的置信度为 0.95 的置信区间．

20．求第 14 题中μ的置信度为 0.95 的单侧置信上限．

21．假设总体$X \sim N(\mu,\sigma^2)$，从总体X中抽取容量为 10 的一个样本，算得样本均值$\bar{x}=41.3$，样本标准差$S=1.05$，求未知参数μ的置信度为 0.95 的单侧置信区间的下限．

第8章 假设检验

第 7 章我们讨论了对总体参数的估计问题，即对样本进行适当的加工，以推断出参数的估计值（或置信区间）．统计推断的另一类重要问题是假设检验问题．对总体X的概率分布或分布参数做某种“假设”，然后根据抽样得到的样本观测值，运用数理统计的分析方法，检验这种“假设”是否正确，从而决定接受或拒绝“假设”．假设检验也是数理统计的重要内容之一．本章主要介绍假设检验的基本概念以及检验问题．

8.1 假设检验的基本思想和概念

首先我们必须弄清楚：假设检验解决什么类型的问题？如何来解决这种类型的问题？这样解决所依据的概率原理是什么？下面结合例子来说明假设检验的基本思想和做法．

8.1.1 假设检验的基本思想

假设检验是在总体的分布类型未知或分布类型已知但含有未知参数的情况下，为了推断总体的分布类型或某些未知参数，首先对总体做出某种假设，然后根据样本提供的信息对所提出的假设做出接受或拒绝的判断过程．

从纯粹逻辑上考虑，似乎对参数的估计与对参数的检验不应有实质性的差别，就像“求某方程的根”与“验证某数是否是某方程的根”这两个问题不会得出矛盾的结论一样．但从统计的角度看参数估计和假设检验，这两种统计推断是不同的，它们不是简单的“计算”和“验算”的关系．假设检验有它独特的统计思想，也就是说引入假设检验是完全必要的．我们来考虑下面的例子．

【例 8.1】 某厂有一批产品共 200 件，必须检验合格才能出厂．按国家标准，次品率不得超过 0.01，今从产品中任取 5 件，发现这 5 件中有次品，问：这批产品能否出厂？

这个问题就是如何根据抽样结果来检验这批产品的次品率 $p \leqslant 0.01$ 是否成立．

分析 假设 $p \leqslant 0.01$ 是成立的，则在 200 件产品中至多有 2 件次品．令 A_i 表示“200 件产品中有 i 件次品”，$i=0,1,2$．A 表示“从 200 件产品中任取 5 件有次品”，则 $\overline{A}$ 表示“从 200 件产品中任取 5 件无次品”，从而

$$P(\overline{A} \mid A_i)=\frac{C_{200-i}^{5}}{C_{200}^{5}},\ i=0,1,2\ .$$

显然

$$P(\overline{A}) \geqslant P(\overline{A} \mid A_2)=\frac{C_{198}^{5}}{C_{200}^{5}}>0.95\ ,$$

所以

$$P(A)=1-P(\overline{A})<0.05\ .$$

结果表明：如果“$p \leqslant 0.01$”成立，则从产品中任意抽取 5 件，发现有次品的可能性是很小的，

也可以认为，在一次抽样中是不可能发生的. 然而，现在的事实是在一次抽样中竟然遇到了次品. 这种“不合理”的现象不能不使我们对原来的假设“$p \leqslant 0.01$”产生怀疑. 可以认为原假设与实际不相符. 因此，我们有理由拒绝这批产品出厂. 注意，这里用的是“合理”一词，而不是“正确”，粗略地说就是“认为$p \leqslant 0.01$能否说得过去”.

【例 8.2】某厂在正常情况下生产的电灯泡的使用寿命X（单位：小时）服从正态分布$N(1600,80^2)$，从该厂生产的一批灯泡中随机抽取 10 个灯泡，测得它们的寿命如下：

$$1450,1480,1640,1610,1500,$$
$$1600,1420,1530,1700,1550.$$

如果标准差不变，能否认为该厂生产的这批电灯泡的平均使用寿命为 1600 小时？

分析 假设这天工厂的生产正常，我们的任务就是根据样本值来判断$\mu=\mu_0=1600$还是$\mu \neq \mu_0$. 为此，我们提出两个假设：$H_0: \mu=\mu_0=1600$和$H_1: \mu \neq \mu_0$.

现在通过样本值来考察在假设成立的条件下会发生什么样的结果. 由于要检验的假设涉及总体均值μ，因此首先想到是否可以借助于样本均值$\overline{X}$这一统计量来进行判断. 我们知道样本均值$\overline{X}=\frac{1}{n}\sum_{i=1}^{n}X_i$为$\mu$的无偏估计量，所以自然会想到用样本均值$\overline{X}$去进行判断. 因此，要考虑偏差$|\overline{X}-1600|$的大小，当$H_0$为真时，$|\overline{X}-1600|$应很小. 当$|\overline{X}-1600|$过分大时，我们就有理由怀疑$H_0$的正确性而拒绝$H_0$，而$|\overline{X}-1600|$是随机变量，由抽样分布的结论，知

$$\frac{\overline{X}-\mu_0}{\sigma/\sqrt{n}} \sim N(0,1),$$

而衡量$|\overline{X}-1600|$的大小可归结为衡量$\frac{|\overline{x}-\mu_0|}{\sigma/\sqrt{n}}$的大小. 基于上面的想法，我们可以适当选定一正数$k$，当观察值$\overline{x}$满足$\frac{|\overline{x}-\mu_0|}{\sigma/\sqrt{n}} \geqslant k$时就拒绝$H_0$，反之，当$\frac{|\overline{x}-\mu_0|}{\sigma/\sqrt{n}} < k$时就接受$H_0$. 如图 8.1 所示，由标准正态分布分位点的定义得，对于给定的很小的数α（$0<\alpha<1$），一般取$\alpha=0.01$或$\alpha=0.05$. 若取$\alpha=0.05$，考虑

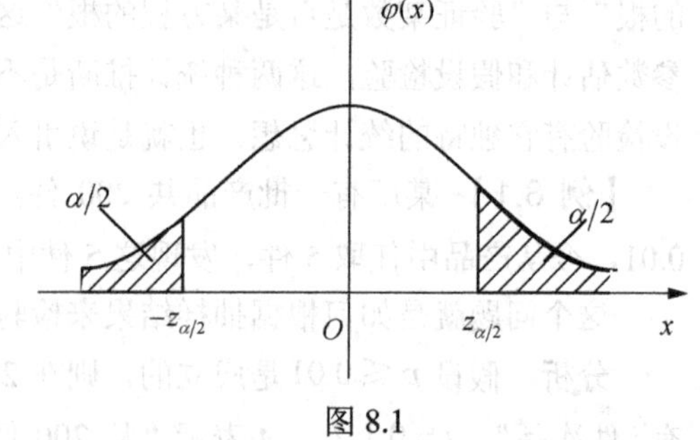

图 8.1

$$P\left\{\frac{|\overline{x}-\mu_0|}{\sigma/\sqrt{n}} \geqslant z_{\alpha/2}\right\}=\alpha,$$

而事件

$$\frac{|\overline{x}-\mu_0|}{\sigma/\sqrt{n}} \geqslant z_{\alpha/2}$$

是一个小概率事件，我们认为小概率事件在一次试验中几乎不可能发生.

又$z_{\alpha/2}=z_{0.025}=1.96$，而

$$\overline{x}=\frac{1}{10}(1450+1480+1640+1610+1500+1600+1420+1530+1700+1550)=1548,$$

$$\frac{|\overline{x}-1600|}{80/\sqrt{10}}=\frac{|1548-1600|}{80/\sqrt{10}}=2.06 \geqslant 1.96,$$

这也就是说，在假设$H_0: \mu=\mu_0=1600$成立的条件下，在一次抽样中小概率事件竟然发生了，从而可以推断抽样检查的结果与原假设不符合，这不能不使人怀疑原假设的正确性．因此，我们有理由拒绝假设H_0，即认为该厂生产的这批电灯泡的平均使用寿命不等于1600小时．

假设检验的基本思想：依据“小概率事件在一次试验中是不可能发生的”原则，运用“反证法”，先假设H_0成立，再找一个小概率事件，若试验结果使小概率事件发生，那么出现矛盾，则说明假设H_0不成立，从而否定假设H_0．当然这里的矛盾不是通常的逻辑矛盾，而是人们在日常经验中感到的矛盾．所以通常将这种反证法称为“带有概率性质的反证法”．

8.1.2 假设检验的概念

我们在【例8.2】中所采用的检验法是符合实际推断原理的．选定α后，数k就可以确定，然后按照统计量$Z=\dfrac{\overline{X}-\mu_0}{\sigma/\sqrt{n}}$的观察值的绝对值$|z|$大于等于$k$还是小于$k$来做出决策．数$k$是检验上述假设的一个门槛．如果$|z|=\left|\dfrac{\overline{x}-\mu_0}{\sigma/\sqrt{n}}\right|\geqslant k$，则称$\overline{x}$与$\mu_0$的差异是显著的，这时拒绝$H_0$；反之，如果$|z|=\left|\dfrac{\overline{x}-\mu_0}{\sigma/\sqrt{n}}\right|<k$，则称$\overline{x}$与$\mu_0$的差异是不显著的，这时接受$H_0$．

定义 8.1 数α称为**显著性水平**．

上面的关于$\overline{x}$与μ_0的有无显著差异的判断是在显著性水平α之下做出的．

定义 8.2 统计量$Z=\dfrac{\overline{X}-\mu_0}{\sigma/\sqrt{n}}$称为**检验统计量**．

前面的检验问题通常叙述成：在显著性水平α下，检验假设

$$H_0: \mu=\mu_0;\quad H_1: \mu\neq\mu_0. \tag{8.1}$$

也常说成“在显著性水平α下，针对H_1检验H_0”．

定义 8.3 H_0称为**原假设或零假设**，H_1称为**备择假设**（意指在原假设被拒绝后可供选择的假设）．

实际上，假设检验的目的就是在原假设H_0与备择假设H_1之间选择一个：如果认为原假设H_0是正确的，则接受H_0（即拒绝H_1）；如果认为原假设H_0是不正确的，则拒绝H_0（即接受H_1）．

定义 8.4 如果当检验统计量取某个区域C中的值时，我们拒绝原假设H_0，则称区域C为**拒绝域**，拒绝域的边界点称为**临界点**．

例如，【例8.2】中拒绝域为$|z|\geqslant z_{\alpha/2}$，而$z=-z_{\alpha/2}, z=z_{\alpha/2}$为临界点．

值得注意的是，上面所谈论的“反证法”与纯粹数学中的反证法是有区别的．在证明的过程中的所谓“不合理”现象，并不是形式逻辑中绝对的矛盾，我们对假设的肯定与否定是带有概率性质的．这是因为我们依据的是“小概率事件在一次试验中是不可能发生的”原则，这并不等于小概率事件在一次试验中绝对不发生．因此，在我们进行假设检验的过程中，有可能做出错误的决策．

定义 8.5 在假设H_0实际上为真时，我们可能犯拒绝H_0的错误．称这类“弃真”的错误为犯**第一类错误**．犯这类错误的概率记为$P\{$当H_0为真时拒绝$H_0\}$或$P_{\mu\in H_0}\{$拒绝$H_0\}$．在假设H_0实际上不真时，我们可能犯接受H_0的错误．称这类“取伪”的错误为**犯第二类错误**．犯这类错误的概率记为$P\{$当H_0不真时接受$H_0\}$或$P_{\mu\notin H_0}\{$接受$H_0\}$．

由前面的讨论知，α 正是犯第一类错误的概率，即

$$P\{当H_0为真时拒绝H_0\}=\alpha. \tag{8.2}$$

所以当我们否定假设 H_0 时，是冒着犯第一类错误的风险的．另一方面，若用 β 表示犯第二类错误的概率，则当接受 H_0 时，也要冒概率为 β 的风险．我们总希望 α,β 同时小，但当样本容量固定时，α,β 同时小是不可能的；只有当样本容量无穷大时，α,β 才能同时为无穷小，而这是不实际的．在假设检验中，往往比较重视研究犯第一类错误的概率．

定义 8.6 在假设检验中，只对犯第一类错误的概率加以控制，而不考虑犯第二类错误的概率的检验，称为**显著性检验**．

定义 8.7 在假设检验中，我们需要检验的假设为 $H_0: \mu=\mu_0$ 和 $H_1: \mu\neq\mu_0$ 时，称这样的假设检验为**双边假设检验**，简称**双边检验**．在假设检验中，我们需要检验的假设为 $H_0: \mu\leqslant\mu_0$ 和 $H_1: \mu>\mu_0$ 时，称这样的假设检验为**右边假设检验**，简称**右边检验**．在假设检验中，我们需要检验的假设为 $H_0: \mu\geqslant\mu_0$ 和 $H_1: \mu<\mu_0$ 时，称这样的假设检验为**左边假设检验**，简称**左边检验**．左边检验和右边检验统称为单边检验．

8.1.3 假设检验的基本步骤

根据以上讨论与分析，可将假设检验的基本步骤概括如下．

（1）根据实际问题提出原假设 H_0 和备择假设 H_1，这里要求 H_0 和 H_1 有且仅有一个为真．

（2）选取适当的检验统计量，并在原假设 H_0 成立的前提下确定该统计量的分布．

（3）按问题的具体要求，选取适当的显著性水平 α，并根据统计量的分布表，确定对应于 α 的临界值，从而得到对原假设 H_0 的拒绝域 C．

（4）根据样本观测值计算统计量的值，若落入拒绝域 C 内，则认为 H_0 不真，拒绝 H_0，接受备择假设 H_1；否则，接受 H_0．

8.2 正态总体均值的假设检验

设总体 X 服从正态 $N(\mu,\sigma^2)$，$X_1,X_2,\cdots,X_n$ 是来自于总体 X 的一个容量为 n 的样本，对给定的显著性水平 α，检验如下假设．

8.2.1 正态总体均值的双边检验

1. σ^2 已知时 μ 的检验

在 8.1 节中我们已经讨论过当 σ^2 已知时 μ 的检验．在这些检验问题中，我们利用了统计量 $Z=\dfrac{\overline{X}-\mu_0}{\sigma/\sqrt{n}}$ 来确定拒绝域．这种检验法常称为 **Z 检验法**．

具体检验步骤如下．

（1）提出假设 $H_0: \mu=\mu_0$，$H_1: \mu\neq\mu_0$．

（2）选取显著性水平 α .

（3）当原假设 H_0 为真时，检验统计量

$$Z=\frac{\overline{X}-\mu_0}{\sigma/\sqrt{n}}\sim N(0,1)\ . \tag{8.3}$$

（4）查标准正态分布表得 $z_{\alpha/2}$，得拒绝域为

$$|z|=\left|\frac{\overline{x}-\mu_0}{\sigma/\sqrt{n}}\right|\geqslant z_{\alpha/2}\ . \tag{8.4}$$

（5）根据样本值计算 $z=\dfrac{\overline{x}-\mu_0}{\sigma/\sqrt{n}}$，当 $|z|<z_{\alpha/2}$ 时，接受 H_0，当 $|z|\geqslant z_{\alpha/2}$ 时，拒绝 H_0 .

【例 8.3】 从甲地发送一个信号到乙地．设乙地接收到的信号值 X 是一个随机变量，它服从正态分布 $N(\mu,0.2^2)$，其中 μ 为甲地发送信号的真实信号值．现甲地重复发送同一信号 5 次，乙地接收到的信号值为

$$8.05,8.15,8.20,8.10,8.25.$$

如果标准差不变，取显著性水平 $\alpha=0.05$，问：接收方乙地是否有理由猜测甲地发送的信号值为 8?

解 提出假设 $H_0:\mu=\mu_0=8$，$H_1:\mu\neq\mu_0$.

由于标准差不变，因此当 H_0 为真时，检验统计量为

$$Z=\frac{\overline{X}-\mu_0}{\sigma/\sqrt{n}}\sim N(0,1)\ .$$

查标准正态分布表得 $z_{\alpha/2}=z_{0.025}=1.96$，得拒绝域为

$$|z|\geqslant z_{0.025}=1.96\ .$$

根据所给样本值算得 $\overline{x}=8.15$，又 $\mu_0=8,\ \sigma=0.2,\ n=5$，从而

$$|z|=\left|\frac{\overline{x}-\mu_0}{\sigma/\sqrt{n}}\right|=\left|\frac{8.15-8}{0.2/\sqrt{5}}\right|\approx 1.677\ ,$$

即 $|z|<z_{\alpha/2}$，故接受 H_0，也就是接收方乙地有理由猜测甲地发送的信号值为 8.

【例 8.4】 由经验知某零件的重量 $X\sim N(\mu,\sigma^2)$，$\mu=15$，$\sigma=0.05$．技术革新后，抽出 6 个零件，测得重量分别为（单位：克）14.7、15.1、14.8、15.0、15.2、14.6，已知方差不变，试统计推断平均重量是否仍为 15 克.（$\alpha=0.05$）

解 检验问题为 $H_0:\mu=15\leftrightarrow H_1:\mu\neq 15$.

如果 H_0 是正确的，即样本 $X_1,X_2,\cdots,X_n$ 来自正态总体 $N(15,0.05^2)$，有

$$Z=\frac{\overline{x}-15}{0.05/\sqrt{6}}\sim N(0,1)\ .$$

对给定的 $\alpha=0.05$，$z_{0.025}=1.96$，有

$$|z|=\left|\frac{14.9-15}{0.05/\sqrt{6}}\right|\approx 4.9>1.96\ .$$

即观测值落在拒绝域内，所以拒绝原假设，即不可以认为平均重量仍为 15 克.

2. σ^2 未知时 μ 的检验

设总体 X 服从正态 $N(\mu,\sigma^2)$，$X_1,X_2,\cdots,X_n$ 是来自于总体 X 的一个容量为 n 的样本，其中 σ^2 未知，需要求检验问题

$$H_0: \mu = \mu_0, \quad H_1: \mu \neq \mu_0$$

的拒绝域（显著性水平为α）.

由于σ^2未知，因此不能用$Z = \dfrac{\overline{X} - \mu_0}{\sigma/\sqrt{n}}$来确定拒绝域了．这时，一个自然的想法就是用样本方差S^2代替总体方差σ^2，因而，构造检验统计量

$$t = \frac{\overline{X} - \mu_0}{S/\sqrt{n}}.$$

当原假设H_0为真时，检验统计量

$$t = \frac{\overline{X} - \mu_0}{S/\sqrt{n}} \sim t(n-1). \tag{8.5}$$

于是，对于给定的显著性水平α，由

$$P\left\{\left|\frac{\overline{X} - \mu_0}{S/\sqrt{n}}\right| \geqslant k\right\} = \alpha$$

得$k = t_{\alpha/2}(n-1)$，如图 8.2 所示，即得拒绝域为

$$|t| = \left|\frac{\overline{x} - \mu_0}{s/\sqrt{n}}\right| \geqslant t_{\alpha/2}(n-1). \tag{8.6}$$

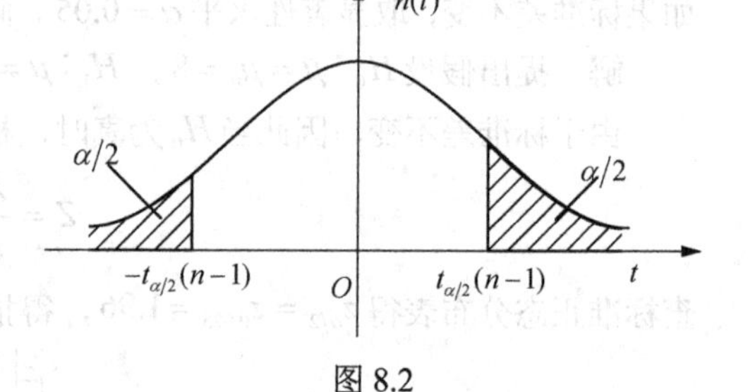

图 8.2

上述利用t统计量得出的检验法称为**t检验法**.

具体检验步骤如下.

（1）提出假设$H_0: \mu = \mu_0$，$H_1: \mu \neq \mu_0$.

（2）选取显著性水平α.

（3）当原假设H_0为真时，检验统计量

$$t = \frac{\overline{X} - \mu_0}{S/\sqrt{n}} \sim t(n-1).$$

（4）查t分布表得$t_{\alpha/2}(n-1)$，得拒绝域为

$$|t| = \left|\frac{\overline{x} - \mu_0}{s/\sqrt{n}}\right| \geqslant t_{\alpha/2}(n-1).$$

（5）根据样本值计算$t = \dfrac{\overline{x} - \mu_0}{s/\sqrt{n}}$，当$|t| < t_{\alpha/2}(n-1)$时，接受$H_0$，当$|t| \geqslant t_{\alpha/2}(n-1)$时，拒绝$H_0$.

【例 8.5】 某车间用自动包装机包装葡萄糖，规定标准重量为每袋净重 500 克．现随机抽取 10 袋，测得各袋净重（单位：克）为

$$495, 510, 505, 498, 503, 492, 502, 505, 497, 506.$$

设每袋净重X服从正态分布$N(\mu, \sigma^2)$，问：包装机的工作是否正常?（$\alpha = 0.05$）

（1）已知每包葡萄糖净重的标准差$\sigma = 5$克.

（2）σ未知.

解 根据所给样本值算得$\overline{x} = 501.3$, $s = 5.62$.

（1）检验假设$H_0: \mu = \mu_0 = 500$，$H_1: \mu \neq \mu_0$.

当H_0为真时，检验统计量为

$$Z = \frac{\overline{X} - \mu_0}{\sigma/\sqrt{n}} \sim N(0,1).$$

查标准正态分布表得 $z_{\alpha/2}=z_{0.025}=1.96$，得拒绝域为

$$|z|\geqslant z_{0.025}=1.96 .$$

又

$$|z|=\left|\frac{\bar{x}-\mu_0}{\sigma/\sqrt{n}}\right|=\left|\frac{501.3-500}{5/\sqrt{10}}\right|\approx 0.822 ,$$

即 $|z|<z_{\alpha/2}$，故接受原假设 H_0，即认为包装机工作正常.

（2）检验假设 $H_0: \mu=\mu_0=500$，$H_1: \mu\neq\mu_0$.

当 H_0 为真时，检验统计量为

$$t=\frac{\bar{X}-\mu_0}{S/\sqrt{n}}\sim t(n-1) .$$

查 t 分布表得 $t_{\alpha/2}(n-1)=t_{0.025}(9)=2.2622$，得拒绝域为

$$|t|\geqslant t_{0.025}(9)=2.2622 .$$

又

$$|t|=\left|\frac{\bar{x}-\mu_0}{s/\sqrt{n}}\right|=\left|\frac{501.3-500}{5.62/\sqrt{10}}\right|\approx 0.731 ,$$

即 $|t|<t_{\alpha/2}(n-1)$，故接受原假设 H_0，即认为包装机工作正常.

【例 8.6】 化工厂用自动包装机包装化肥，每包重量服从正态分布，额定重量为 100 千克. 某日开工后，为了确定包装机这天的工作是否正常，随机抽取 9 袋化肥，称得平均重量（单位：千克）为 99.978，标准差为 1.212，能否认为这天的包装机工作正常？（$\alpha=0.1$）

解 检验假设 $H_0: \mu=\mu_0=100$，$H_1: \mu\neq\mu_0$.

当 H_0 为真时，检验统计量为

$$t=\frac{\bar{X}-\mu_0}{S/\sqrt{n}}\sim t(n-1) .$$

查 t 分布表得 $t_{\alpha/2}(n-1)=t_{0.05}(8)=1.8595$，得拒绝域为

$$|t|\geqslant t_{0.05}(9)=1.8595 .$$

又

$$|t|=\left|\frac{\bar{x}-\mu_0}{s/\sqrt{n}}\right|=\left|\frac{99.978-100}{1.212/\sqrt{9}}\right|\approx 0.0545 ,$$

因为 0.0545＜1.86，即观测值落在接受域内，所以接受原假设，即可认为这天的包装机工作正常.

8.2.2 正态总体均值的单边检验

在实际问题中还会遇到原假设 H_0 的形式为 $\mu\leqslant\mu_0$、$\mu\geqslant\mu_0$ 等情形. 此时，假设 H_0 仍可称为原假设或零假设，它的对立情形称为备择假设或对立假设，记为 H_1. 由 H_0 与相应的 H_1 构成的一对假设称为单边假设. 举例如下.

（1）某种产品要求废品率不高于 5%. 今从一批产品中随机地取 50 个，检查到 4 个废品，问这批产品是否符合要求. 此例可做假设 $H_0: p\leqslant 0.05$，它的对立情形是 $H_1: p>0.05$ 为备择假设.

（2）某种金属经热处理后平均抗拉强度为 $42\,\mathrm{kg/cm^2}$. 今改变热处理方法，取一个样本，问抗

拉强度有无显著提高？此例可做假设 H_0 ： $\mu \leqslant 42$ ，备择假设 H_1 ： $\mu > 42$.

（3）一台机床加工出来的轴平均椭圆度是 0.095mm，在机床进行调整后取一个样本，问（平均）椭圆度是否显著降低？此例可做假设 H_0 ： $\mu \geqslant 0.095$ ，备择假设 H_1 ： $\mu < 0.095$.

1. σ^2 已知时 μ 的检验

给定显著性水平 α ，下面我们求右边检验问题

$$H_0: \mu \leqslant \mu_0, \quad H_1: \mu > \mu_0 \tag{8.7}$$

的拒绝域.

因 H_0 中的全部 μ 都比 H_1 中的 μ 要小，当 H_1 为真时，观察值 $\bar{x}$ 往往偏大，因此，拒绝域的形式为

$$\bar{x} \geqslant k \quad (k\text{ 是某一正常数}).$$

下面来确定常数 k ，其做法与均值的双边检验做法类似.

$$\begin{aligned} P\{\text{当 } H_0 \text{ 为真时拒绝 } H_0\} &= P_{\mu \in H_0}\{\bar{X} \geqslant k\} \\ &= P_{\mu \leqslant \mu_0}\left\{\frac{\bar{X}-\mu_0}{\sigma/\sqrt{n}} \geqslant \frac{k-\mu_0}{\sigma/\sqrt{n}}\right\} \\ &\leqslant P_{\mu \leqslant \mu_0}\left\{\frac{\bar{X}-\mu}{\sigma/\sqrt{n}} \geqslant \frac{k-\mu_0}{\sigma/\sqrt{n}}\right\}. \end{aligned}$$

要控制 $P\{\text{当 } H_0 \text{ 为真时拒绝 } H_0\} \leqslant \alpha$ ，只需令

$$P_{\mu \leqslant \mu_0}\left\{\frac{\bar{X}-\mu}{\sigma/\sqrt{n}} \geqslant \frac{k-\mu_0}{\sigma/\sqrt{n}}\right\} = \alpha .$$

由于 $\frac{\bar{X}-\mu_0}{\sigma/\sqrt{n}} \sim N(0,1)$ ，因此 $\frac{k-\mu_0}{\sigma/\sqrt{n}} = z_\alpha$ ，如图 8.3 所示，于是 $k = \mu_0 + z_\alpha \cdot \sigma/\sqrt{n}$.

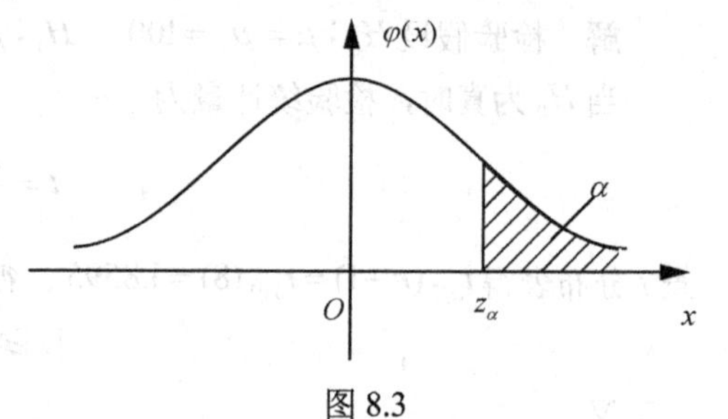

图 8.3

故所讨论的检验问题的拒绝域为

$$z = \frac{\bar{x}-\mu_0}{\sigma/\sqrt{n}} \geqslant z_\alpha . \tag{8.8}$$

类似地，可得左边检验问题

$$H_0: \mu \geqslant \mu_0, \quad H_0: \mu < \mu_0, \tag{8.9}$$

的拒绝域为

$$z = \frac{\bar{x}-\mu_0}{\sigma/\sqrt{n}} \leqslant -z_\alpha . \tag{8.10}$$

【例 8.7】 已知某炼钢厂的钢水含碳量在正常情况下服从正态分布 $N(4.55, 0.11^2)$ ，某天测得 5 炉钢水的含碳量如下：

$$4.28, 4.40, 4.42, 4.35, 4.37.$$

如果标准差不变，钢水含碳量的均值是否有显著降低（ $\alpha = 0.05$ ）？

解 提出假设 $H_0: \mu \geqslant \mu_0 = 4.55$ ， $H_1: \mu < \mu_0$.

由于标准差不变，因此当 H_0 为真时，检验统计量为

$$Z = \frac{\bar{X}-\mu_0}{\sigma/\sqrt{n}} \sim N(0,1) .$$

查标准正态分布表得 $z_\alpha = z_{0.05} = 1.645$，得拒绝域为

$$z \leqslant -z_{0.05} = -1.645 .$$

根据所给样本值算得 $\bar{x} = 4.364$，又 $\mu_0 = 4.55$，$\sigma = 0.11$，$n = 5$，从而

$$z = \frac{\bar{x} - \mu_0}{\sigma/\sqrt{n}} = \frac{4.364 - 4.55}{0.11/\sqrt{5}} \approx -3.78 ,$$

即 $z < -z_\alpha$，故拒绝 H_0，也就是认为该天的钢水含碳量的均值显著降低了.

2. σ^2 未知时 μ 的检验

给定显著性水平 α，下面我们求右边检验问题

$$H_0: \mu \leqslant \mu_0,\ H_1: \mu > \mu_0 \tag{8.11}$$

的拒绝域.

因 H_0 中的全部 μ 都比 H_1 中的 μ 要小，当 H_1 为真时，观察值 $\bar{x}$ 往往偏大，因此，拒绝域的形式为

$$\bar{x} \geqslant k \text{（}k\text{ 是某一正常数）}.$$

下面来确定常数 k，其做法与均值的双边检验做法类似.

$$\begin{aligned} P\{\text{当 } H_0 \text{ 为真时拒绝 } H_0\} &= P_{\mu \in H_0}\{\bar{X} \geqslant k\} \\ &= P_{\mu \leqslant \mu_0}\left\{\frac{\bar{X} - \mu_0}{S/\sqrt{n}} \geqslant \frac{k - \mu_0}{S/\sqrt{n}}\right\} \\ &\leqslant P_{\mu \leqslant \mu_0}\left\{\frac{\bar{X} - \mu}{S/\sqrt{n}} \geqslant \frac{k - \mu_0}{S/\sqrt{n}}\right\}. \end{aligned}$$

要控制 $P\{\text{当 } H_0 \text{ 为真时拒绝 } H_0\} \leqslant \alpha$，只需令

$$P_{\mu \leqslant \mu_0}\left\{\frac{\bar{X} - \mu}{S/\sqrt{n}} \geqslant \frac{k - \mu_0}{S/\sqrt{n}}\right\} = \alpha .$$

由于 $\frac{\bar{X} - \mu_0}{S/\sqrt{n}} \sim t(n-1)$，因此 $\frac{k - \mu_0}{s/\sqrt{n}} = t_\alpha(n-1)$，如图 8.4 所示，于是

$$k = \mu_0 + t_\alpha(n-1) \cdot s/\sqrt{n} .$$

故所讨论的检验问题的拒绝域为

$$t = \frac{\bar{x} - \mu_0}{s/\sqrt{n}} \geqslant t_\alpha(n-1) . \tag{8.12}$$

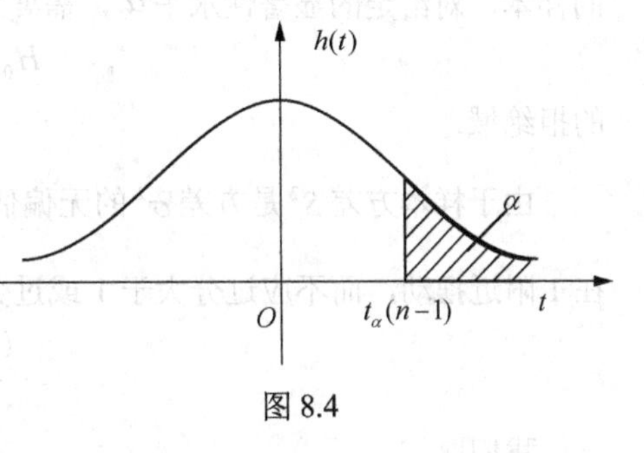

图 8.4

类似地，可得左边检验问题

$$H_0: \mu \geqslant \mu_0,\ H_1: \mu < \mu_0 \tag{8.13}$$

的拒绝域为

$$t = \frac{\bar{x} - \mu_0}{s/\sqrt{n}} \leqslant -t_\alpha(n-1) . \tag{8.14}$$

【例 8.8】 一台机床加工轴的平均椭圆度是 0.095mm，机床经过调整后取 20 根轴测量其椭圆度，计算得平均值 $\bar{x} = 0.081\text{mm}$，标准差 $s = 0.025\text{mm}$. 问：调整后机床加工轴的（平均）椭圆度有无显著降低（$\alpha = 0.05$）？这里假定调整后机床加工轴的椭圆度是正态母体.

解 因为 $\mu_0 = 0.095$，所以提出假设

$$H_0: \mu \geqslant \mu_0 = 0.095, \ H_1: \mu < \mu_0 .$$

当 H_0 为真时，检验统计量为

$$t = \frac{\overline{X} - \mu_0}{S/\sqrt{n}} \sim t(n-1) .$$

查 t 分布表得 $t_\alpha(n-1) = t_{0.05}(19) = 1.7291$，得拒绝域为

$$t \leqslant -t_{0.025}(19) = -1.7291 .$$

根据所给样本值算得 $\bar{x} = 0.081$，$s = 0.025$，$n = 20$，所以

$$t = \frac{\bar{x} - \mu_0}{s/\sqrt{n}} = \frac{0.081 - 0.095}{0.025/\sqrt{20}} \approx -2.504 ,$$

即 $t \leqslant -t_{\alpha/2}(n-1)$，故拒绝原假设 H_0，即认为调整后机床加工轴的（平均）椭圆度显著降低了.

8.3 正态总体方差的假设检验

在现实中，有关方差的检验问题也是时常遇到的，8.2 节介绍的 Z 检验法和 t 检验法均与方差有密切的联系.

8.3.1 正态总体方差的双边检验

在正态总体方差的假设检验中，我们通常假定均值 μ 未知，下面仅就均值 μ 未知的情况介绍关于 σ^2 的检验.

设总体 X 服从正态分布 $N(\mu,\sigma^2)$，其中 σ^2 未知，$X_1, X_2, \cdots, X_n$ 是来自于总体 X 的一个容量为 n 的样本，对给定的显著性水平 α，需要求检验问题

$$H_0: \sigma^2 = \sigma_0^2, \ H_1: \sigma^2 \neq \sigma_0^2 \tag{8.15}$$

的拒绝域.

由于样本方差 S^2 是方差 σ^2 的无偏估计量，当 H_0 为真时，观察值 s^2 与 σ_0^2 的比值 $\frac{s^2}{\sigma_0^2}$ 一般来说应在 1 附近摆动，而不应过分大于 1 或过分小于 1．由抽样分布的结论知，当 H_0 为真时，

$$\frac{(n-1)S^2}{\sigma_0^2} \sim \chi^2(n-1) . \tag{8.16}$$

我们取

$$\chi^2 = \frac{(n-1)S^2}{\sigma_0^2}$$

作为检验统计量，如上所说，知道上述检验问题的拒绝域具有以下形式：

$$\frac{(n-1)s^2}{\sigma_0^2} \leqslant k_1 \text{或} \frac{(n-1)s^2}{\sigma_0^2} \geqslant k_2 .$$

此处，k_1、k_2 的值由下式确定：

$$P\left\{\left(\frac{(n-1)S^2}{\sigma_0^2} \leqslant k_1\right) \cup \left(\frac{(n-1)S^2}{\sigma_0^2} \geqslant k_2\right)\right\} = \alpha .$$

为计算方便起见，习惯上取

$$P\left\{\frac{(n-1)S^2}{\sigma_0^2} \leqslant k_1\right\} = \frac{\alpha}{2}, \quad P\left\{\frac{(n-1)S^2}{\sigma_0^2} \geqslant k_2\right\} = \frac{\alpha}{2}.$$

查 χ^2 分布表，得 $k_1 = \chi^2_{1-\alpha/2}(n-1)$，$k_2 = \chi^2_{\alpha/2}(n-1)$，如图 8.5 所示，于是得拒绝域为

$$\frac{(n-1)S^2}{\sigma_0^2} \leqslant \chi^2_{1-\alpha/2}(n-1) \text{ 或 } \frac{(n-1)S^2}{\sigma_0^2} \geqslant \chi^2_{\alpha/2}(n-1). \quad (8.17)$$

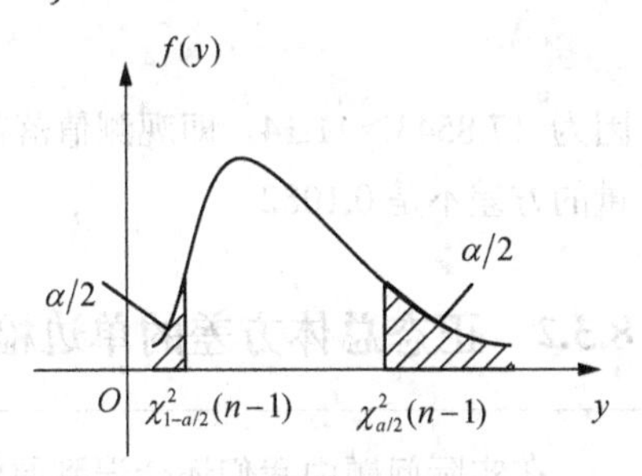

图 8.5

上述利用 χ^2 统计量得出的检验法称为 χ^2 **检验法**.

具体检验步骤如下.

(1) 提出假设 $H_0: \sigma^2 = \sigma_0^2$，$H_1: \sigma^2 \neq \sigma_0^2$.

(2) 选取显著性水平 α.

(3) 当原假设 H_0 为真时，检验统计量

$$\chi^2 = \frac{(n-1)S^2}{\sigma_0^2} \sim \chi^2(n-1).$$

(4) 查 χ^2 分布表，得拒绝域为

$$\chi^2 \leqslant \chi^2_{1-\alpha/2}(n-1) \text{ 或 } \chi^2 \geqslant \chi^2_{\alpha/2}(n-1).$$

(5) 根据样本值计算 $\chi^2 = \frac{(n-1)s^2}{\sigma_0^2}$，当 $\chi^2_{1-\alpha/2}(n-1) < \chi^2 < \chi^2_{\alpha/2}(n-1)$ 时，接受 H_0，否则拒绝 H_0.

【例 8.9】 车间生产钢丝，生产一向比较稳定，现从产品中随机地取出 10 根检验折断力，得到以下数据：578,572,570,568,572,570,572,596,570,584. 问：是否可相信该车间的钢丝的折断力的方差为 64？（$\alpha = 0.05$）

解 检验假设 $H_0: \sigma^2 = \sigma_0^2 = 64$，$H_1: \sigma^2 \neq \sigma_0^2$.

当 H_0 为真时，检验统计量为

$$\chi^2 = \frac{(n-1)S^2}{\sigma_0^2} \sim \chi^2(n-1).$$

查 χ^2 分布表得 $\chi^2_{0.975}(9) = 2.700$，$\chi^2_{0.025}(9) = 19.022$，得拒绝域为

$$\chi^2 \leqslant 2.700 \text{ 或 } \chi^2 \geqslant 19.022.$$

又根据已知样本值可得 $\overline{x} = 575.2$，$\sum_{i=1}^{10}(x_i - \overline{x})^2 = 681.6$，从而

$$\chi^2 = \frac{(n-1)S^2}{\sigma_0^2} = \frac{681.6}{64} = 10.65,$$

即 $\chi^2_{0.975}(9) < \chi^2 < \chi^2_{0.025}(9)$，故接受原假设 H_0，即可相信该车间的钢丝的折断力的方差为 64.

【例 8.10】 某炼铁厂的铁水含碳量 X 在正常情况下服从正态分布，现对工艺进行了某些改进，从中抽取 5 炉铁水测得的含碳量（%）分别为 4.421,4.052,4.357,4.287,4.683，据此是否可判断新工艺炼出的铁水含碳量的方差仍为 0.1082？（$\alpha = 0.05$）

解 检验问题为

$$H_0: \sigma^2 = 0.1082 \leftrightarrow H_1: \sigma^2 \neq 0.1082.$$

由于均值未知，令

$$\chi^2 = \frac{(n-1)S^2}{\sigma_0^2}.$$

如果 H_0 是正确的，$\chi^2 \sim \chi^2(n-1)$，对给定的 $\alpha=0.05$，$\chi^2_{0.975}(4)=0.048$，$\chi^2_{0.025}(4)=11.14$．而

$$\chi^2=\frac{(n-1)S^2}{\sigma_0^2}=17.8543.$$

因为 17.8543＞11.14，即观测值落在拒绝域内，所以拒绝原假设，即可判断新工艺炼出的铁水含碳量的方差不是 0.1082．

8.3.2 正态总体方差的单边检验

在实际问题中我们还会遇到原假设 H_0 的形式为 $\sigma^2 \leqslant \sigma_0^2$、$\sigma^2 \geqslant \sigma_0^2$ 等情形．此时，假设 H_0 仍可称为原假设或零假设，它的对立情形称为备择假设或对立假设，记为 H_1．由 H_0 与相应的 H_1 构成的一对假设，称为单边假设检验．例如，某电工器材厂生产一种保险丝，规定保险丝熔化时间（单位：小时）的方差不超过 400．今从一批产品中抽得一个样本，问这批产品的方差是否符合要求．此例在母体上可做假设 H_0：$\sigma^2 \leqslant 400$，备择假设 H_1：$\sigma^2 > 400$．

给定显著性水平 α，下面我们求右边检验问题

$$H_0: \sigma^2 \leqslant \sigma_0^2, \quad H_1: \sigma^2 > \sigma_0^2 \tag{8.18}$$

的拒绝域．

因 H_0 中的全部 σ^2 都比 H_1 中的 σ^2 要小，当 H_1 为真时，S^2 观察值 s^2 往往偏大，因此，拒绝域的形式为

$$s^2 \geqslant k \text{（} k \text{ 是某一正常数）}.$$

下面来确定常数 k，其做法与均值的双边检验做法类似．

$$\begin{aligned} P\{\text{当 } H_0 \text{ 为真时拒绝 } H_0\} &= P_{\mu\in H_0}\{S^2 \geqslant k\} \\ &= P_{\sigma^2\leqslant\sigma_0^2}\left\{\frac{(n-1)S^2}{\sigma_0^2} \geqslant \frac{(n-1)k}{\sigma_0^2}\right\} \\ &\leqslant P_{\sigma^2\leqslant\sigma_0^2}\left\{\frac{(n-1)S^2}{\sigma^2} \geqslant \frac{(n-1)k}{\sigma_0^2}\right\}. \end{aligned}$$

要控制 $P\{\text{当 } H_0 \text{ 为真时拒绝 } H_0\} \leqslant \alpha$，只需令

$$P_{\sigma^2\leqslant\sigma_0^2}\left\{\frac{(n-1)S^2}{\sigma^2} \geqslant \frac{(n-1)k}{\sigma_0^2}\right\}=\alpha .$$

由于 $\frac{(n-1)S^2}{\sigma^2} \sim \chi^2(n-1)$，因此，$k=\frac{\sigma_0^2}{n-1}\chi^2_\alpha(n-1)$，

如图 8.6 所示．

故所讨论的检验问题的拒绝域为

$$\chi^2=\frac{(n-1)S^2}{\sigma_0^2} \geqslant \chi^2_\alpha(n-1). \tag{8.19}$$

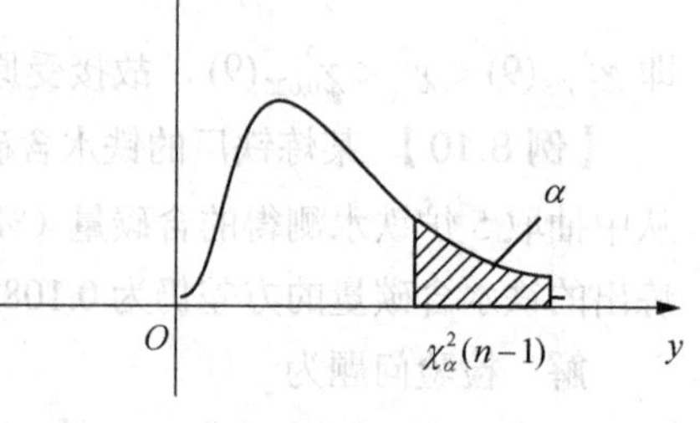

图 8.6

类似地，可得左边检验问题

$$H_0: \sigma^2 \geqslant \sigma_0^2, \quad H_1: \sigma^2 < \sigma_0^2 \tag{8.20}$$

的拒绝域为

$$\chi^2=\frac{(n-1)S^2}{\sigma_0^2}\geqslant\chi_{1-\alpha}^2(n-1).\tag{8.21}$$

【例 8.11】设某无线电厂生产某种高频管，其中一项指标 X 服从正态分布 $N(\mu,\sigma^2)$，从该厂生产的一批高频管中抽取 8 个，测得该项指标的数据如下：

$$68,43,70,65,55,56,60,72.$$

试在显著性水平 $\alpha=0.05$ 下，确认这批高频管的该项指标的方差大于 49.

解 检验假设 $H_0:\sigma^2\leqslant 49$，$H_1:\sigma^2>49$.

当 H_0 为真时，检验统计量为

$$\chi^2=\frac{(n-1)S^2}{\sigma_0^2}\sim\chi^2(n-1).$$

查 χ^2 分布表得 $\chi_{0.05}^2(7)=14.067$，得拒绝域为

$$\chi^2\geqslant 14.067.$$

又根据已知样本值可得 $s^2=93.2679$，从而

$$\chi^2=\frac{(n-1)S^2}{\sigma_0^2}=\frac{9\times 93.2679}{49}\approx 17.131,$$

即 $\chi^2>\chi_{0.05}^2(7)$，故拒绝原假设 H_0，即可认为这批高频管该项指标的方差大于 49.

各种统计假设检验情况（检验水平为 α）如表 8.1 所示.

表 8.1

	原假设 H_0	备择假设 H_1	检验统计量	拒绝域
1	$\mu\leqslant\mu_0$ $\mu\geqslant\mu_0$ $\mu=\mu_0$ （σ^2 已知）	$\mu>\mu_0$ $\mu<\mu_0$ $\mu\neq\mu_0$	$Z=\frac{\overline{X}-\mu_0}{\sigma/\sqrt{n}}\sim N(0,1)$	$z\geqslant z_\alpha$ $z\leqslant -z_\alpha$ $\lvert z\rvert\geqslant z_{\alpha/2}$
2	$\mu\leqslant\mu_0$ $\mu\geqslant\mu_0$ $\mu=\mu_0$ （σ^2 未知）	$\mu>\mu_0$ $\mu<\mu_0$ $\mu\neq\mu_0$	$t=\frac{\overline{X}-\mu_0}{S/\sqrt{n}}\sim t(n-1)$	$t\geqslant t_\alpha(n-1)$ $t\leqslant -t_\alpha(n-1)$ $\lvert t\rvert\geqslant t_{\alpha/2}(n-1)$
3	$\sigma^2\leqslant\sigma_0^2$ $\sigma^2\geqslant\sigma_0^2$ $\sigma^2=\sigma_0^2$ （μ 未知）	$\sigma^2>\sigma_0^2$ $\sigma^2<\sigma_0^2$ $\sigma^2\neq\sigma_0^2$	$\chi^2=\frac{(n-1)S^2}{\sigma_0^2}\sim\chi^2(n-1)$	$\chi^2\geqslant\chi_\alpha^2(n-1)$ $\chi^2\leqslant\chi_{1-\alpha}^2(n-1)$ $\chi^2\leqslant\chi_{1-\alpha/2}^2(n-1)$ 或 $\chi^2\geqslant\chi_{\alpha/2}^2(n-1)$

8.4 应用案例及分析

有时为了了解两种产品、两种仪器、两种方法等的差异，我们常在相同的条件下做对比试验，得到一批成对的观察值. 然后分析观察数据做出推断.这种方法称为**逐对比较法**.

【例 8.12】（基于成对数据的检验） 有两台光谱仪 I_x、I_y，用来测量材料中某种金属的含量，为鉴定它们的测量结果有无显著的差异，制备了 9 件试块（它们的成分、金属含量、均匀性等均各

不同），现在分别用这两台仪器对每一试块测量一次，得到观察值如表 8.2 所示.

表 8.2

$x(\%)$	0.20	0.30	0.40	0.50	0.60	0.70	0.80	0.90	0.10
$y(\%)$	0.10	0.21	0.52	0.32	0.78	0.59	0.68	0.77	0.89
$d=x-y(\%)$	0.10	0.09	−0.12	0.18	−0.18	0.11	0.12	0.13	0.11

问：能否认为这两台仪器的测量结果有显著的差异（取 $\alpha=0.01$）？

解 本题中的数据是成对的，即对同一试块测出一对数据. 我们看到一对与另一对之间的差异是由各种因素，如成分、金属含量、均匀性等引起的. 由于各试块的特性有广泛的差异，因此不能将仪器 I_x 对 9 个试块的测量结果（即表 8.2 中第一行）看成是同分布随机变量的观察值. 因而表中第一行不能看成是一个样本的样本值. 同样，表中第二行不能看成是一个样本的样本值. 再者，对每一对数据而言，它们是同一试块用不同仪器 I_x、I_y 测得的结果，因此它们不是两个独立的随机变量的观察值. 而同一对中两个数据的差异则可看成是仅由这两台仪器性能的差异所引起的，这样，局限于各对中两个数据来比较就能排除种种其他因素，而只考虑单独由仪器的性能所产生的影响，从而能比较这两台仪器的测量结果是否有显著的差异.

表 8.2 中第三行表示各对数据的差 $d_i=x_i-y_i$，由于 $d_1,d_2,\cdots,d_n$ 是由同一因素所引起的，可以认为它们服从同一分布，若两台机器的性能一样，则各对数据的差异 $d_1,d_2,\cdots,d_n$ 属随机误差，随机误差可以认为服从正态分布，其均值为零. 设 $d_1,d_2,\cdots,d_n$ 来自正态总体 $N(\mu_D,\sigma^2)$，这里 μ_D,σ^2 均未知，要检验假设

$$H_0:\mu_D=0,\qquad H_1:\mu_D\neq 0.$$

由 $n=9$，$t_{\alpha/2}(8)=t_{0.005}(8)=3.3554$，按照正态分布均值的 t 检验法，拒绝域为

$$|t|=\left|\frac{\overline{d}}{s_D/\sqrt{n}}\right|\geqslant 3.3554.$$

由观察值得 $\overline{d}=0.06$，$s_D=0.1227$，$|t|=\left|\dfrac{0.06}{0.1227/\sqrt{9}}\right|=1.467<3.3554$.现在 t 的值不落在拒绝域内，故接受 H_0，认为两台仪器的测量结果并无显著差异.

【例 8.13】 设某市犯罪青少年的年龄构成服从正态分布，今随机抽取 9 名罪犯，其年龄为 22,17,19,25,25,18,16,23,24. 试以 95%的概率判断犯罪青少年的平均年龄是否为 18.

解 这是总体方差未知时对总体均值的检验，依题意提出假设

$$H_0:\mu=\mu_0=18,\qquad H_1:\mu\neq 18.$$

检验统计量为

$$t=\frac{\overline{X}-\mu_0}{S/\sqrt{n}}\sim t(n-1),$$

得拒绝域为 $|t|>t_{\alpha/2}(n-1)$.

当 $\alpha=0.05$ 时，$t_{\alpha/2}(n-1)=t_{0.025}(8)=2.306$，由样本值可得 $\overline{x}=21$，$s^2=12.5$，且

$$|t|=\left|\frac{\overline{x}-\mu_0}{s/\sqrt{n}}\right|=\left|\frac{21-18}{\sqrt{12.5/9}}\right|=2.5456>2.306,$$

因此拒绝 H_0，即认为犯罪青少年的平均年龄不是 18.

【例 8.14】 根据长期资料的积累，某维尼龙厂生产的维尼龙的纤度服从正态分布，它的标准差

为 0.048. 某日随机地抽取 5 根纤维测得其纤度为 1.32,1.55,1.36,1.40,1.44，问：该日生产的维尼龙纤度的方差有无显著变化？（$\alpha=0.1$）

解 这是总体均值未知时对总体方差的检验，依题意提出假设

$$H_0: \sigma^2=\sigma_0^2=0.048^2,\ H_1: \sigma^2\neq\sigma_0^2.$$

当 H_0 为真时，检验统计量为

$$\chi^2=\frac{(n-1)S^2}{\sigma_0^2}\sim\chi^2(n-1),$$

检验的拒绝域为 $\chi^2\leqslant\chi^2_{1-\alpha/2}(n-1)$ 或 $\chi^2\geqslant\chi^2_{\alpha/2}(n-1)$.

当 $\alpha=0.1$ 时，$\chi^2_{1-\alpha/2}(n-1)=\chi^2_{0.95}(4)=0.711$，$\chi^2_{\alpha/2}(n-1)=\chi^2_{0.05}(4)=9.488$，且由样本观测值，$\bar{x}=1.414$，$s^2=0.00778$，且

$$\chi^2=\frac{(n-1)s^2}{\sigma_0^2}=\frac{4\times0.00778}{0.048^2}=13.507.$$

由于 $\chi^2=13.507>9.488$，所以拒绝 H_0，即认为该日生产的维尼龙纤度的方差有显著变化.

思考

假设检验体现了看问题不可绝对化的唯物辩证法思想，一方面告诉你推断的结论，另一方面告诉你检验可能犯错误. 假设检验是合理的、重要的统计推断方法，因为世间万物能被绝对肯定或绝对否定的事是很少的，如果苛求获得完美的结论，那或许什么都得不到. 我们要联系实际，辩证地看问题，不能极端.

小　结

统计推断包括两个方面，一是估计理论，二是本章介绍的假设检验理论. 本书只涉及参数的假设检验，重点是正态总体均值和方差的假设检验.

本章的基本要求如下.

1. 理解假设检验的基本思想与基本原理，知道假设检验中犯两类错误的概率，掌握检验的基本步骤.

2. 掌握单个正态总体的均值在方差已知和未知的前提下的假设检验和单个正态总体方差的假设检验及计算方法.

习题八

1. 设某厂生产的食盐的袋装重量服从正态分布 $N(\mu,3^2)$（单位：克），在生产过程中随机抽取 16 袋食盐，测得平均袋装重量 $\bar{x}=496$. 问：在显著性水平 $\alpha=0.05$ 下，是否可以认为该厂生产的袋装食盐的平均袋重为 500 克？

2. 设某厂自动机生产的一种铆钉的尺寸误差 X 服从正态分布 $N(\mu,1)$，该机正常工作与否的标志是 $\mu=0$ 是否成立. 随机抽取容量为 $n=10$ 的样本，测得样本均值 $\bar{x}=1.01$. 问：在显著性水平

$\alpha=0.05$下，是否可以认为该厂自动机工作正常？

3．已知某厂生产的一种元件，其寿命服从均值μ_0=120、方差$\sigma_0^2=9$的正态分布．现采用一种新工艺生产该种元件，并随机取 16 个元件，测得样本均值$\bar{x}=123$，从生产情况看，寿命波动无变化．试判断采用新工艺生产的元件平均寿命较以往有无显著变化．（$\alpha=0.05$）

4．要求某种元件平均使用寿命（单位：小时）不得低于 1000，生产者从一批这种元件中随机抽取 25 件，测得其寿命的平均值是 950．已知该种元件寿命服从标准差为$\sigma=100$的正态分布．试在显著性水平$\alpha=0.05$下，判断这批元件是否合格．设总体均值为μ，μ未知．即检验假设$H_0: \mu \geqslant 1000$，$H_1: \mu < 1000$．

5．一种燃料的辛烷等级服从正态分布$N(\mu,\sigma^2)$，其平均等级为 98.0，标准差为 0.8，现从一批新油中抽出 25 桶，算得样本均值为 97.7．假定标准差与原来一样，问新油的辛烷平均等级是否比原燃料平均等级偏低．（$\alpha=0.05$）

6．有一批枪弹，其初速度（单位 m/s）服从正态分布$N(\mu,\sigma^2)$，其中μ=950m/s，$\sigma=10$m/s．经过较长时间储存后，现取出 9 发枪弹试射，测其初速度，得样本值如下：

$$914, 920, 910, 934, 953, 945, 912, 924, 940.$$

问：这批枪弹在显著水平$\alpha=0.05$下初速度是否变小了？

7．某日从饮料生产线随机抽取 16 瓶饮料，分别测得重量（单位：克）后算出样本均值$\bar{x}$=502.92及样本标准差$s=12$．假设瓶装饮料的重量服从正态分布$N(\mu,\sigma^2)$，其中σ^2未知，问：该日生产的瓶装饮料的平均重量是否为 500 克？（$\alpha=0.05$）

8．设某厂生产的零件长度服从正态分布$N(\mu,\sigma^2)$（单位：mm），现从生产出的一批零件中随机抽取 16 件，经测量并算得零件长度的平均值$\bar{x}=1960$，标准差$s=120$，如果σ^2未知，在显著水平$\alpha=0.05$下，是否可以认为该厂生产的零件的平均长度是 2050mm?

9．食品厂用自动设备装罐头食品，每罐标准重量（单位：克）为 500，每隔一定时间需要检验机器的工作情况．现抽取 10 罐，计算得$\bar{x}=502$，$s=6.5$，假设重量X服从正态分布，试问机器工作是否正常．（$\alpha=0.05$）

10．假设考生成绩服从正态分布，在某地一次数学统考中，随机抽取了 36 位考生的成绩，算得平均成绩$\bar{x}=66.5$分，标准差为$s=15$分，问在显著性水平$\alpha=0.05$下，能否认为全体考生的平均成绩为 70 分？

11．车辆厂生产的螺杆直径服从正态分布$N(\mu,\sigma^2)$，现在从一批产品中抽取 5 支，测得$\bar{x}=21.8$，$s^2=0.135$，问：在显著性水平$\alpha=0.05$下，是否可以接受这批螺杆直径均值为 21?

12．某种元件的寿命X（单位：小时）服从正态分布$N(\mu,\sigma^2)$，现测得 16 只元件的寿命如下

$$159,280,101,212,224,379,179,264,222,362,168,250,149,260,485,170.$$

问：在显著性水平$\alpha=0.05$下，是否可以认为元件的平均寿命μ大于 225?

13．下面列出的是某工厂随机选取的 20 只部件的装配时间（单位：分）．

$$9.80, 10.4, 10.6, 9.60, 9.70, 9.90, 10.9, 11.1, 9.60, 10.2,$$
$$10.3, 9.60, 9.90, 11.2, 10.6, 9.80, 10.5, 10.1, 10.5, 9.70.$$

设装配时间的总体服从正态分布$N(\mu,\sigma^2)$，μ,σ^2均未知．是否可以认为装配时间的均值显著大于 10？（$\alpha=0.05$）

14．用某种农药施入农田防治病虫害，经三个月后土壤残余农药浓度（单位：ppm）如在 5 以

上则认为仍有残效．现在一大田施药区随机取10个土样进行分析，其浓度为

$$4.8,3.2,2.0,6.0,5.4,7.6,2.1,2.5,3.1,3.5.$$

设土壤残余农药浓度服从正态分布$N(\mu,\sigma^2)$，问：在显著性水平$\alpha=0.05$下，该农药经三个月后是否仍有残效？

15．设某电工器材厂生产的保险丝的熔化时间X服从正态分布$N(\mu,\sigma^2)$，现从该厂生产的一批保险丝中抽取10根，测得其熔化时间，得到数据如下：

$$42,65,75,78,71,59,57,68,55,54.$$

问：在显著性水平$\alpha=0.05$下，是否可以认为这批保险丝熔化时间的标准差$\sigma=12$？

16．设车床加工的轴料的椭圆度X服从正态分布$N(\mu,\sigma^2)$，现从加工的轴料中随机地抽取15件，计算的样本方差为$s^2=0.023$，问：在显著性水平$\alpha=0.05$下，是否可以认为这批轴料的椭圆度的方差为0.0004？

17．某运动员跳远成绩X服从正态分布$N(\mu,\sigma^2)$，10次成绩（单位：米）记录如下：

$$5.5,5.2,5.23,5.8,5.42,5.1,4.9,4.51,5.6,5.1.$$

问：在显著性水平$\alpha=0.05$下，该运动员跳远成绩的总体方差是否大于0.1？

18．某类钢板每块的重量（单位：kg）X服从正态分布，其一项质量指标是钢板重量的方差不得超过0.016．现从某天生产的钢板中随机抽取25块，得其样本方差s^2=0.025，问：该天生产的钢板重量的方差是否满足要求？

第9章 MATLAB 在概率论与数理统计中的应用

概率论与数理统计是实验科学中最常用的数学分支，其问题的求解是很重要的，但有时也是烦琐的，传统的方法经常需要查表. MATLAB 提供了专业的统计工具箱，其中有大量的函数，可以直接用于概率论与数理统计领域中的问题求解. 本章将从概率论的基本问题求解、随机变量的数字特征、参数估计与区间估计、假设检验等几方面对 MATLAB 的应用加以介绍.

9.1 MATLAB 基础

9.1.1 MATLAB简介

MATLAB 是 MathWorks 公司开发的一款以数值计算为主要特色的数学工具软件，它所带的统计工具箱几乎囊括了诸如参数估计、假设检验、方差分析、回归分析等数理统计的所有领域，并且统计工具箱中的命令调用格式极为简单方便.

利用 MATLAB 软件辅助“概率与数理统计”课程教学是基于 MATLAB 有如下特点.

1. 操作简单易学

MATLAB 的基本数据结构是矩阵，它的表达式与数学计算中使用的形式十分相似，便于学习和使用. 一般学生即使没有接触过 MATLAB，在教师的引导下，也可以在几个小时内就学会操作. 另外，计算机进入课堂的目的是辅助教学，帮助“教师教好、学生学好”该课程，不应该把大量的课时花费在掌握计算机软件的使用方法与编程上，计算机软件是配角，绝不能让它成为课程中的主角，使用 MATLAB 可以达到该目的.

2. 功能强大实用

MATLAB 提供了统计工具箱，有大量的概率统计函数可直接用于计算. 每当教学中增加概率论与数理统计新的方法和公式时，教师和学生无须编程就可以在该软件上实现方法和公式的应用，简化计算过程的，省去查表工作. 例如，各种概率密度函数、分布函数的计算，求数学期望、方差和相关系数等，直接调用这些函数即可方便地得到结果.

3. 画图方便迅速

MATLAB 有绘图命令 plot、plot3，可方便迅速地画各种二维、三维图形，也有专用的绘制各种统计图形的函数，可以节省用户大量的时间与精力. 用 MATLAB 画图比在黑板上画图要准确，比事先制作多媒体课件更灵活、生动，能达到化抽象为直观的效果，有助于学生理解和学习概率统计的各种方法.

4. 加快实际应用

概率论与数理统计的产生和发展都与实际紧密相连，离开了实际应用，这门学科就失去了意义与活力. 在教学过程中，教师应尽可能采用最新的实例，使堂上教学效果更加生动有趣. 而堂上教师能快速地应用 MATLAB 软件得到统计分析的结果，会进一步增加学生学习的兴趣以及用概率与数理统计知识和 MATLAB 软件解决实际问题的信心，使学生达到学以致用的目的.

9.1.2 MATLAB的基本操作

1. 启动与退出

通常，安装了 MATLAB 的计算机，其桌面上都有 MATLAB 图标. 双击 MATLAB 图标，就可以启动 MATLAB，也可以从“开始”菜单中启动.

启动 MATLAB 后，MATLAB 主窗口中有几个小窗口，最常用的窗口是命令窗口（Command Window）、命令历史窗口（Command History）、工作空间窗口（Workspace），如图 9.1 所示.

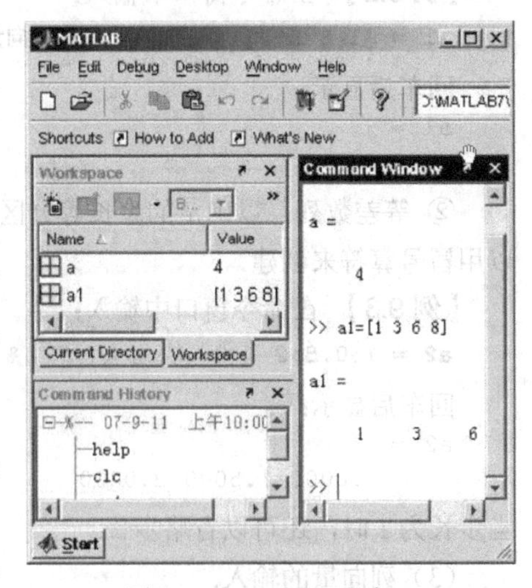

图 9.1 MATLAB 主窗口

在 MATLAB 中，主要的操作都在命令窗口中进行. 在命令窗口中运行过的命令存储在命令历史窗口中. 运行命令产生的结果存储在工作空间窗口中. 命令窗口是 MATLAB 中最重要的窗口. 命令窗口中有命令提示符“>>”，所有的命令都在命令提示符后面输入.

对命令历史窗口中存储的命令，可以通过 3 种方式重新使用：①在命令历史窗口中双击该命令；②在命令历史窗口中选定命令，再回车，就会重新运行该命令；③把命令从命令历史窗口中拖拉到命令窗口中，经过修改，再回车.

退出 MATLAB 也有多种方法. 方法一，单击 MATLAB 主窗口右上角的关闭按钮退出 MATLAB. 方法二，在命令窗口中输入“exit”，再回车. 方法三，在命令窗口中输入“quit”，再回车. 方法四，选择 MATLAB 主窗口左上角的 File 菜单中的 Exit 项.

在 MATLAB 中，最常用的命令有 help、clc、clear.

（1）命令 help.

这是 MATLAB 中使用最多的一个命令，用它可以查询命令或函数的使用方法. 例如，要知道余弦函数 cos 的使用方法，只要在命令窗口中输入“help cos”，回车即显示出该函数的使用方法.

（2）命令 clc.

命令 clc 用来清空命令窗口.在命令窗口中输入“clc”，再回车，即可清空命令窗口.

（3）命令 clear.

命令 clear 用来清空工作空间窗口. 在命令窗口中输入“clear”，再回车，就可以清空工作空间窗口.

2. 数据的输入

在 MATLAB 中，所有的数据都是按矩阵的形式处理的，即便是一个标量，也被看作一行一列的矩阵.

（1）标量的输入.

标量数据在命令窗口中直接输入即可.

【例 9.1】 在命令窗口中输入：

```
a = 5        % 将数值5赋给变量a.
```

回车后显示：

```
a =
    5
```

在工作空间窗口中，可以看到变量 a 的图标，在命令历史窗口可以看到已经输入的命令：a = 5.

（2）行向量的输入.

① 直接输入：数据放在方括号“[ ]”内，以逗号“,”或空格分隔.

【例 9.2】 在命令窗口中输入：

```
a1 = [1 3 5 7]              % 将行向量(1 3 5 7)赋给变量a1.
```

回车后显示：

```
a1 =
        1      3      5      7
```

② 等差数列：以确定的步长等分区间，得到等差数列. 若向量中的数据构成等差数列，则可以用冒号算符来创建.

【例 9.3】 在命令窗口中输入：

```
a2 = 1:0.5:2                       % 将区间[1,2]以0.5为步长等分，赋给变量a2.
```

回车后显示：

```
a2 =
      1.0000 1.5000 2.0000
```

当步长为 1 时，还可以省略步长.

（3）列向量的输入.

① 直接输入：数据放在方括号“[ ]”内，其间以分号“;”分行.

【例 9.4】 在命令窗口中输入：

```
b1 = [1;3;5;7]                     % 将列向量(1 3 5 7)'赋给变量b1.
```

回车后显示：

```
b1 =
      1
      3
      5
      7
```

② 把行向量转置成列向量：加转置运算符号“'”.

【例 9.5】 在命令窗口中输入：

```
b2 = [1;3;5;7]'                    %将行向量(1 3 5 7)转置后赋给变量b2.
```

回车后显示：

```
b2 =
      1
      3
      5
      7
```

（4）矩阵的直接输入.

简单的矩阵可以直接输入. 其行间数据用逗号“,”或空格分隔，用分号“;”分行.

【例 9.6】 在命令窗口中输入：

```
A=[1,2,3;4,5,6]
```

回车后显示：

```
A =
     1     2     3
     4     5     6
```

注意 在MATLAB中，无论是向量，还是矩阵，直接输入的时候都用方括号“[ ]”括起来. 在方括号中的数据，如果是用逗号“,”分隔的，则数据在同一行中；如果是用分号“;”分隔的，则数据在不同行中.

(5) 生成矩阵的函数.

在 MATLAB 中，有许多函数可以生成矩阵，常用的有 ones、zeros、eye. 这 3 个函数的调用方式类似.

① 全1阵函数：用函数 ones(n,m)可以生成 n 行 m 列元素全是 1 的矩阵.

【例 9.7】 在命令窗口中输入：

```
A1=ones(3)                %生成 3 行 3 列的元素都是 1 的矩阵.
```

回车后显示：

```
A1 = 1     1     1
     1     1     1
     1     1     1
```

② 全0阵函数：用函数 zeros(n,m)可以生成 n 行 m 列元素全是 0 的矩阵.

【例 9.8】 在命令窗口中输入：

```
A2=zeros(2,3)                %生成 2 行 3 列的元素都是 0 的矩阵.
```

回车后显示：

```
A2 = 0     0     0
     0     0     0
```

③ 单位阵函数：用函数 eye(n, m)可以生成 n 行 m 列单位矩阵. 它和线性代数中讲的单位矩阵（要求方阵）含义不同.

【例 9.9】 在命令窗口中输入：

```
A3=eye(3,3)                %生成 3 行 3 列的单位矩阵.
```

回车后显示：

```
A3 = 1     0     0
     0     1     0
     0     0     1
```

3. 数组加、减、乘、除四则运算及幂、开方、指数与对数运算

(1) 数组与标量的四则运算.

数组与标量之间的四则运算是指数组中的每个元素与标量进行加、减、乘、除运算.

【例 9.10】 对数组进行乘、除与加、减一个数的运算.

在命令窗口中输入：

```
x = [1 3 4; 2 6 5; 3 2 4];
a = 2*x+2
c = x/2
```

回车后显示：

```
a =
```

```
      4    8   10
      6   14   12
      8    6   10
c =
      0.5000    1.5000    2.0000
      1.0000    3.0000    2.5000
      1.5000    1.0000    2.0000
```

（2）数组间的四则运算.

在 MATLAB 中，数组间进行四则运算时，参与运算的数组必须具有相同的维数，加、减、乘、除运算是按元素的方式进行的．其中，数组间的乘、除运算符号为“.*”，“./”或“.\”．注意，运算符号中的点号不能少，否则将不会按数组运算规则进行，而会按矩阵的乘和求逆运算规则进行．矩阵间的四则运算将在后面讨论．

【例 9.11】 进行数组间的加法、减法、乘法与除法运算.

在命令窗口中输入：

```
a = [1 3 4; 2 6 5; 3 2 4];
b = [2 3 1; 4 1 2; 4 5 3];
c = a+b
d= a./b
```

回车后显示：

```
c =
      3    6    5
      6    7    7
      7    7    7
d=
      0.5000    1.0000    4.0000
      0.5000    6.0000    2.5000
      0.7500    0.4000    1.3333
```

（3）数组的幂运算.

在 MATLAB 中，数组的幂运算与矩阵的幂运算完全不同．数组的幂运算符号为“.^”（注意运算符号中的点号），用来表示元素对元素的幂运算．而矩阵的幂运算符号为“^”.

【例 9.12】 进行数组与数的幂运算.

在命令窗口中输入：

```
a = [1 3 4; 2 6 5; 3 2 4];
c = a.^2
```

回车后显示：

```
c =
      1    9   16
      4   36   25
      9    4   16
```

为了便于比较，下面举例说明矩阵的幂运算.

【例 9.13】 与数组幂运算比较，进行矩阵的幂运算.

在命令窗口中输入：

```
a = [1 3 4; 2 6 5; 3 2 4];
c = a^2
```

回车后显示：

```
c =
      19    29    35
```

```
    29    52    58
    19    29    38
```

【例 9.14】 进行数组与数组的幂运算.

在命令窗口中输入：

```
a = [1 3 4; 2, 6, 5; 3 2, 4];
b = [2 3 1; 4 1 2; 4 5 3];
c = a.^b
```

回车后显示：

```
c =
     1     27     4
    16      6    25
    81     32    64
```

上面两数组的幂运算为数组中各对元素间的运算.

（4）数组的开方运算、指数运算与对数运算.

由于在 MATLAB 中，数组的运算实质上是数组内部每个元素的运算，因此数组的开方运算、指数运算和对数运算与标量运算完全一样，运算函数分别为 sqrt、exp、log 等.

【例 9.15】 进行数组的开方运算.

在命令窗口中输入：

```
a = [1 9 4; 25 16 36];
c = sqrt(a)
```

回车后显示：

```
c =
     1     3     2
     5     4     6
```

数组的对数运算、指数运算与数组的开方运算形式完全一样.

4. 矩阵的基本运算

矩阵的基本运算包括矩阵的四则运算、矩阵与标量的运算、矩阵的幂运算、指数运算、对数运算、开方运算以及矩阵的逆运算、行列式运算等. 下面仅对矩阵的四则运算、矩阵与标量的运算进行说明.

（1）矩阵的四则运算.

矩阵的四则运算与前面讲的数组运算基本相同，但也有一些差别. 其中，矩阵的加、减运算与数组的加、减运算完全相同，要求进行运算的两个矩阵的大小完全相同，使用的运算符号也是“+”与“-”.

【例 9.16】 进行矩阵加减运算.

在命令窗口中输入：

```
a = [1 2; 3 5; 2 6];
b = [2 4; 1 8; 9 0];
c = a+b
```

回车后显示：

```
c =
     3     6
     4    13
    11     6
```

设矩阵 $\boldsymbol{A}$ 是一个 $i\times j$ 的矩阵，则要求与之相乘的矩阵 $\boldsymbol{B}$ 必须是一个 $j\times k$ 的矩阵，此时 $\boldsymbol{A}$ 矩阵

与 $\boldsymbol{B}$ 矩阵才能相乘．矩阵的乘法运算使用的运算符号是“*”．

【例 9.17】 进行矩阵乘法运算．

在命令窗口中输入：

```
a = [1 2; 3 5; 2 6];
b = [2 4 1; 8 9 0];
c = a*b                    %注意比较 d= b*a, 可见 a*b≠b*a.
```

回车后显示：

```
c =
    18    22    1
    46    57    3
    52    62    2
d =
    16    30
    35    61
```

当然，矩阵乘法也可以像数组乘法那样，进行矩阵元素的相乘，此时要求相乘的两个矩阵大小完全相同，用的运算符号为“.*”．

【例 9.18】 进行矩阵乘法“*”运算，与矩阵元素间乘法“.*”运算比较．

在命令窗口中输入：

```
a = [1 2 0; 2 5-1; 4 10 -1];
c= [1 2 4; 2 5 10; 0 -1-1];
d = c.*a                   %注意比较 e= a.*c, 可见 a.*c = c.*a.
e = a.*c
```

回车后显示：

```
d =
     1    4     0
     4   25   -10
     0  -10     1

e=
     1    4     0
     4   25   -10
     0  -10     1
```

在 MATLAB 中，矩阵的除法运算有两个运算符号，分别为左除“\”与右除“/”．矩阵的右除运算速度要慢一点，而左除运算可以避免奇异矩阵的影响．对于方程 $\boldsymbol{Ax}=\boldsymbol{b}$，若此方程为超定方程，则使用除法运算符号“\”与“/”可以自动找到使误差 $\boldsymbol{Ax}-\boldsymbol{b}$ 的平方和最小的解．若此方程为不定方程，则使用除法运算符号“\”与“/”求得的解至多有 Rank($\boldsymbol{A}$)（矩阵 $\boldsymbol{A}$ 的秩）个非零元素，而且求得的解是这种类型的解中范数最小的一个．

【例 9.19】 进行矩阵除法运算：解矩阵方程 $\boldsymbol{Ax}=\boldsymbol{b}$．

在命令窗口中输入：

```
a =[21 34 20; 5 78 20; 21 14 17; 34 31 38];
b = [10 20 30 40] ';
x = b\a
```

回车后显示：

```
x =
      0.7667
      1.1867
      0.8767
```

【例 9.19】的方程 $Ax=b$ 为超定方程. 注意, 结果矩阵 X 是列向量形式.

【例 9.20】 进行矩阵除法运算: 解矩阵方程 $Ax=b$.

在命令窗口中输入:

```
a =[21 34 20 5; 78 20 21 14; 17 34 31 38];      %A 为 3 行 4 列矩阵.
b = [10 20 30] ';
x = b\a           %对于方程 Ax = b, A 不存在逆矩阵.
```

回车后显示:

```
x =
    1.6286
    1.2571
    1.1071
    1.0500
```

(2) 矩阵与标量的四则运算.

矩阵与标量间的四则运算和数组与标量间的四则运算完全相同, 即矩阵中的每个元素与标量进行加、减、乘、除四则运算. 需要说明的是, 当进行除法运算时, 标量只能做除数.

【例 9.21】 进行矩阵与标量的四则运算.

在命令窗口中输入:

```
b =[21 34 20; 78 20 21; 17 34 31];
c = b+2
d= b/2
```

回车后显示:

```
c =
    23    36    22
    80    22    23
    19    36    33
d=
    10.5000    17.0000    10.0000
    39.0000    10.0000    10.5000
    8.5000     17.0000    15.5000
```

9.2 随机变量及其分布与 MATLAB

利用统计工具箱提供的函数, 可以比较方便地计算随机变量的分布律和分布函数.

9.2.1 离散型随机变量及其分布律

如果随机变量全部可能取到的不相同的值是有限个或可列无限多个, 则称之为离散型随机变量. MATLAB 提供的计算常见离散型随机变量分布律的函数及调用格式如下.

函数调用格式(对应的分布)　　分布律

y=binopdf(x,n,p)(二项分布)　　$f(x\mid n,p)=\binom{n}{x}p^x(1-p)^{n-x}I_{(0,1,\cdots,n)}(x)$

y=geopdf(x,p)(几何分布)　　$f(x\mid p)=p(1-p)^x\quad(x=0,1,\cdots)$

y=poisspdf(x,lambda)（泊松分布）　$f(x|\lambda)=\frac{\lambda^x}{x!}e^{-\lambda}\ (x=0,1,\cdots)$

y=unidpdf(x,n)（均匀分布）　$f(x|N)=\frac{1}{N}$

9.2.2　连续型随机变量及其概率密度

对于随机变量 X 的分布函数 $F(x)$，如果存在非负函数 $f(x)$，使对于任意实数 x 有

$$F(x)=\int_{-\infty}^{x}f(t)\mathrm{d}t\ ,$$

则称 X 为连续型随机变量，其中函数 $f(x)$ 称为 X 的概率密度函数.

MATLAB 提供的计算常见连续型随机变量分布概率密度函数的函数及调用格式如下.

函数调用格式（对应的分布）　概率密度函数

y=betapdf(x,a,b)（β 分布）　$f(x|a,b)=\frac{1}{B(a,b)}x^{a-1}(1-x)^{b-1}(0<x<1)$

y=chi2pdf(x,v)（卡方分布）　$f(x|v)=\frac{x^{\frac{v}{2}-1}e^{-\frac{x}{2}}}{2^{\frac{v}{2}}\Gamma(\frac{v}{2})}\ (x\geqslant 0)$

y=exppdf(x,mu)（指数分布）　$f(x|\mu)=\frac{1}{\mu}e^{-\frac{x}{\mu}}\ (x\geqslant 0)$

y=fpdf(x,v1,v2)（F 分布）　$f(x|v_1,v_2)=\frac{\Gamma(\frac{v_1+v_2}{2})}{\Gamma(\frac{v_1}{2})\Gamma(\frac{v_2}{2})}\left(\frac{v_1}{v_2}\right)^{\frac{v_1}{2}}\frac{x^{\frac{v_1}{2}-1}}{\left(1+\frac{v_1x}{v_2}\right)^{\frac{v_1+v_2}{2}}}$

y=gampdf(x,a,b)（伽马分布）　$f(x|a,b)=\frac{1}{b^a\Gamma(a)}x^{a-1}e^{-\frac{x}{b}}\ (x\geqslant 0)$

y=normpdf(x,mu,sigma)（正态分布）　$f(x|\mu,\sigma)=\frac{1}{\sigma\sqrt{2\pi}}e^{-\frac{(x-\mu)^2}{2\sigma^2}}$

y=lognpdf(x,mu,sigma)（对数正态分布）　$f(x|\mu,\sigma)=\frac{1}{x\sigma\sqrt{2\pi}}e^{-\frac{(\ln x-\mu)^2}{2\sigma^2}}$

y=tpdf(x,v)（学生氏 t 分布）　$f(x|v)=\frac{\Gamma(\frac{v+1}{2})}{\Gamma(\frac{v}{2})\sqrt{v\pi}}\left(1+\frac{x^2}{v}\right)^{-\frac{v+1}{2}}$

例如，用 normpdf 函数计算正态概率密度函数值.该函数的调用格式为

y=normpdf(x,mu,sigma)

计算数据 x 中各值处参数为 *mu* 和 *sigma* 的正态概率密度函数的值.参数 *sigma* 必须为正.正态概率密度函数的计算公式为

$$y=f(x|\mu,\sigma)=\frac{1}{\sigma\sqrt{2\pi}}e^{-\frac{(x-\mu)^2}{2\sigma^2}}.$$

9.2.3 分布函数

对于离散型随机变量 X，设 x 为任意实数，X 的分布函数为

$$F(x)=P\{X\leqslant x\}.$$

对于连续型随机变量 X，假设其概率密度函数为 $f(x)$，则其分布函数为

$$F(x)=\int_{-\infty}^{x} f(t)\mathrm{d}t.$$

MATLAB 提供了专门的函数求解各种随机变量的分布函数，具体如下.

函数调用格式	对应的分布
p=betacdf(x,a,b)	β 分布
p=binocdf(x,n,p)	二项分布
p=chi2cdf(x,v)	卡方分布
p=expcdf(x,mu)	指数分布
p=fcdf(x,v1,v2)	F 分布
p=gamcdf(x,a,b)	伽马分布
p=geocdf(x,p)	几何分布
p=normcdf(x,mu,sigma)	正态分布
p=poisscdf(x,lambda)	泊松分布
p=tcdf(x,v)	学生氏 t 分布
p=unidcdf(x,n)	离散均匀分布
p=unifcdf(x,a,b)	连续均匀分布

例如，用 normcdf 函数计算正态分布的分布函数。该函数的调用格式为

p=normcdf(x,mu,sigma)

计算参数为 *mu* 和 *sigma* 的正态分布函数在数据 x 中每个值处的值. 参数 *sigma* 必须为正. 正态分布的分布函数为

$$p=F(x\mid\mu,\sigma)=\frac{1}{\sigma\sqrt{2\pi}}\int_{-\infty}^{x}\mathrm{e}^{-\frac{(t-\mu)^2}{2\sigma^2}}\mathrm{d}t.$$

结果 p 为取自参数为 μ 和 σ 的正态分布总体的单个观测量落在区间 $(-\infty,x)$ 中的概率.

【例 9.22】 某仪器需安装一个电子元件，需要电子元件的使用寿命不低于 1000 小时. 现有甲乙两厂的电子元件可供选择，甲厂生产的电子元件的寿命服从正态分布 $N(1100,50^2)$，乙厂生产的电子元件的寿命服从正态分布 $N(1150,80^2)$. 问：应选哪个工厂的产品？

解 设 $X\sim N(1100,50^2)$，$Y\sim N(1150,80^2)$. 则有

$P\{X\geqslant 1000\}\approx 0.9772$ （命令为 1-normcdf(1000,1100,50)），

$P\{Y\geqslant 1000\}\approx 0.9696$ （命令为 1-normcdf(1000,1150,80)）.

因此，应选甲厂生产的产品.

9.2.4 逆累加分布函数

逆累加分布函数是累加分布函数的逆函数.利用逆累加分布函数，可以求得满足给定概率时随机

变量对应的置信区间.

常见分布的逆累加分布函数及其调用格式如下.

函数调用格式	对应的分布
p=betainv(P,a,b)	β 分布
p=binoinv(P,n,p)	二项分布
p=chi2inv(P,v)	卡方分布
p=expinv(P,mu)	指数分布
p=finv(P,v1,v2)	F 分布
p=gaminv(P,a,b)	伽马分布
p=geoinv(P,p)	几何分布
p=norminv(P,mu,sigma)	正态分布
p=poissinv(P,lambda)	泊松分布
p=tcdfinv(P,v)	学生氏 t 分布
p=unidinv(P,n)	离散均匀分布
p=unifinv(P,a,b)	连续均匀分布

【例 9.23】有同类设备 300 台，各台工作状态相互独立。已知每台设备发生故障的概率为 0.01，若一台设备发生故障需要 1 人去处理，问：至少需要多少工人，才能保证设备发生故障而不能及时维修的概率小于 0.01?

解 设 X 表示同一时刻发生故障的设备台数，则有 $X \sim B(300,0.01)$．再设配备 N 位维修人员，则有

$$P\{X > N\} < 0.01,$$

即

$$P\{X \leqslant N\} > 0.99.$$

键入命令：

```
p=binoinv(0.99,300,0.01)
```

运行结果：

```
p =8
```

键入命令：

```
binocdf(8,300,0.01)
binocdf(7,300,0.01)
```

运行结果：

```
ans =0.9964
ans =0.9885
```

因此，至少需要 8 个工人，才能保证设备发生故障而不能及时维修的概率小于 0.01.

9.3 多维随机变量及其分布与 MATLAB

9.3.1 二维随机变量

用 mvnpdf 函数和 mvncdf 函数可以计算二维正态分布随机变量在指定位置处的概率和累积分布

函数值.

【例 9.24】 计算服从二维正态分布的随机变量在指定范围内的概率密度值并绘图.

解 具体程序如下.

```
%二维正态分布的随机变量在指定范围内的概率密度函数图形
mu=[0 0];
sigma=[0.25 0.3;0.3 1];%协方差阵
x=-3:0.1:3;y=-3:0.15:3;
[x1,y1]=meshgrid(x,y);%将平面区域网格化取值
f=mvnpdf([x1(:) y1(:)],mu,sigma);%计算二维正态分布概率密度函数值
F=reshape(f,numel(y),numel(x));%矩阵重塑
surf(x,y,F);
caxis([min(F(:))-0.5*range(F(:)),max(F(:))]);%range(x)表示最大值与最小值的差，即极差.
axis([-4 4 -4 4 0 0.5]);
xlabel('x');
ylabel('y');
zlabel('Probability Density');
```

运行结果如图 9.2 所示.

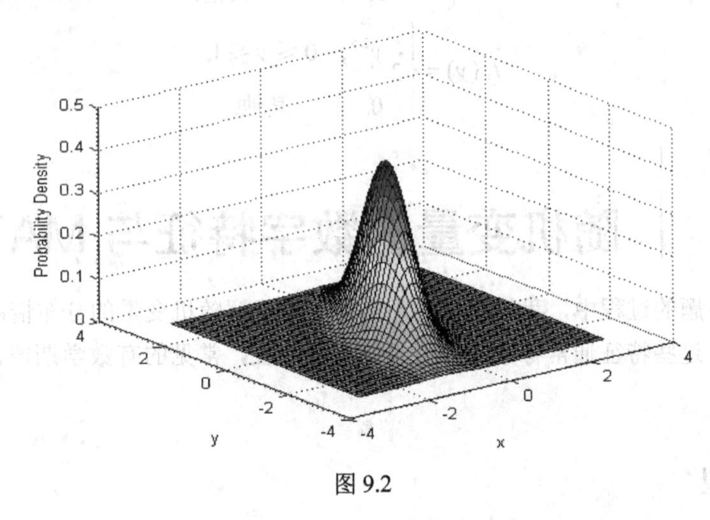

图 9.2

9.3.2 边缘分布

对于连续型随机变量(X,Y)，关于X和Y的边缘概率密度$f_X(x)$和$f_Y(y)$分别为

$$f_X(x)=\int_{-\infty}^{+\infty}f(x,y)\mathrm{d}y\,,$$

$$f_Y(y)=\int_{-\infty}^{+\infty}f(x,y)\mathrm{d}x\,.$$

【例 9.25】 设(X,Y)具有概率密度$f(x,y)=\begin{cases}Cx^2y, & x^2\leqslant y\leqslant 1,\\ 0, & \text{其他}.\end{cases}$

（1）确定常数C.

（2）求边缘概率密度$f_X(x)$和$f_Y(y)$.

解 （1）由$\iint\limits_{R^2}f(x,y)\mathrm{d}\sigma=\int_{-1}^{1}\mathrm{d}x\int_{x^2}^{1}Cx^2y\mathrm{d}y=1$可得$C=5.25$.

计算程序为：

```
syms x y C
fxy=C*x*x*y;
g=int(int(fxy,y,x*x,1),x,-1,1);
C=double(solve(g-1))
```

（2）求解程序：

```
syms x y
fxy=5.25*x*x*y;
fx=int(fxy,y,x*x,1)
fy=int(fxy,x,-sqrt(y),sqrt(y))
```

运行结果：

```
fx =21/8*x^2*(1-x^4)
fy =7/2*y^(5/2)
```

因此，边缘概率密度 $f_X(x)$ 和 $f_Y(y)$ 为

$$f_X(x)=\begin{cases}\dfrac{21}{8}x^2(1-x^4), & -1\leqslant x\leqslant 1,\\ 0, & \text{其他}.\end{cases}$$

$$f_Y(y)=\begin{cases}\dfrac{7}{2}y^{2.5}, & 0\leqslant y\leqslant 1,\\ 0, & \text{其他}.\end{cases}$$

9.4 随机变量的数字特征与 MATLAB

在解决实际问题的过程中，我们往往并不需要全面了解随机变量的分布情况，而只需要知道它们的某些特征，这些特征通常称为随机变量的数字特征，常见的有数学期望、方差、相关系数和矩等.

9.4.1 数学期望

1. 离散型随机变量的数学期望

设离散型随机变量 X 的分布律为

$$P\{X=x_k\}=p_k,\quad k=1,2,\cdots.$$

如果 $\sum_k x_k p_k$ 绝对收敛，则称 $\sum_k x_k p_k$ 的和为随机变量 X 的数学期望.

【例 9.26】 设 X 表示一张彩票的奖金额，X 的分布律为

X	500000	50000	5000	500	50	10	0
P	0.000001	0.000009	0.00009	0.0009	0.009	0.09	0.9

试求 $E(X)$.

解 求解程序：

```
x=[500000 50000 5000 500 50 10 0]';
p=[0.000001 0.000009 0.00009 0.0009 0.009 0.09 0.9]';
```

```
Ex=x'*p
```

运行结果：

```
Ex=3.2000
```

【例 9.27】 设$P\{X=k\}=(1-p)^{k-1}p$，$k=1,2,\cdots$，$0<p<1$，求$E(X)$．

解 求解程序：

```
syms p k
Ex=symsum(k*p*(1-p)^(k-1),k,1,inf)
```

运行结果：

```
Ex=1/p
```

2. 连续型随机变量的数学期望

设连续型随机变量X的概率密度为$f(x)$，若积分$\int_R xf(x)\mathrm{d}x$绝对收敛，则称该积分的值为随机变量X的数学期望.

【例 9.28】 设X的概率密度为

$$f(x)=\begin{cases}\dfrac{x}{1500^2}, & 0\leqslant x\leqslant 1500,\\ \dfrac{3000-x}{1500^2}, & 1500<x<3000,\\ 0, & \text{其他}.\end{cases}$$

求$E(X)$.

解 求解程序：

```
syms x
f1=x/1500^2;
f2=(3000-x)/1500^2;
Ex=int(x*f1,0,1500)+int(x*f2,1500,3000)
```

运行结果：

```
Ex =1500
```

3. 二维随机变量及其函数的数学期望

计算公式：

$$E(g(X,Y))=\sum_{i,j}g(x_i,y_j)p_{ij},$$

$$E(g(X,Y))=\iint_{R^2}g(x,y)f(x,y)\mathrm{d}\sigma.$$

【例 9.29】 设二维随机变量(X,Y)的概率密度为

$$f(x,y)=\begin{cases}x+y, & 0<x<1,0<y<1.\\ 0, & \text{其他}.\end{cases}$$

求$E(XY)$.

解 求解程序：

```
syms x y
f=x+y;
Ex=int(int(x*y*f,y,0,1),0,1)
```

运行结果：

```
Ex =1/3
```

9.4.2 方差

设X是一个随机变量，若$E\left\{[X-E(X)]^2\right\}$存在，则称$E\left\{[X-E(X)]^2\right\}$为$X$的方差，记为$D(X)$，即

$$D(X)=E\left\{[X-E(X)]^2\right\}.$$

9.4.3 协方差及相关系数

随机变量X与Y的协方差：$\mathrm{Cov}(X,Y)=E\{[X-E(X)][Y-E(Y)]\}$.

随机变量X与Y的相关系数：$\rho_{XY}=\dfrac{\mathrm{Cov}(X,Y)}{\sqrt{D(X)}\sqrt{D(Y)}}$.

设$(x_i,y_i),i=1,2,\cdots,n$是容量为n的二维样本，则样本的相关系数为

$$r=\frac{\sum_i(x_i-\bar{x})(y_i-\bar{y})}{\sqrt{\sum_i(x_i-\bar{x})^2}\sqrt{\sum_i(y_i-\bar{y})^2}}$$

相关系数常常用来衡量两套变量之间的线性相关性，相关系数的绝对值越接近 1，表示相关性越强，反之越弱.

用 cov 函数计算样本协方差矩阵，其语法格式为

```
C=cov(X)
C=cov(X,Y)=cov([X,Y])（其中 X，Y 为长度相等的列向量）
```

对于单一矢量而言，cov(X)返回一个包含协方差的标量. 对于列为变量观测值的矩阵而言，cov(X)为协方差矩阵.

cov 函数的算法为

```
[n,p]=size(X);
Y=X-ones(n,1)*mean(X);
C=Y'*Y./(n-1)
```

用函数计算样本数据的相关系数矩阵，其语法格式为

```
R=corrcoef(X)（返回源于矩阵的相关系数矩阵）
```

【例 9.30】

程序：

```
%协方差的计算
x=[1050 1100 1120 1250 1280]';
a=cov(x)
[n,p]=size(x);
y=x-ones(n,1)*mean(x);
b=y'*y/(n-1)
```

运行结果：

```
a =9950
b =9950
```

【例 9.31】

程序：

```
%协方差阵的计算
```

```
x=[1050 1038;1100 1089;1120 1118;1250 1256;1280 1300];
a=cov(x)
[n,p]=size(x);
y=x-ones(n,1)*mean(x);
b=y'*y/(n-1)
```

运行结果：

```
a =
  1.0e+004 *
    0.9950    1.1200
    1.1200    1.2626
b =
  1.0e+004 *
    0.9950    1.1200
    1.1200    1.2626
```

9.5 参数估计与 MATLAB

参数估计的内容包括点估计和区间估计。MATLAB 统计工具箱提供了进行最大似然估计的函数，可以计算待估参数及其置信区间。利用专门的参数估计函数，可以估计服从不同分布的函数的参数。

9.5.1 点估计

点估计是用单个数值作为参数的估计，常用的方法有矩法.

某些情况下，待估参数往往是总体原点矩或原点矩的函数，此时可以用取自该总体的样本的原点矩或样本原点矩的函数值作为待估参数的估计，这种方法称为矩法．例如，样本均值总是总体均值的矩估计量，样本方差总是总体方差的矩估计量，样本标准差总是总体标准差的矩估计量.

用计算矩的函数 moment(X,order)进行估计.

【例 9.32】 对某型号的 20 辆汽车记录其 5L 汽油的行驶里程（单位：公里），观测数据如下：

29.8,27.6,28.3,27.9,30.1,28.7,29.9,28.0,27.9,28.7,

28.4,27.2,29.5,28.5,28.0,30.0,29.1,29.8,29.6,26.9.

试估计总体的均值和方差.

解 求解程序：

```
%矩法估计
x1=[29.8 27.6 28.3 27.9 30.1 28.7 29.9 28.0 27.9 28.7];
x2=[28.4 27.2 29.5 28.5 28.0 30.0 29.1 29.8 29.6 26.9];
x=[x1 x2]';
muhat=mean(x)
sigma2hat=moment(x,2)%样本二阶中心矩
var(x,1)
```

运行结果：

```
muhat = 28.6950
sigma2hat =0.9185
ans=0.9185
```

9.5.2 区间估计

求参数的区间估计，首先要求出该参数的点估计，然后构造一个含有该参数的随机变量，并根据一定的置信水平求该估计值的范围。

用 mle 函数进行最大似然估计时，还有如下几种调用格式.

[phat,pci]=mle('dist',data)：返回最大似然估计和 95%置信区间.

[phat,pci]=mle('dist',data,alpha)：返回指定分布的最大似然估计值和 100(1- alpha)%置信区间.

[phat,pci]= mle('dist',data,alpha,p1)：该形式仅用于二项分布，其中 p1 为试验次数.

【例 9.33】 对某型号的 20 辆汽车记录其 5L 汽油的行驶里程（单位：公里），观测数据如下：

29.8,27.6,28.3,27.9,30.1,28.7,29.9,28.0,27.9,28.7,

28.4,27.2,29.5,28.5,28.0,30.0,29.1,29.8,29.6,26.9.

设行驶里程服从正态分布，求平均行驶里程的 95%置信区间.

解 求解程序：

```
%总体均值的区间估计
x1=[29.8 27.6 28.3 27.9 30.1 28.7 29.9 28.0 27.9 28.7];
x2=[28.4 27.2 29.5 28.5 28.0 30.0 29.1 29.8 29.6 26.9];
x=[x1 x2]';
[p,ci]=mle('norm',x,0.05)
```

运行结果：

```
p =
   28.6950    0.9584
ci =
   28.2348    0.7478
   29.1552    1.4361
```

即平均行驶里程的 95%置信区间为(28.2348，291552).

小 结

本章讨论了 MATLAB 在概率论与数理统计中的应用，MATLAB 提供的统计工具箱可以直接用于概率论与数理统计领域中的问题求解. 本章重点是随机变量及其分布与 MATLAB、随机变量的数字特征与 MATLAB、参数估计与 MATLAB.

本章的基本要求如下.

1．会用 MATLAB 计算随机变量的分布律、概率密度和分布函数.

2．会用 MATLAB 计算随机变量的数字特征.

3．会用 MATLAB 统计工具箱计算待估参数及其置信区间.

习 题 九

1．求 X 取值为 1,2,3,4,5,6 时服从均匀分布的概率值.

2．求 X 取值为 0,1,2,3,4,5,6 时服从二项分布 b（X；12,0.4）的概率值.

3．求 X 取值为 0,1,2,3,4,5,6 时服从参数为 2 的泊松分布的概率值．

4．设 $X \sim N(3,4)$，求 $P\{2 \leqslant X \leqslant 5\}, P\{|X| > 2\}$．

5．某保险公司发现索赔要求中有 25%是因被盗而提出的，某年该公司收到 10 个索赔要求，试求其中包含不多于 4 个被盗索赔的概率．

6．设随机变量 X 的概率密度为

$$f(x)=\begin{cases}\dfrac{1}{\pi\sqrt{1-x^2}}, & |x|<1,\\ 0, & \text{其他}.\end{cases}$$

求 $P\{X \leqslant 0.5\}$．

7．设随机变量 X 的分布律为

X	−1	0	1	2	3
p_k	0.1	0.2	0.2	0.3	0.2

求：（1）$E(X)$；（2）$D(X)$．

8．设 $X \sim N(6,0.25^2)$，求（1）$E(X)$；（2）$D(X)$．

9．设随机变量 X 的概率密度为

$$f(x)=\begin{cases}\dfrac{6x}{a^3}(a-x), & 0<x<a,\\ 0, & \text{其他}.\end{cases}$$

求：（1）$E(X)$；（2）$D(X)$．

10．随机生成 100 个正态数据，其中 μ=8,σ=3，再用样本估计概率参数 μ,σ 的点估计值和区间估计．

11．设某种清漆的 9 个样品，其干燥时间（单位：小时）分别为

6.0, 5.7, 5.8, 6.5, 7.0, 6.3, 5.6, 6.1, 5.0.

设干燥时间总体服从正态分布 $N(\mu,\sigma^2)$，求 μ 的置信度为 0.95 的置信区间.

12．有一批枪弹，其初速度（单位：m/s）服从正态分布 $N(\mu,\sigma^2)$，其中 μ=950，$\sigma=10$．经过较长时间储存后，现取出 9 发枪弹试射，测其初速度，得样本值如下：

914, 920, 910, 934, 953, 945, 912, 924, 940.

问：这批枪弹在显著水平 $\alpha=0.05$ 下，初速度是否有变化？

部分习题答案

习题一

1.（1）$S=\{HH,HT,TH,TT\}$；（2）$S=\{2,3,\cdots,12\}$；（3）$S=\{10,11,12,\cdots\}$；

（4）$S=\{0,1,2,\cdots\}$；（5）$S=\{(x,y)\mid x^2+y^2<1\}$；（6）$S=\{x\mid x\geqslant 0\}$.

2.（1）$AB\overline{C}$；（2）$A\cup B\cup C$；（3）$(A\cup B)\overline{C}$；

（4）ABC；（5）$\overline{A}\overline{B}\overline{C}$；（6）$\overline{A}\overline{B}\overline{C}\cup A\overline{B}\overline{C}\cup\overline{A}B\overline{C}\cup\overline{A}\overline{B}C$；（7）$\overline{ABC}$ 或 $\overline{A}\cup\overline{B}\cup\overline{C}$；

（8）$AB\overline{C}\cup A\overline{B}C\cup\overline{A}BC$；（9）$AB\cup BC\cup AC$；（10）$\overline{ABC}$.

3．略.

4.（1）$B_0=\overline{A}_1\overline{A}_2\overline{A}_3$；（2）$B_1=A_1\overline{A}_2\overline{A}_3\cup\overline{A}_1A_2\overline{A}_3\cup\overline{A}_1\overline{A}_2A_3$；

（3）$B_2=A_1A_2\overline{A}_3\cup A_1\overline{A}_2A_3\cup\overline{A}_1A_2A_3$；（4）$B_4=A_1A_2A_3$.

5.（1）$\frac{1}{2}$；（2）$\frac{3}{8}$.　6．0.2.　7.（1）$\frac{5}{8}$；（2）$\frac{3}{8}$.

8．$\frac{11}{15},\frac{4}{15},\frac{17}{20},\frac{3}{20},\frac{7}{60},\frac{7}{20}$.　9．0.192.

10．$1-\frac{(n-1)^{k-1}}{n^k}$.　11.（1）$\frac{4}{9}$；（2）$\frac{2}{5}$.

12.（1）$\frac{C_3^1C_{37}^2}{C_{40}^3}$；（2）$\frac{C_3^2C_{37}^1}{C_{40}^3}$；（3）$\frac{C_3^3}{C_{40}^3}$；（4）$\frac{C_{37}^3}{C_{40}^3}$；（5）$1-\frac{C_{37}^3}{C_{40}^3}$.

13.（1）0.4；（2）0.6.　14.（1）$\frac{1}{12}$；（2）$\frac{1}{20}$.　15．0.0000024.

16.（1）$\frac{3}{8}$；（2）$\frac{1}{16}$.　17.（1）0.255；（2）0.509；（3）0.745；（4）0.273.

18．0.4.　19．$\frac{1}{3}$.　20．0.25.　21．$\frac{2}{3}$.　22．$\frac{1}{45}$.

23．$\frac{3}{200}$.　24.（1）$\frac{28}{45}$；（2）$\frac{1}{45}$；（3）$\frac{16}{45}$；（4）$\frac{1}{5}$.

25.（1）$\frac{3}{10}$；（2）$\frac{3}{5}$.　26．$\frac{1}{n}$.　27．0.973.　28．0.5.　29．0.44.

30．$\frac{20}{21}$.　31.（1）$\frac{3}{2}p-\frac{1}{2}p^2$；（2）$\frac{2p}{p+1}$.

32.（1）0.4；（2）0.4856.　33.（1）0.785；（2）0.372.　34．$\frac{3}{5}$.

35．0.398.　36.（1）0.72；（2）0.98；（3）0.26.　37．略.

38．采用五局三胜制有利.　39.（1）0.458；（2）0.537.

40．$2p^2+2p^3-5p^4+2p^5$.

习题二

1. $C=\frac{37}{38}$.　2. $a=\frac{16}{37}$.

3.

X	0	1	2	3
p_k	$\frac{1}{2}$	$\frac{1}{4}$	$\frac{1}{8}$	$\frac{1}{8}$

4.

X	2	3	4	5	6	7	8	9	10	11	12
p_k	$\frac{1}{36}$	$\frac{2}{36}$	$\frac{3}{36}$	$\frac{4}{36}$	$\frac{5}{36}$	$\frac{6}{36}$	$\frac{5}{36}$	$\frac{4}{36}$	$\frac{3}{36}$	$\frac{2}{36}$	$\frac{1}{36}$

Y	1	2	3	4	5	6
p_k	$\frac{11}{36}$	$\frac{9}{36}$	$\frac{7}{36}$	$\frac{5}{36}$	$\frac{3}{36}$	$\frac{1}{36}$

5.

X	0	1	2
p_k	$\frac{22}{35}$	$\frac{12}{35}$	$\frac{1}{35}$

6. $P\{X=k\}=(1-p)^{k-1}p$, $k=1,2,\cdots$.　　7. $\frac{1}{4}$, $\frac{1}{2}$, $\frac{3}{4}$, $\frac{1}{2}$.

8.（1）0.0729;（2）0.00856;（3）0.99954;（4）0.40951.

9.（1）0.163;（2）0.353.　　10.（1）0.321;（2）0.243.

11.（1）0.0902;（2）0.6767.　　12.（1）0.0298;（2）0.5665.　　13. 0.0047.

14. $F(x)=\begin{cases}0, & x<-1,\\ 0.25, & -1\leqslant x<2,\\ 0.75, & 2\leqslant x<3,\\ 1, & x\geqslant 3.\end{cases}$　0.5，0.7.

15. $a=1$, $b=-1$, $e^{-1}-e^{-2}$.　　16. 略.

17.（1）$\ln 2$, 1, $\ln\frac{5}{4}$;（2）$f(x)=\begin{cases}\frac{1}{x}, & 1<x<e,\\ 0, & 其他.\end{cases}$

18.（1）$\frac{1}{2}$;（2）$\frac{\sqrt{2}}{4}$;（3）$F(x)=\begin{cases}0, & x<-\frac{\pi}{2},\\ \frac{1}{2}(1+\sin x), & -\frac{\pi}{2}\leqslant x<\frac{\pi}{2},\\ 1, & x\geqslant -\frac{\pi}{2}.\end{cases}$

19.（1）$\frac{1}{2}$；（2）$\frac{1}{2}(1-e^{-1})$；（3）$F(x)=\begin{cases}\frac{1}{2}e^{x}, & x\leqslant 0,\\ 1-\frac{1}{2}e^{-x}, & x>0.\end{cases}$

20.（1）$\frac{2}{3}$；（2）$\frac{8}{27}$；（3）$\frac{80}{81}$.　　21. $\frac{3}{5}$.　　22. $1-e^{-1}$.

23. $P\{Y=k\}=C_5^k(e^{-2})^k(1-e^{-2})^{5-k}$，$k=0,1,2,3,4,5$；$P\{Y\geqslant 1\}=0.5167$.

24.（1）0.9906，0.0005，0.8764；（2）1.96.　25.（1）0.5328，0.9996，0.6977，0.5；（2）$c=3$.

26. $x>1.65$.　　27.（1）0.927 0；（2）$d=3.3$.　　28. 0.0456.

29.（1）0.8698；（2）0.3801.　30. 31.20.　31.（1）0.0228；（2）$d>81.1635$.

32.（1）

Y	−5	−3	1	5
p_k	0.3	0.3	0.2	0.2

（2）

Y	0	2	3
p_k	0.2	0.5	0.3

33.

Y	0	1	4
p_k	0.1	0.7	0.2

34.（1）$f_Y(y)=\begin{cases}\frac{1}{3}, & 1<y<4,\\ 0, & 其他.\end{cases}$

（2）$f_Y(y)=\begin{cases}\frac{1}{y}, & 1<y<e,\\ 0, & 其他.\end{cases}$

（3）$f_Y(y)=\begin{cases}\frac{1}{2}e^{-\frac{y}{2}}, & y>0,\\ 0, & 其他.\end{cases}$

35.（1）$f_Y(y)=\begin{cases}\frac{y^2}{18}, & -3<y<3,\\ 0, & 其他.\end{cases}$

（2）$f_Y(y)=\begin{cases}\frac{3(3-y)^2}{2}, & 2<y<4,\\ 0, & 其他.\end{cases}$

（3）$f_Y(y)=\begin{cases}\frac{3\sqrt{y}}{2}, & 0<y<1,\\ 0, & 其他.\end{cases}$

36.（1）$f_Y(y)=\begin{cases}\frac{1}{2}e^{-\frac{y-1}{2}}, & y>1,\\ 0, & 其他.\end{cases}$

（2）$f_Y(y)=\begin{cases}\dfrac{1}{y^2}, & y>1,\\ 0, & \text{其他}.\end{cases}$

（3）$f_Y(y)=\begin{cases}\dfrac{1}{2\sqrt{y}}\mathrm{e}^{-\sqrt{y}}, & y>0,\\ 0, & \text{其他}.\end{cases}$

37.（1）$f_Y(y)=\begin{cases}\dfrac{1}{y\sqrt{2\pi}}\mathrm{e}^{-\frac{(\ln y)^2}{2}}, & y>1,\\ 0, & \text{其他}.\end{cases}$

（2）$f_Y(y)=\begin{cases}\dfrac{1}{2\sqrt{\pi(y-1)}}\mathrm{e}^{-\frac{y-1}{4}}, & y>1,\\ 0, & \text{其他}.\end{cases}$

（3）$f_Y(y)=\begin{cases}\sqrt{\dfrac{2}{\pi}}\mathrm{e}^{-\frac{y^2}{2}}, & y>0,\\ 0, & \text{其他}.\end{cases}$

38. $f_Y(y)=\begin{cases}\dfrac{2}{\pi\sqrt{1-y^2}}, & 0<y<1,\\ 0, & \text{其他}.\end{cases}$

习题三

1.（1）(X,Y) 的分布律

X \ Y	1	2
1	0.25	0.25
2	0.25	0.25

（2）$P\{X\geqslant Y\}=0.75$.

2.（1）有放回摸球情况：

X \ Y	0	1
0	$\frac{9}{25}$	$\frac{6}{25}$
1	$\frac{6}{25}$	$\frac{4}{25}$

（2）不放回摸球情况：

X \ Y	0	1
0	$\frac{6}{20}$	$\frac{6}{20}$
1	$\frac{6}{20}$	$\frac{2}{20}$

3．X,Y的联合分布律

$Y \backslash X$	0	1	2	3
0	0	0	$\frac{3}{35}$	$\frac{2}{35}$
1	0	$\frac{6}{35}$	$\frac{12}{35}$	$\frac{2}{35}$
2	$\frac{1}{35}$	$\frac{6}{35}$	$\frac{3}{35}$	0

4．

$Y \backslash X$	0	1	2
0	0	0	$\frac{1}{4}$
1	0	$\frac{1}{2}$	0
2	$\frac{1}{4}$	0	0

5．

$Y \backslash X$	0	1	2
0	0.16	0.32	0.16
1	0.08	0.16	0.08
2	0.01	0.02	0.01

6．（1）$k=6$；（2）$P\{X+Y<1\}=\frac{1}{4}$.

7．$F(x,y)=\begin{cases}(1-\frac{1}{x})(1-\frac{1}{y}), & x>1, y>1,\\ 0, & \text{其他}.\end{cases}$

8．（1）$A=\frac{1}{8}$；（2）$P(X<1,Y<1)=\frac{1}{8}$；（3）$P(X+Y\leqslant 3)=1$.

9．（1）$A=2$；（2）$F(x,y)=\begin{cases}(1-e^{-x})(1-e^{-2y}), & x>0, y>0,\\ 0, & \text{其他}.\end{cases}$

（3）$P\{0<X\leqslant 1, 0<Y\leqslant 2\}=(1-e^{-1})(1-e^{-4})$.

10．（1）放回抽样边缘分布律

Y \ X	0	1	$p_{i\cdot}$
0	$\frac{9}{25}$	$\frac{6}{25}$	$\frac{3}{5}$
1	$\frac{6}{25}$	$\frac{4}{25}$	$\frac{2}{5}$
$p_{\cdot j}$	$\frac{3}{5}$	$\frac{2}{5}$	

（2）不放回抽样边缘分布律

Y \ X	0	1	$p_{i\cdot}$
0	$\frac{6}{20}$	$\frac{6}{20}$	$\frac{3}{5}$
1	$\frac{6}{20}$	$\frac{2}{20}$	$\frac{2}{5}$
$p_{\cdot j}$	$\frac{3}{5}$	$\frac{2}{5}$	

11．

X \ Y	1	2	3
1	$\frac{1}{3}$	0	0
2	$\frac{1}{6}$	$\frac{1}{6}$	0
3	$\frac{1}{9}$	$\frac{1}{9}$	$\frac{1}{9}$

12．$f_X(x)=\begin{cases}2.4x^2(2-x), & 0\leqslant x\leqslant 1,\\ 0, & \text{其他}.\end{cases}$

$f_Y(y)=\begin{cases}2.4y(3-4y+y^2), & 0\leqslant y\leqslant 1,\\ 0, & \text{其他}.\end{cases}$

13．（1）$c=\frac{21}{4}$．（2）$X\sim f_X(X)=\begin{cases}\frac{21}{8}x^2(1-x^4), -1\leqslant x\leqslant 1,\\ 0, \quad \text{其他}.\end{cases}$

$Y\sim f_Y(Y)=\begin{cases}\frac{7}{2}y^{\frac{5}{2}}, 0\leqslant y\leqslant 1\\ 0, \quad \text{其他}.\end{cases}$

14. $f_X(x)=\begin{cases}6(x-x^2), & 0\leqslant x\leqslant 1,\\ 0, & \text{其他}.\end{cases}$ $f_Y(y)=\begin{cases}6(\sqrt{y}-y), & 0\leqslant y\leqslant 1,\\ 0, & \text{其他}.\end{cases}$

15. 在 $X=1$ 条件下随机变量 Y 的条件分布律

$Y=k$	1	2	3
$P\{Y=k,X=1\}$	$\frac{1}{6}$	$\frac{1}{3}$	$\frac{1}{2}$

16. $P\{Y=2\|X=1\}=\dfrac{6}{23}$.

17. $f_X(x)=\begin{cases}\dfrac{15x^2(1-x^2)}{2}, & 0<x<1,\\ 0, & \text{其他}.\end{cases}$

当 $0<x<1$，有 $f_{Y|X}(y|x)=\begin{cases}\dfrac{2y}{1-x^2}, & x<y<1,\\ 0, & \text{其他}.\end{cases}$

18. 当 $|y|<1$ 时，$f_{X|Y}(x|y)=\begin{cases}\dfrac{1}{1-|y|}, & |y|<x<1,\\ 0, & \text{其他}.\end{cases}$

当 $0<x<1$ 时，$f_{Y|X}(y|x)=\begin{cases}\dfrac{1}{2x}, & |y|<x,\\ 0, & \text{其他}.\end{cases}$

19.（1）(X,Y) 的边缘分布律

X \ Y	1	2	$p_{i\cdot}$
1	$\frac{1}{9}$	$\frac{2}{9}$	$\frac{1}{3}$
2	$\frac{1}{6}$	$\frac{1}{3}$	$\frac{1}{2}$
3	$\frac{1}{18}$	$\frac{1}{9}$	$\frac{1}{6}$
$p_{j\cdot}$	$\frac{1}{3}$	$\frac{2}{3}$	

（2）X,Y 相互独立.

20. $p=\dfrac{1}{10},q=\dfrac{2}{15}$.

21.（1）$f_X(x)=\begin{cases}\dfrac{1}{2}+x, & 0\leqslant x\leqslant 1,\\ 0, & \text{其他}.\end{cases}$ $f_Y(y)=\begin{cases}\dfrac{1}{2}+y, & 0\leqslant y\leqslant 1,\\ 0, & \text{其他}.\end{cases}$

（2）$f_X(x)f_Y(y)=\begin{cases}(\dfrac{1}{2}+y)(\dfrac{1}{2}+x), & 0\leqslant x\leqslant 1,0\leqslant y\leqslant 1,\\ 0, & \text{其他}.\end{cases}\neq f(x,y)$.

所以 X,Y 不相互独立.

22.（1）$f(x,y)=\begin{cases}1, & 0<x<1,0<y<2x,\\ 0, & \text{其他}.\end{cases}$

（2）$f_X(x)=\begin{cases}2x, & 0<x<1,\\ 0, & \text{其他}.\end{cases}$ $f_Y(y)=\begin{cases}1-\dfrac{1}{2}y, & 0<y<2,\\ 0, & \text{其他}.\end{cases}$

（3）X,Y 不相互独立.

23.（1）

Z	−2	−1	0	1	2
p_k	0.1	0.2	0.25	0.3	0.15

（2）

M	−1	0	1
p_k	0.1	0.2	0.7

（3）

W	−1	0	1
p_k	0.25	0.5	0.25

（4）

N	−1	0	1
p_k	0.55	0.3	0.15

24.（1）$f_X(x)=\begin{cases}2-2x, & 0\leqslant x\leqslant 1,\\ 0\ , & \text{其他}.\end{cases}$ （2）$f_Z(z)=\begin{cases}2z, & 0\leqslant z\leqslant 1,\\ 0, & \text{其他}.\end{cases}$

25. $(0.1587)^4=0.00063$.

26. 0.0274.

27. $f_Z(z)=\begin{cases}z, & 0<z<1,\\ 2-z, & 1\leqslant z\leqslant 2,\\ 0, & \text{其他}.\end{cases}$

28.（1）$f(x,y)=\begin{cases}\dfrac{1}{2}\mathrm{e}^{-\frac{y}{2}}, & 0<x<1,y>0,\\ 0, & \text{其他}.\end{cases}$

（2）$1-\sqrt{2\pi}(\Phi(1)-\Phi(2))=1-\sqrt{2\pi}(0.8413-0.5)=0.1445$.

29. $f_T(t)=\begin{cases}25t\mathrm{e}^{-5t}, & t>0,\\ 0, & t\leqslant 0.\end{cases}$

30.（1）$M=\max(X,Y)$ 的概率密度为 $f_M(z)=\begin{cases}0, & z<0,\\ z\mathrm{e}^{-z}-\mathrm{e}^{-z}+1, & 0\leqslant z\leqslant 1,\\ \mathrm{e}^{-z}, & z>1.\end{cases}$

（2）$N=\min(X,Y)$ 的概率密度 $f_N(z)=\begin{cases}(2-z)\mathrm{e}^{-z}, & 0\leqslant z\leqslant 1,\\ 0, & \text{其他}.\end{cases}$

习题四

1.（1）$E(X)=1.3$；（2）$E(X^2)=3.3$.

2. $a=0.2,b=0.4,c=0.4$.

3.

X	2	3
p_k	$\frac{3}{5}$	$\frac{2}{5}$

$E(X)=2.5$.

4. $E(X)=4$.　　5. 1.193 次.　　6.（1）$a=0.3$；（2）$E(X)=-0.2$；（3）$E(3X^2+5)=13.4$.

7.（1）$E(X)=\frac{2}{3}$；（2）$E(X)=0$.

8.（1）$E(X)=\frac{8}{3}$；（2）$E(\frac{1}{X+1})=32-8\ln 5$；（3）$E(X^2)=8$.　　9. $a=\frac{3}{5},b=\frac{6}{5}$.

10.

Y	1500	2000	2500	3000
p_k	0.0952	0.0861	0.0779	0.7408

$E(Y)=2732.15$.

11. $E(X)=1500$.　　12. $E(X)=1$.　　13. 2750 吨.　　14. $E(Y)=\frac{3}{4}$，$E(\frac{1}{XY})=\frac{3}{5}$.

15. $E(X)=8.784$.　　16.（1）$E(X)=2$，$E(Y)=0$；（2）$E(Z)=-\frac{1}{15}$；（3）$E(Z)=5$.

17. $E(X+Y)=\frac{3}{2}$.　　18.（1）$E(X)=\frac{4}{5}$；（2）$E(Y)=\frac{3}{5}$；（3）$E(XY)=\frac{1}{2}$.

19. 5π.

20.（1）$E(X_1+X_2)=\frac{3}{4}$，$E(2X_1-3X_2^2)=\frac{5}{8}$；（2）$E(X_1X_2)=\frac{1}{8}$.

21. $\frac{n+1}{2}$.　　22. $a=12$，$b=-12$，$c=3$.

23. $D(X)=2.4$.　　24. $E(X)=1$，$D(X)=\frac{1}{6}$.

25.（1）$E(X)=\frac{1}{2}$，$D(X)=\frac{1}{12}$；（2）$E(Y)=1$，$D(Y)=\frac{1}{3}$.

26.（1）$E(2X+Y+2)=3$，$D(2X+Y+2)=68$；
（2）$E(-2X+5Y)=17$，$D(-2X+5Y)=164$.

27. $E(Y)=1$，$D(Y)=20$.　　28. $E(\bar{X})=\mu$，$D(\bar{X})=\frac{\sigma^2}{n}$.　　29.（1）$\mathrm{Cov}(X,Y)=0$.（2）略.

30.（1）$\mathrm{Cov}(X,Y)=0$；（2）$\rho_{XY}=0$.

31.（1）$E(X)=\frac{7}{6}$；（2）$E(Y)=\frac{7}{6}$；（3）$\mathrm{Cov}(X,Y)=-\frac{1}{36}$；（4）$\rho_{XY}=-\frac{1}{11}$；（5）$D(X+Y)=\frac{5}{9}$.

32.（1）$E(X)=\frac{1}{2}$；（2）$E(Y)=\frac{2}{5}$；（3）$\mathrm{Cov}(X,Y)=\frac{1}{20}$；（4）$D(X+Y)=\frac{143}{700}$.

33.（1）$E(X)=\frac{2}{3}$；（2）$E(Y)=\frac{2}{3}$；（3）$\mathrm{Cov}(X,Y)=\frac{1}{18}$；（4）$\rho_{XY}=\frac{1}{2}$.

34．$\rho_{Z_1Z_2}=\frac{\mathrm{Cov}(Z_1,Z_2)}{\sqrt{DZ_1}\sqrt{DZ_2}}=\frac{(\alpha^2-\beta^2)}{(\alpha^2+\beta^2)}$.　35．39袋.

习题五

1．0.0062.　2．（1）0.8944；（2）0.1379.　3．0.0000045.　4．0.271.

5．269.　6．2265.　7．0.348.　8．0.1814.

9．$272a$.　10．（1）0.1357；（2）0.9938.　11．0.00135.

12．（1）0；（2）0.5.

13．$\frac{1}{12}$.　14．62.

习题六

1．25.　2．0.05.　3．5.43.　4．0.0000045.　5．σ^2.　6．$2(n-1)\sigma^2$.

7．2.　8．$E(\overline{X})=n$，$D(\overline{X})=n/5$，$E(S^2)=2n$.　9．（1）0.99；（2）$\frac{2\sigma^4}{15}$.

习题七

1．$\hat{\mu}=\overline{X}=74.002$，$\hat{\sigma}^2=\frac{1}{n}\sum_{i=1}^{n}(X_i-\overline{x})^2=6\times10^{-6}$，$S^2=6.86\times10^{-6}$.

2．矩估计量为（1）$\hat{\theta}=\frac{\overline{X}}{\overline{X}-c}$；（2）$\hat{\theta}=(\frac{\overline{X}}{1-\overline{X}})^2$；（3）$\hat{p}=\frac{\overline{X}}{m}$.

3．最大似然估计量为（1）$\hat{\theta}=\frac{n}{\sum_{i=1}^{n}\ln x_i-n\ln c}$；（2）$\hat{\theta}=\frac{n^2}{(\sum_{i=1}^{n}\ln x_i)^2}$；（3）$\hat{p}=\frac{\overline{X}}{m}$.

4．（1）$E(X)=5$；（2）$\hat{\theta}=\overline{X}$.

5．$\hat{\alpha}=-\left(1+\frac{n}{\sum_{k=1}^{n}\ln x_k}\right)$.　6．最大似然估计量及矩估计量均为$\hat{\lambda}=\overline{X}$.

7．最大似然估计值为0.5.　8．最大似然估计量为$\hat{\theta}=\min\{x_1,x_2,\cdots,x_n\}$.

9．矩估计量和最大似然估计值均为$\frac{5}{6}$.

10．$c=\dfrac{1}{2(n-1)}$．

11．$\overline{X}$, S^2, $\alpha\overline{X}+(1-\alpha)S^2$ 都是参数 λ 的无偏估计量.

12．（1）T_1,T_3 是 μ 的无偏估计量；（2）T_3 比 T_1 有效.

13．$(2.121,2.129)$．

14．（1）$(5.608,6.392)$；（2）$(5.558,6.442)$．

15．$(99.77,100.23)$．

16．$(56.215,57.645)$．

17．$(17.81,30.06)$．

18．$(7.4,21.1)$．

19．$(0.0138,0.0429)$．

20．（1）σ 已知 6.329；（2）σ 未知 6.356．

21．置信下限为 40.69.

习题八

1．认为该厂生产的袋装食盐的平均袋重不足 500 克.

2．认为该机没有正常工作.

3．采用新工艺生产的元件平均寿命较以往有显著变化.

4．拒绝原假设 H_0，即认为这批元件不合格.

5．可以认为新油的辛烷平均等级比原燃料平均等级偏低.

6．经过较长时间储存后，这批枪弹的初速度已经变小了.

7．接受原假设 H_0，即认为该日生产的瓶装饮料的平均重量是 500 克.

8．拒绝原假设 H_0，即认为该厂生产的零件的平均长度是 2050mm.

9．接受 H_1，即认为机器工作正常.

10．可以认为全体考生平均成绩为 70 分.

11．拒绝原假设 H_0，即不可以接受这批螺杆直径均值为 21.

12．可以认为元件的平均寿命 μ 大于 225.

13．可以认为装配时间的均值显著大于 10.

14．可以认为该农药经三个月后仍有残效.

15．可以认为这批保险丝熔化时间的标准差 $\sigma=12$．

16．不可以认为这批轴料的椭圆度的方差为 0.0004.

17．该运动员跳远成绩的总体方差不大于 0.1.

18．认为该天生产的钢板重量的方差不满足要求.

习题九

1．程序如下：

```
X= 1:6, N =6;
Y=unidpdf(X,N)
```

2．程序如下：

```
X= 0:6, N =12, P=0.4;
Y=binopdf(X,N,P)
```

3. 程序如下：

```
X= 0:6;
Y=poisspdf(X,2)
```

4. 程序如下：

```
p1=normcdf(5,3,2)- normcdf(2,3,2);
p2=1-(normcdf(2,3,2)- normcdf(-2,3,2));
```

5. 程序如下：

```
p = binocdf(4,10,0.25)
```

6. M 文件编辑窗口：

```
function f=f(x)
if abs(x)<1
     f=1./(pi*sqrt(1-x.^2))
else
    f=0;
end
```

命令窗口：

```
p = quad('f',-0.9999,0.5)
```

7.（1）程序如下：

```
X = [-1,0,1,2,3]; p = [01,0.2,0.2,0.3,0.2]
EX=X*P'
```

（2）程序如下：

```
X = [-1,0,1,2,3]; p = [01,0.2,0.2,0.3,0.2]
EX=X*P'
DX=X.^2*P'-EX^2
```

8.（1）程序如下：

```
MU =6, SIGMA =0.25
EX=X*P'
```

（2）程序如下：

```
X = [-1,0,1,2,3]; p = [01,0.2,0.2,0.3,0.2]
[E,D]=normstat(n,p)
```

9.（1）程序如下：

```
syms x a
EX=int(6*x^2/a^3*(a-x),x,0,a)
```

（2）程序如下：

```
syms x a
EX=int(6*x^2/a^3*(a-x),x,0,a)
DX= int(6*x^2/a^3*(a-x),x,0,a) -(EX)^2
```

10. 程序如下：

```
X=normrnd(8,3,100,1);
[mu,sigma,muci,sigmaci]=normfit(x)
```

11. 程序如下：

```
X=[6.0,5.7,5.8,6.5,7.0,6.3,5.6,6.1,5.0];
[mu,sigma,muzhx,sigmazhx]=normfit(x,0.05)
```

12. 程序如下：

```
X=[914, 920, 910, 934, 953, 945, 912, 924, 940];
H=ztest(X,950,10)
```

附表1 泊松分布数值表

$$P\{X \leqslant x\}=\sum_{k=0}^{x}\frac{\lambda^k}{k!}\mathrm{e}^{-\lambda}$$

					λ				
x	0.1	0.2	0.3	0.4	0.5	0.6	0.7	0.8	0.9
0	0.9048	0.8187	0.7408	0.6730	0.6065	0.5488	0.4966	0.4493	0.4066
1	0.9953	0.9825	0.9631	0.9384	0.9098	0.8781	0.8442	0.8088	0.7725
2	0.9998	0.9989	0.9964	0.9921	0.9856	0.9769	0.9659	0.9526	0.9371
3	1.0000	0.9999	0.9997	0.9992	0.9982	0.9966	0.9942	0.9909	0.9856
4		1.0000	1.0000	0.9999	0.9998	0.9996	0.9992	0.9986	0.9977
5				1.0000	1.0000	1.0000	0.9999	0.9998	0.9997
6							1.0000	1.0000	1.0000

					λ				
x	1.0	1.5	2.0	2.5	3.0	3.5	4.0	4.5	5.0
0	0.3679	0.2231	0.1353	0.0821	0.0498	0.0302	0.0183	0.0111	0.0067
1	0.7358	0.5578	0.4060	0.2873	0.1991	0.1359	0.0916	0.0611	0.0404
2	0.9197	0.8088	0.6767	0.5438	0.4232	0.3208	0.2381	0.1736	0.1247
3	0.9810	0.9344	0.8571	0.7576	0.6472	0.5366	0.4335	0.3423	0.2650
4	0.9963	0.9814	0.9473	0.8912	0.8153	0.7254	0.6288	0.5321	0.4405
5	0.9994	0.9955	0.9834	0.9580	0.9161	0.8576	0.7851	0.7029	0.6160
6	0.9999	0.9991	0.9955	0.9858	0.9665	0.9347	0.8893	0.8311	0.7622
7	1.0000	0.9998	0.9989	0.9958	0.9881	0.9733	0.9489	0.9134	0.8666
8		1.0000	0.9998	0.9989	0.9962	0.9901	0.9786	0.9597	0.9319
9			1.0000	0.9997	0.9989	0.9967	0.9919	0.9829	0.9682
10				0.9999	0.9997	0.9990	0.9972	0.9933	0.9863
11				1.0000	0.9999	0.9997	0.9991	0.9976	0.9945
12					1.0000	0.9999	0.9997	0.9992	0.9980
13						1.0000	0.9999	0.9997	0.9993
14							1.0000	0.9999	0.9998
15								1.0000	0.9999
16									1.0000

					λ				
x	6	7	8	9	10	11	12	13	14
0	0.0025	0.0009	0.0003	0.0001	0.0000	0.0000	0.0000		
1	0.0174	0.0073	0.0030	0.0012	0.0005	0.0002	0.0001	0.0000	0.0000
2	0.0620	0.0296	0.0138	0.0062	0.0028	0.0012	0.0005	0.0002	0.0001
3	0.1512	0.0818	0.0424	0.0212	0.0103	0.0049	0.0023	0.0010	0.0005
4	0.2851	0.1730	0.0996	0.0550	0.0293	0.0151	0.0076	0.0037	0.0018
5	0.4457	0.3007	0.1912	0.1157	0.0671	0.0375	0.0203	0.0107	0.0055
6	0.6063	0.4497	0.3134	0.2068	0.1301	0.0786	0.0458	0.0259	0.0142
7	0.7440	0.5987	0.4530	0.3239	0.2202	0.1432	0.0895	0.0540	0.0316
8	0.8472	0.7291	0.5925	0.4557	0.3328	0.2320	0.1550	0.0998	0.0621
9	0.9161	0.8305	0.7166	0.5874	0.4579	0.3405	0.2424	0.1658	0.1094
10	0.9574	0.9015	0.8159	0.7060	0.5830	0.4599	0.3472	0.2517	0.1757
11	0.9799	0.9466	0.8881	0.8030	0.6968	0.5793	0.4616	0.3532	0.2600
12	0.9912	0.9730	0.9362	0.8758	0.7916	0.6887	0.5760	0.4631	0.3583
13	0.9964	0.9872	0.9658	0.9261	0.8645	0.7813	0.6815	0.5730	0.4644
14	0.9986	0.9943	0.9827	0.9585	0.9165	0.8540	0.7720	0.6751	0.5704
15	0.9995	0.9976	0.9918	0.9780	0.9513	0.9074	0.8444	0.7636	0.6694
16	0.9998	0.9990	0.9963	0.9889	0.9730	0.9441	0.8987	0.8355	0.7559
17	0.9999	0.9996	0.9984	0.9947	0.9587	0.9678	0.9370	0.8905	0.8272
18	1.0000	0.9999	0.9994	0.9976	0.9928	0.9823	0.9626	0.9302	0.8826
19		1.0000	0.9997	0.9989	0.9965	0.9907	0.9787	0.9573	0.9235
20			0.9999	0.9996	0.9984	09953	0.9884	0.9750	0.9521

附表2 标准正态分布表

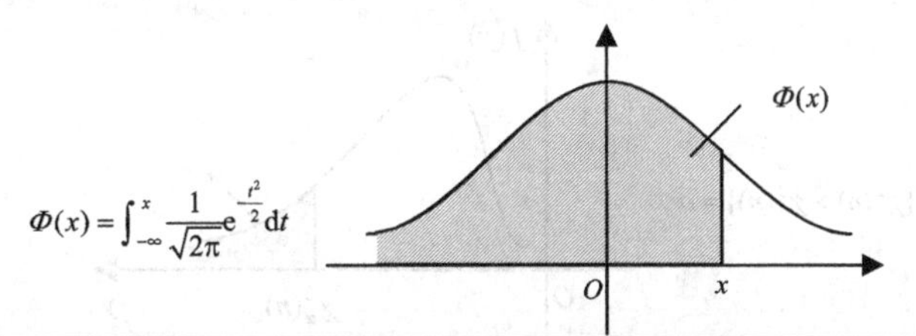

$$\Phi(x)=\int_{-\infty}^{x}\frac{1}{\sqrt{2\pi}}\mathrm{e}^{-\frac{t^2}{2}}\mathrm{d}t$$

x	0.00	0.01	0.02	0.03	0.04	0.05	0.06	0.07	0.08	0.09
0.0	0.5000	0.5040	0.5080	0.5120	0.5160	0.5199	0.5239	0.5279	0.5319	0.5359
0.1	0.5398	0.5438	0.5478	0.5517	0.5557	0.5596	0.5636	0.5675	0.5714	0.5753
0.2	0.5793	0.5832	0.5871	0.5910	0.5948	0.5987	0.6026	0.6064	0.6103	0.6141
0.3	0.6179	0.6217	0.6255	0.6293	0.6331	0.6368	0.6406	0.6443	0.6480	0.6517
0.4	0.6554	0.6591	0.6628	0.6664	0.6700	0.6736	0.6772	0.6808	0.6844	0.6879
0.5	0.6915	0.6950	0.6985	0.7019	0.7054	0.7088	0.7123	0.7157	0.7190	0.7224
0.6	0.7257	0.7291	0.7324	0.7357	0.7389	0.7422	0.7454	0.7486	0.7517	0.7549
0.7	0.7580	0.7611	0.7642	0.7673	0.7703	0.7734	0.7764	0.7794	0.7823	0.7852
0.8	0.7881	0.7910	0.7939	0.7967	0.7995	0.8023	0.8051	0.8078	0.8106	0.8133
0.9	0.8159	0.8186	0.8212	0.8238	0.8264	0.8289	0.8315	0.8340	0.8365	0.8389
1.0	0.8413	0.8438	0.8461	0.8485	0.8508	0.8531	0.8554	0.8577	0.8599	0.8621
1.1	0.8643	0.8665	0.8686	0.8708	0.8729	0.8749	0.8770	0.8790	0.8810	0.8830
1.2	0.8849	0.8869	0.8888	0.8907	0.8925	0.8944	0.8962	0.8980	0.8997	0.9015
1.3	0.9032	0.9049	0.9066	0.9082	0.9099	0.9115	0.9131	0.9147	0.9162	0.9177
1.4	0.9192	0.9207	0.9222	0.9236	0.9251	0.9265	0.9278	0.9292	0.9306	0.9319
1.5	0.9332	0.9345	0.9357	0.9370	0.9382	0.9394	0.9406	0.9418	0.9430	0.9441
1.6	0.9452	0.9463	0.9474	0.9484	0.9495	0.9505	0.9515	0.9525	0.9535	0.9545
1.7	0.9554	0.9564	0.9573	0.9582	0.9591	0.9599	0.9608	0.9616	0.9625	0.9633
1.8	0.9641	0.9648	0.9656	0.9664	0.9671	0.9678	0.9686	0.9693	0.9700	0.9706
1.9	0.9713	0.9719	0.9726	0.9732	0.9738	0.9744	0.9750	0.9756	0.9762	0.9767
2.0	0.9772	0.9778	0.9783	0.9788	0.9793	0.9798	0.9803	0.9808	0.9812	0.9817
2.1	0.9821	0.9826	0.9830	0.9834	0.9838	0.9842	0.9846	0.9850	0.9854	0.9857
2.2	0.9861	0.9864	0.9868	0.9871	0.9874	0.9878	0.9881	0.9884	0.9887	0.9890
2.3	0.9893	0.9896	0.9898	0.9901	0.9904	0.9906	0.9909	0.9911	0.9913	0.9916
2.4	0.9918	0.9920	0.9922	0.9925	0.9927	0.9929	0.9931	0.9932	0.9934	0.9936
2.5	0.9938	0.9940	0.9941	0.9943	0.9945	0.9946	0.9948	0.9949	0.9951	0.9952
2.6	0.9953	0.9955	0.9956	0.9957	0.9959	0.9960	0.9961	0.9962	0.9963	0.9964
2.7	0.9965	0.9966	0.9967	0.9968	0.9969	0.9970	0.9971	0.9972	0.9973	0.9974
2.8	0.9974	0.9975	0.9976	0.9977	0.9977	0.9978	0.9979	0.9979	0.9980	0.9981
2.9	0.9981	0.9982	0.9982	0.9983	0.9984	0.9984	0.9985	0.9985	0.9986	0.9986
3.0	0.9987	0.9987	0.9987	0.9988	0.9988	0.9989	0.9989	0.9989	0.9990	0.9990
3.1	0.9990	0.9991	0.9991	0.9991	0.9992	0.9992	0.9992	0.9992	0.9993	0.9993
3.2	0.9993	0.9993	0.9994	0.9994	0.9994	0.9994	0.9994	0.9995	0.9995	0.9995
3.3	0.9995	0.9995	0.9995	0.9996	0.9996	0.9996	0.9996	0.9996	0.9996	0.9997
3.4	0.9997	0.9997	0.9997	0.9997	0.9997	0.9997	0.9997	0.9997	0.9997	0.9998

附表3 χ^2分布表

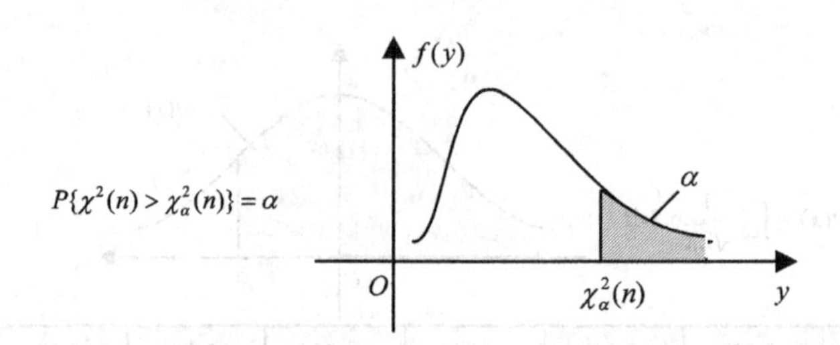

n \ α	0.995	0.99	0.975	0.95	0.90	0.10	0.05	0.025	0.01	0.005
1	0.000	0.000	0.001	0.004	0.016	2.706	3.843	5.025	6.637	7.882
2	0.010	0.020	0.051	0.103	0.211	4.605	5.992	7.378	9.210	10.597
3	0.072	0.115	0.216	0.352	0.584	6.251	7.815	9.348	11.344	12.837
4	0.207	0.297	0.484	0.711	1.064	7.779	9.488	11.143	13.277	14.860
5	0.412	0.554	0.831	1.145	1.610	9.236	11.070	12.832	15.085	16.748
6	0.676	0.872	1.237	1.635	2.204	10.645	12.592	14.440	16.812	18.548
7	0.989	1.239	1.690	2.167	2.833	12.017	14.067	16.012	18.474	20.276
8	1.344	1.646	2.180	2.733	3.490	13.362	15.507	17.534	20.090	21.954
9	1.735	2.088	2.700	3.325	4.168	14.684	16.919	19.022	21.665	23.587
10	2.156	2.558	3.247	3.940	4.865	15.987	18.307	20.483	23.209	25.188
11	2.603	3.053	3.816	4.575	5.578	17.275	19.675	21.920	24.724	26.755
12	3.074	3.571	4.404	5.226	6.304	18.549	21.026	23.337	26.217	28.300
13	3.565	4.107	5.009	5.892	7.041	19.812	22.362	24.735	27.687	29.817
14	4.075	4.660	5.629	6.571	7.790	21.064	23.685	26.119	29.141	31.319
15	4.600	5.229	6.262	7.261	8.547	22.307	24.996	27.488	30.577	32.799
16	5.142	5.812	6.908	7.962	9.312	23.542	26.296	28.845	32.000	34.267
17	5.697	6.407	7.564	8.672	10.085	24.769	27.587	30.190	33.408	35.716
18	6.265	7.015	8.231	9.390	10.865	25.989	28.869	31.526	34.805	37.156
19	6.843	7.632	8.906	10.117	11.651	27.203	30.143	32.852	36.190	38.580
20	7.434	8.260	9.591	10.851	12.443	28.412	31.410	34.170	37.566	39.997
21	8.034	8.897	10.283	11.591	13.240	29.615	32.670	35.478	38.930	41.399
22	8.643	9.542	10.982	12.338	14.042	30.813	33.924	36.781	40.289	42.796
23	9.260	10.195	11.688	13.090	14.848	32.007	35.172	38.075	41.637	44.179
24	9.886	10.856	12.401	13.848	15.659	33.196	36.415	39.364	42.980	45.558
25	10.519	11.523	13.120	14.611	16.473	34.381	37.652	40.646	44.313	46.925
26	11.160	12.198	13.844	15.379	17.292	35.563	38.885	41.923	45.642	48.290
27	11.807	12.878	14.573	16.151	18.114	36.741	40.113	43.194	46.962	49.642
28	12.461	13.565	15.308	16.928	18.939	37.916	41.337	44.461	48.278	50.993
29	13.120	14.256	16.047	17.708	19.768	39.087	42.557	45.722	49.586	52.333
30	13.787	14.954	16.791	18.493	20.599	40.256	43.773	46.979	50.892	53.672
31	14.457	15.655	17.538	19.280	21.433	41.422	44.985	48.231	52.190	55.000
32	15.134	16.362	18.291	20.072	22.271	42.585	46.194	49.480	53.486	56.328
33	15.814	17.073	19.046	20.866	23.110	43.745	47.400	50.724	54.774	57.646
34	16.501	17.789	19.806	21.664	23.952	44.903	48.602	51.966	56.061	58.964
35	17.191	18.508	20.569	22.465	24.796	46.059	49.802	53.203	57.340	60.272
36	17.887	19.233	21.336	23.269	25.643	47.212	50.998	54.437	58.619	61.581
37	18.584	19.960	22.105	24.075	26.492	48.363	52.192	55.667	59.891	62.880
38	19.289	20.691	22.878	24.884	27.343	49.513	53.384	56.896	61.162	64.181
39	19.994	21.425	23.654	25.695	28.196	50.660	54.572	58.119	62.426	65.473
40	20.706	22.164	24.433	26.509	29.050	51.805	55.758	59.342	63.691	66.766

t 分布表 附表4

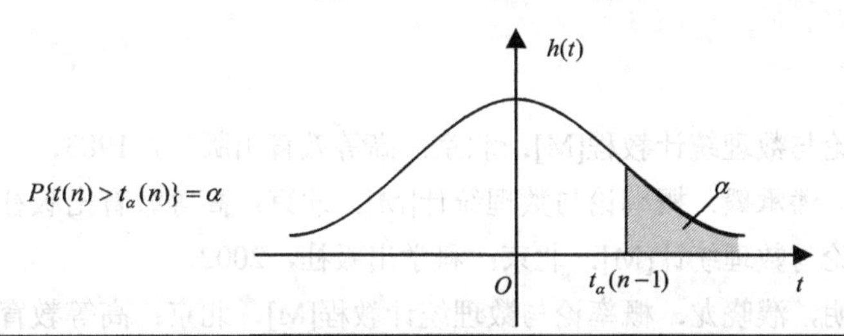

n \ α	0.20	0.15	0.10	0.05	0.025	0.01	0.005
1	1.376	1.963	3.0777	6.3138	12.7062	31.8207	63.6574
2	1.061	1.386	1.8856	2.9200	4.3027	6.9646	9.9248
3	0.978	1.250	1.6377	2.3534	3.1824	4.5407	5.8409
4	0.941	1.190	1.5332	2.1318	2.7764	3.7469	4.6041
5	0.920	1.156	1.4759	2.0150	2.5706	3.3649	4.0322
6	0.906	1.134	1.4398	1.9432	2.4469	3.1427	3.7074
7	0.896	1.119	1.4149	1.8946	2.3646	2.9980	3.4995
8	0.889	1.108	1.3968	1.8595	2.3060	2.8965	3.3554
9	0.883	1.100	1.3830	1.8331	2.2622	2.8214	3.2498
10	0.879	1.093	1.3722	1.8125	2.2281	2.7638	3.1693
11	0.876	1.088	1.3634	1.7959	2.2010	2.7181	3.1058
12	0.873	1.083	1.3562	1.7823	2.1788	2.6810	3.0545
13	0.870	1.079	1.3502	1.7709	2.1604	2.6503	3.0123
14	0.868	1.076	1.3450	1.7613	2.1448	2.6245	2.9768
15	0.866	1.074	1.3406	1.7531	2.1315	2.6025	2.9467
16	0.865	1.071	1.3368	1.7459	2.1199	2.5835	2.9208
17	0.863	1.069	1.3334	1.7396	2.1098	2.5669	2.8982
18	0.862	1.067	1.3304	1.7341	2.1009	2.5524	2.8784
19	0.861	1.066	1.3277	1.7291	2.0930	2.5395	2.8609
20	0.860	1.064	1.3253	1.7247	2.0860	2.5280	2.8453
21	0.859	1.063	1.3232	1.7207	2.0796	2.5177	2.8314
22	0.858	1.061	1.3212	1.7171	2.0739	2.5083	2.8188
23	0.858	1.060	1.3195	1.7139	2.0687	2.4999	2.8073
24	0.857	1.059	1.3178	1.7109	2.0639	2.4922	2.7969
25	0.856	1.058	1.3163	1.7081	2.0595	2.4851	2.7874
26	0.856	1.058	1.3150	1.7056	2.0555	2.4786	2.7787
27	0.855	1.057	1.3137	1.7033	2.0518	2.4727	2.7707
28	0.855	1.056	1.3125	1.7011	2.0484	2.4671	2.7633
29	0.854	1.055	1.3114	1.6991	2.0452	2.4620	2.7564
30	0.854	1.055	1.3104	1.6973	2.0423	2.4573	2.7500
31	0.8535	1.0541	1.3095	1.6955	2.0395	2.4528	2.7440
32	0.8531	1.0536	1.3086	1.6939	2.0369	2.4487	2.7385
33	0.8527	1.0531	1.3077	1.6924	2.0345	2.4448	2.7333
34	0.8524	1.0526	1.3070	1.6909	2.0322	2.4411	2.7284
35	0.8521	1.0521	1.3062	1.6896	2.0301	2.4377	2.7238
36	0.8518	1.0516	1.3055	1.6883	2.0281	2.4345	2.7195
37	0.8515	1.0512	1.3049	1.6871	2.0262	2.4314	2.7154
38	0.8512	1.0508	1.3042	1.6860	2.0244	2.4286	2.7116
39	0.8510	1.0504	1.3036	1.6849	2.0227	2.4258	2.7079
40	0.8507	1.0501	1.3031	1.6839	2.0211	2.4233	2.7045
41	0.8505	1.0498	1.3025	1.6829	2.0195	2.4208	2.7012
42	0.8503	1.0494	1.3020	1.6820	2.0181	2.4185	2.6981
43	0.8501	1.0491	1.3016	1.6811	2.0167	2.4163	2.6951
44	0.8499	1.0488	1.3011	1.6802	2.0154	2.4141	2.6923
45	0.8497	1.0485	1.3006	1.6794	2.0141	2.4121	2.6896

参考文献

[1] 魏宗舒．概率论与数理统计教程[M]．北京：高等教育出版社，1983．

[2] 盛骤，谢式千，潘承毅．概率论与数理统计[M]．北京：高等教育出版社，1993．

[3] 陈希孺．概率论与数理统计[M]．北京：科学出版社，2002．

[4] 茆诗松，程依明，濮晓龙．概率论与数理统计教程[M]．北京：高等教育出版社，2004．

[5] 陈仲堂，赵德平．概率论与数理统计[M]．北京：高等教育出版社，2011．